闽南传统建筑与山水环境融合

传统建筑映衬周边环境

建筑装饰美化庭院环境

天井周边装饰

闽南传统建筑——福兴堂

闽南传统建筑的凹寿装饰

闽南传统建筑牌楼面装饰（莲塘别墅）

闽南传统民居镜面墙装饰

闽南传统建筑的"出砖入石"

闽南传统建筑墙面装饰（厦门卢厝）

闽南传统民居镜墙面装饰（泉州蔡氏古民居）

闽南传统民居镜墙面装饰（厦门新垵民居）

闽南传统民居墙面装饰（厦门新垵民居）

闽南民居燕尾脊屋顶装饰（泉州永春）

闽南传统民居镜墙面装饰（永春福兴堂）

屋顶剪粘装饰（厦门民居）

闽南民居燕尾脊装饰（厦门民居）

闽南民居灰塑装饰（泉州福兴堂）

闽南寺庙屋顶装饰

闽南寺庙灰塑和剪粘装饰

闽南民居的规带和楚花（泉州蔡氏古民居）

闽南民居的规带和楚花（泉州蔡氏古民居）

闽南红砖砖雕（蔡氏古民居）

红砖砖雕（莲塘别墅）

闽南红砖砖雕裙堵（莲塘别墅）

红砖砖雕（莲塘别墅）

闽南民居的规带和楚花装饰（泉州晋江）

闽南民居的规带和楚花装饰（泉州晋江）

闽南民居的规带和楚花装饰（厦门）

闽南民居的规带和楚花装饰（泉州永春）

红砖墙与圆窗（外墙）

木雕窗（厢房）

水车堵彩画（泉州民居）

水车堵彩画（厦门民居）

墀头装饰（泉州民居）

墀头和水车堵装饰（厦门民居）

吊筒装饰（厦门民居）

石雕柱础（泉州民居）

吊筒装饰（泉州民居）

石雕柱础（厦门福灵宫）

石雕装饰（泉州民居）

石雕门额（永春福兴堂）

石雕角门门额（永春福兴堂）

石雕柱头（永春福兴堂）

石雕窗（永春福兴堂）

交趾陶装饰（泉州民居）

交趾陶装饰（泉州民居）

石雕竹节窗（泉州民居）

木雕瓜筒装饰（晋江民居）

木雕狮座和圆光装饰（厦门民居）

灰塑、彩绘装饰门额（永春福兴堂）

新加坡佛牙寺建筑外部

灰塑装饰镜面墙（厦门民居）

新加坡佛牙寺建筑内部

新加坡凤山寺建筑外部

新加坡凤山寺细部装饰

马来西亚吉隆坡关帝庙

马来西亚吉隆坡（关帝庙细部）

闽南传统建筑装饰

郑慧铭 著

中国建筑工业出版社

图书在版编目（CIP）数据

闽南传统建筑装饰／郑慧铭著. —北京：中国建筑
工业出版社，2018.3
ISBN 978-7-112-21956-8

Ⅰ. ① 闽… Ⅱ. ① 郑… Ⅲ. ① 古建筑－建筑装饰－
福建 Ⅳ. ① TU-092.2

中国版本图书馆CIP数据核字（2018）第049471号

　　闽南传统建筑是中国传统建筑的重要组成部分，也是闽南地域传统文化的重要载体。通过对闽南地区传统建筑装饰类型的详细梳理，深入研究其细部特征、工艺技法、表现规律等核心元素，阐明具有典型地域特色的传统建筑符号与文化表征之间的内在联系。研究工作对于探索当代乡村建设和传统建筑保护的统一性，促进地域文化传承、传统建筑及装饰技艺焕发活力有重要启发意义。

　　本书适合建筑学、城乡规划、风景园林、环境艺术等相关领域的专业人士阅读，同时可以作为高等院校相关专业的参考书。

责任编辑：杨　晓
版式设计：锋尚设计
责任校对：王雪竹
封面题字：马国良

闽南传统建筑装饰

郑慧铭　著

＊

中国建筑工业出版社出版、发行（北京海淀三里河路9号）

各地新华书店、建筑书店经销

北京锋尚制版有限公司制版

北京中科印刷有限公司印刷

＊

开本：787×1092毫米　1/16　印张：18¾　插页：4　字数：386千字

2018年9月第一版　　2018年9月第一次印刷

定价：78.00元

ISBN 978-7-112-21956-8

（31836）

序一

　　中国古代建筑因其具有鲜明的特征，在世界建筑发展史中占有重要地位。在这份珍贵的遗产中，既有人们熟知的北京紫禁城、天坛，明清皇陵等一批皇家的官式建筑，更有一大批分布在全国各省市及各民族地区的地方性民间建筑。中国地域辽阔、民族众多，各地自然环境、经济条件、民俗民风多有不同，从而使这些地方建筑或多或少都带有不同的地域或民族特色。因此从总体看，各地方的民间建筑在建筑类型、形态、装饰工艺等各方面比官式建筑更丰富多样、精彩纷呈。随着国内经济迅速发展、信息日益流通，这些地方性的古建筑面临着被改造、损坏，如拆毁消失，当年创造这些建筑的传统工艺也因而失传，为了使这份珍贵的传统建筑文化能得到保护与传承，急需对它们进行调查、研究，记录下它们的形态、技艺，揭示出它们所具有的文化内涵，从而使广大民众认识这份遗产的价值。

　　郑慧铭老师选择"闽南传统建筑装饰及文化内涵"为题完成她的博士论文，这是一件很有意义的学术工作。福建地处我国东南沿海，气候适宜，农业发达，很早就开通了海外的贸易，福州、厦门、泉州都是著名的对外商港。一方的水土创造出一方的建筑，这里的经济、文化条件使福建地方建筑具有鲜明特征，这些特征表现在建筑装饰上尤为突出。最近在厦门的金砖国家会议文艺演出中，有几个表现福建地域文化的歌舞节目特别采用了福建地方建筑的屋顶作为背景，这不是偶然的，多座弯曲的带有亮丽装饰的屋顶组合在一起，极大地增添了福建本土传统文化的艺术魅力。这篇书稿题目虽小，但确能突出特点，向读者展示出福建地方建筑的精髓。

　　郑慧铭老师是福建人，她自幼在福建学习、生活了相当长的时间，她熟悉福建，喜爱福建，她虽然学习了长时间的艺术专业，但却选择了传统建筑尤其是古建筑的结构、装饰、工艺以及一连串"古怪"名称，是很不容易的。如何用这20万文字和数百幅图片从装饰的形态、工艺、规律、文化根基到内容、传承与运用的诸多论述，说明了论文所达到的广度和深度。这对于广大读者，也包括我这样从事古建筑研究的工作者去认识这份传统建筑珍宝是很有意义的。

　　本书将由中国建筑工业出版社印刷出版。回思在20世纪七八十年代，中国建筑工业出版社曾组织全国各省市的建筑设计、研究机构对当地的民间居住建筑展开普遍的调查研究，出版了各地民居的系列著作，将传统建筑的这一珍宝展示于众，也为今日的新建筑创作提供了可贵的资料。时至今日，也希望中国建筑工业出版社能够组织出版一批有关各地区建筑的著作，从而使这一传统建筑文化的珍宝展示出它的价值，使之在中华民族伟大复兴之梦的事业中发挥它积极的作用。

楼庆西

2017年9月于清华园

序二

　　郑慧铭的著作《闽南传统建筑装饰》，详尽地分析、讲解、测量、记录了闽南特有的民居的装饰元素，提出闽南传统建筑重点装饰的是屋脊、瓦当、滴水、悬鱼、墙体、柱子、梁枋和门窗等；闽南传统建筑装饰结合建筑结构，建筑构件融合图案、色彩和雕刻等，力图表达建筑的文化内涵；以吉祥动物、花草和人物故事等为题材的闽南传统建筑装饰，工艺精美，隐含主人的审美品位和文化观念，体现闽南人的精神理想和精致审美。这一著作，在内容上可以说巨细无遗，给我们留下一本最详细的闽南民居建筑装饰参考书，因此特别可贵。

　　郑慧铭在中央美术学院攻读博士研究生的几年中深入研究闽南传统民居建筑装饰的形式与内涵，这是保护遗产的第一步，但也是最重要的一步。下一步的工作，是要系统性地从物理层面形成闽南民居建筑的独特形象特征（identification），解释（interpretation）这种特征能够在数千年的历史中发展而屹立不倒的原因，并且设法真正地保护它（maintenance）、维护它（preservation）。更加困难的是如何能够把闽南民居文化中不可分离的技巧逐步整理出来，比如传统的手工艺、文化习俗、民族风气、地方特色，这样才能真正做到"活化"，而"活化"才是文化遗产保护最积极的方法。

　　一本好书的出版，总是让人欣喜的。郑慧铭老师多年的心血，现在出版成册，让喜欢建筑的人、喜欢民居的人、喜欢闽南文化的人、喜欢文化保育的人，或者仅仅是对遗产保护有兴趣的人有一本参考著作，对于将来我们如何保护闽南范围不小的一批传统民居、村落，提供了理论上的依据。

祝贺这一部著作的出版。

王受之

2018年4月

目录

第四章　闽南传统建筑装饰的表现规律

第五章　闽南传统建筑装饰的文化内涵

第六章　闽南传统建筑装饰的文化根基

第七章　闽南传统建筑装饰的传承与运用

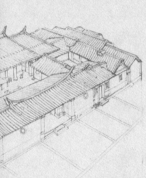

第八章　海外闽籍华人建筑的演变

第一章

绪论

第一节　研究缘起

中国有深厚的建筑文化传统，传统建筑细部精美，文化内涵丰富，构成民族建筑文化的宝贵遗产。我国福建闽南地区的传统建筑（典型的如民居宅院、祠堂家庙、宗教建筑、牌坊等）是中国传统建筑的重要组成部分。经过千年的历史传承演变，融合地域环境、人文信仰、工艺技术和文化景观等为一体，形成了鲜明的地域风格，也蕴含了丰富的地域建筑文化内容。近四十年来，作为我国改革开放的前沿和重要的侨乡，福建闽南地区在社会经济发展方面取得了巨大成就的同时，在地域传统建筑却面临了长期的存续危机。

第一，社会经济繁荣下的地域传统文化危机。改革开放后闽南地区的社会经济发展极其迅速，工业化带动了巨大的城镇化浪潮。然而，城市化、城镇化的高速发展导致了钢筋混凝土建筑构成的"千城一面"，历史文脉和传统建筑文化遭到了漠视，地域特色几近丧失。

第二，地域传统建筑的日益式微与存续危机。20世纪90年代以来，在闽南地区的大规模城市化城镇化建设中，大量的传统建筑已经被拆除。不少传统村落、传统民居建筑也日益衰败、逐步消失，一些乡村中纵然有少量宝贵遗存，也是在一片大众化砖混房屋、洋楼的挤压之中。

第三，全球化对闽南地区传统建筑文化的冲击。多年来对"西方化就是全球化"的盲目追随，正映射出了地域传统文化的式微。民族地域文化如果缺乏自信、发展方向和保护意识，就容易被淹没。地域传统建筑文化逐渐消失，更削弱了人们对民族文化的自信心。

在当前新的时代背景下，党的十九大明确提出了要推动民族传统文化复兴，实现可持续发展，"建设美丽中国，为人民创造良好的生产、生活环境"的目标。民族传统文化的振兴，离不开民族传统建筑的保护传承与创新发展。因此，进一步深化并拓展闽南地域传统建筑及其装饰技艺的研究工作，在我国传统文化复兴、可持续发展的新历史条件下，就更具有重要的意义。

第二节 研究对象

一、闽南传统建筑的界定

1. 闽南文化的核心区

闽南地区主要位于中国东南部，闽南文化核心区处于厦门、漳州、泉州所处的行政区范围内，即泉州市、石狮市、晋江市、南安市、惠安县、安溪县、永春县、德化县、厦门市、漳州市、龙海市、云霄县、漳浦县、华安县、长泰县、诏安县、东山县、南靖县、平和县和华山县等使用闽南语的地区。

2. 闽南文化的辐射区和影响区

闽南文化的辐射区，包括中国台湾（含金门、澎湖等）、潮汕片区、大田片区、浙东南片区、赣东北小片区、莆仙区、海南粤西区，以及东南亚等地。台湾地区与闽南地区文化关联，传统建筑与闽南基本一致。

闽南话作为闽南文化的重要特征。广义上闽南话地区和闽南文化区北起莆仙地区，南至云霄、诏安，西到漳平、龙岩，中间是泉州、漳州、厦门等。闽南移民迁移到新的地区，形成文化辐射区。宋元和明代大批闽南移民到海南省。宋代以来闽南人迁移浙江温州地区，整个地区说闽南话的近百万人，形成浙南闽语。江西赣东北部的上饶县、广丰等8个县市有20多万人能说闽南语。明代中叶以后，郑成功收复台湾以后，福建人大量移居台湾，将先进生产工具和文化带入台湾。民国15年（1926年）《台湾在籍汉族乡贯别调查》中，台湾汉族人口为375.1万，占台湾人口的88.4%，其中福建人口有312万，占汉族的83.1%，祖籍是泉州和漳州的，占台湾汉族人口的80%。闽南文化对台湾的政治、经济和文化产生重要影响力。

二、闽南传统建筑的定义

《中国百科全书》中对建筑有以下的定义："乡土建筑主要指居住建筑、民用建筑。广义上传统包括祠堂、庙宇、戏台、牌坊、客栈、钱庄等"。保罗·奥立佛在《世界乡土建筑百科全书》中提出乡土建筑的特征为："本土的、匿名的、自发的、民间的、传统的和乡村的……"英国人类学家泰勒将文化定义为："文化的内涵包括知识、信仰、艺术、道德、法律、习俗，及作为社会成员获得的其他能力"。钱穆认为："文化是一种存在……传统要有持续……传统则亦有生命性。"[①]人类学家豪泽·霍依布林认为："建筑装饰传统就像语言甚至是音乐一样，是特殊的文化遗产。"装饰在狭义上指装饰物或图案和纹样等，广义上包括装饰特征和传统技艺。

闽南传统建筑分为官式大厝、手巾寮、石构建筑和土堡等。本书所指的闽南传统建筑和闽南乡土建筑是同一概念，民居建筑、祠堂和寺庙是研究的重点。

三、研究内容

闽南地区的传统建筑是建筑文化遗产和乡土建筑的典型，建筑装饰蕴含历史、人文和宗教等内涵。本书的内容包含闽南传统建筑的地域文化背景、装饰细部特征、表现手法、文化内涵、工艺技法、海外影响和传承运用等。

---

① 钱穆，中国文化精神，台北兰台出版社，2001：18

第二章

闽南传统建筑
装饰细部特征

从古代开始，建筑就与装饰相结合，体现各个时代的审美特点。罗杰·斯克鲁顿认为："没有装饰的建筑理想只是一种妄想。装饰就是细部，能够受到欣赏，并且独立于任何主宰的美学全局"[1]。建筑装饰是建筑艺术与技术的结合。

中国传统装饰细部是构成地域性建筑特征的重要组成部分。闽南传统建筑重点装饰屋脊、镜面墙、凹寿、裙堵、山墙、柱子、山花、梁枋和门窗等，如图2-1所示。闽南传统建筑装饰结合建筑结构，如图2-2所示，建筑构件融合图案、色彩和雕刻等，表达建筑的文化内涵。装饰以吉祥动物、花草和人物故事等为题材。闽南传统建筑装饰题材丰富、工艺精美，隐含主人的审美品位和文化观念，体现闽南人的精神理想和审美。

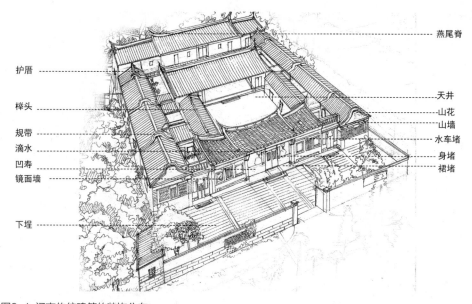

图2-1 闽南传统建筑的装饰分布

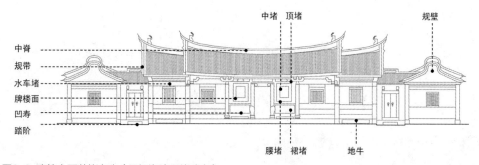

图2-2 建筑立面装饰名称（厦门海沧邱德魏宅）

---

① （英）罗杰·斯克鲁顿，建筑美学，湖北教育出版社，2003，12

第一节　建筑外檐部分

细部装饰是建筑外观的组成，为建筑增添艺术效果。闽南传统建筑装饰，为立面的造型创造了多种变化。传统建筑中，屋顶是固定的屋架结构，能够遮风避雨，构成建筑特征。闽南传统民居多为硬山式和悬山式的屋顶。如图2-3所示，沿海地区以硬山屋顶为主，有利于抵挡台风。内陆地区以悬山屋顶为主，便于挡雨和排水。寺庙多采用歇山式，还有中西结合的"封护檐"。闽南传统建筑受气候、材料、地貌、风俗和审美的影响，形成和谐精致的地域风格。细部装饰增加了建筑的艺术性，如图2-4所示，通过材料的质感和工艺，融合雕刻、图案和色彩等，取得了建筑的个性与美观的统一。

图2-3 沿海屋顶有利于挡风

图2-4 燕尾脊正面（厦门新坡建筑）

一、屋脊的装饰

闽南传统建筑的外檐装饰细节优美，屋顶是装饰的重点，由正脊、两条曲脊、四条垂脊和两个斜屋面组成。正脊也称为中脊，分为三段，中心突起的称为中堆或中墩，一般用灰塑和剪粘塑造。燕尾脊和弧形马背脊，使屋顶有柔和的曲线美。正脊的装饰色彩对比强、立体感突出，脊身的色彩艳丽，运用彩绘和剪粘的手法塑造花草、动物和人物题材等。民居的屋顶装饰比较朴素，寺庙的屋顶装饰复杂，如图2-5所示。寺庙的屋顶装饰工艺复杂、色彩艳丽、题材丰富，如图2-6所示。中堆装饰主要用于宗教建筑上，从美学角度看，中堆凸显对称性和轴线感，具有祈福和崇拜的意味。从结构上，正脊分为两种，一种称为"鼎盖脊"，在砖砌基础上用灰塑装饰图案，从侧面看呈现工字形。束腰（脊堵）处常用花砖装饰，用剪粘和灰塑等进行嵌花装饰。一般用灰塑和剪粘塑造福禄寿三仙宝珠、宝塔、葫芦和麒麟等题材，两端饰以花草、花鸟纹与万字纹等。另一种称为"花窗脊"、"梳窗脊"或"车窗脊"，束腰处用镂空的红色花砖或绿色的花砖。屋脊造型有利于适应季风性气候，能减轻台风对屋脊的影响。泉州蔡氏古建筑采用镂空花砖装饰中脊，体现对气候环境的适应性。戗脊尾一般用于寺庙，如泉州的关帝庙，体现建筑的等级。

图2-5 厦门福灵宫戗脊   图2-6 关帝庙脊饰

　　闽南传统的屋脊包含高跷的燕尾脊和弧形马背脊，和潮汕地区的建筑有类似和不同之处，如表2-1所示。闽南地区燕尾脊的正脊是弧形，两端跷起向外延伸，尾部分为两支，像燕子的尾巴，称为"燕尾脊"。燕尾脊使得屋顶具有柔和的曲线，增加了建筑的美感。《诗经·小雅·斯干》记载："秩秩斯干，幽幽南山。似续妣祖，筑室百堵，西南其户。爰居爰处，爰笑爰语。如跂斯翼，如矢斯棘，如鸟斯革，如翚斯飞。君子攸跻。殖殖其庭，有觉其楹……"诗中描绘宫室屋顶的檐角如箭有方棱，像大鸟展双翼，像锦鸡正飞腾……曲面的屋顶及装饰传承汉唐以来的宫室定式。悬山式的屋顶仅有一条正脊，两端常用灰塑做起翘。燕尾脊的运用有一定的限制，按照典制的规定，燕尾脊只有庙宇或是举人以上的府邸和官宅才能运用。闽南地区的民居、庙宇和祠堂普遍运用燕尾脊，装饰部分突破了封建等级。脊饰丰富了建筑的屋面形象，表达对自然山岳的崇拜和吉祥文化。如图2-7所示，南安官桥资深宅的"龙吻"，是灰黑色的龙头陶件，立于脊端。

闽南建筑与潮汕建筑的屋脊对比   表2-1

屋脊	闽南建筑的屋脊	潮汕建筑的屋脊
脊部	花窗脊、燕尾脊	平脊、龙舟脊、龙凤脊、燕尾脊、卷草脊、漏花脊、博古脊
材料	灰塑、交趾陶，塑造花草纹样，寺庙建筑采用人物纹，沿海有镇风的瑞兽	瓦砌、灰塑、陶塑、嵌瓷屋脊塑造各种神仙瑞兽、戏曲人物

燕尾 ∙------------

脊肚 ------------

脊斗 ------------

规带 ------------

图2-7 屋脊装饰及名称

　　闽台地区的庙宇，屋顶结合灰塑、彩绘、剪粘、陶塑和瓷雕装饰，终端有双龙，中堆有葫芦、宝瓶和宝塔装饰，称为双龙戏珠或是双龙护塔，主要用于辟邪、祈福、避灾和防雷，如表2-2所示。大户或祖祠一般运用灰塑和剪粘装饰屋脊。闽南传统建筑有的使用"正吻"，早期用手工塑造，后期多用陶制品或剪粘替代。"正吻"在祖祠和庙宇中比较常见，动态生动。沿海地区更注重"正吻"的装饰，厦门和漳州的燕尾脊，下端加上狮子或象的雕塑，称为"吻兽"。厦门地区的燕尾脊下端常有龙，如图2-8所示。庙宇的"正吻"比普通建筑显得更精致，常见狮子作为"吻兽"。庙宇祠堂在燕尾脊加上"吻兽"，又称"龙吻"、"龙隐"、"龙引"或"泥虎"，形状像龙，以坐立姿态。普通民居一般用廉价的瓦片作为中堆，平板屋顶，一般脊身较低、脊端起翘，砖瓦作为中堆，形成中间低两边高的造型，如图2-9所示。

庙宇中堆与民居的对比	表2-2

泉州关帝庙屋顶中堆（称为脊刹，有火珠、凤凰、牡丹、葫芦、云纹、鱼纹等）	泉州天后宫屋顶中堆（莲花、螭虎、宝瓶、龙纹、云纹、水纹、太阳、书卷、莲花、卷草纹）

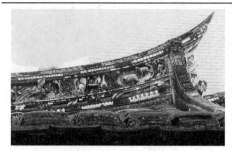

厦门海沧院前新厝角

红瓦（泉州蔡式古建筑）

图2-8 寺庙屋顶（泉州关帝庙）

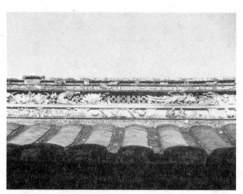

图2-9 比较富裕民居的屋顶（永春福兴堂）

二、花头和垂珠

大户的民居常使用"花头"，又称为"勾头"、"瓦头"和"筒瓦头"，指建筑物顶端的盖头瓦。花头相当于北方的瓦当，最早可追溯到西周，起初是半圆形，汉代采用圆形。闽南传统建筑的花头运用可追溯到唐代。瓦当初期纹样为兽面纹，后来有动物纹、植物纹、几何纹和文字纹。"花头"的正面是圆形，防止屋檐遭到风雨的腐蚀。花头一般采用植物纹、文字和几何纹等。如图2-10，泉州崇福寺花垂珠，运用牡丹纹。滴水的形状如伸出舌形，又名"垂珠"，可避免雨水对屋盖的侵蚀。滴水一般采用花草和文字纹作装饰。如图2-11，泉州官桥蔡氏古建筑的滴水运用回纹、牡丹和凤的搭配。两个构件传承中原的建筑文化，体现闽南文化与中原文化的融合，并具有地域特征。花头和垂珠为传统建筑长期保存提供了保障，又具有装饰效果，是实用与美观合为一体的建筑构件，如图2-12所示。

图2-10 垂珠（泉州崇福寺）

图2-11 垂珠纹样（泉州蔡氏古建筑）

图2-12 不同形状的花头

三、悬鱼

　　闽南传统建筑中，悬山或歇山屋顶两端的搏风板下，垂于正脊的装饰构件称为"悬鱼"，常见于闽南的内陆地区。悬鱼最初为鱼形，从山面顶端悬垂，保护暴露的檩条免受风雨的侵蚀。悬鱼常用浮雕、泥塑、剪粘和木板等制作，形式多样，是功能与装饰结合的构件，蕴含"年年有余"的寓意。常见的"八宝"包含：艾叶、厌胜钱、护心镜、方胜、犀角杯、书、如意和磬等。"八音"指琴、钟、磬、箫、笙、埙、鼓和柷。击磬具有吉庆的意思。闽南传统建筑的悬鱼一般用木板做成，常有花草、海水、祥云、书卷、人物、花鸟、鱼虫、八宝和如意等，如图2-13所示，以泥塑塑造表面。如图2-14所示，祠堂的搏风板下有不同形状的悬鱼。

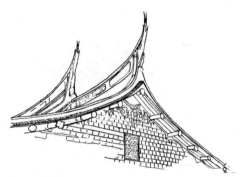 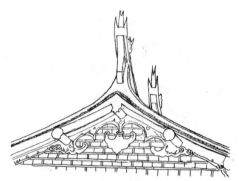

图2-13 闽南建筑的悬鱼装饰（泉州永春五里街建筑）　　图2-14 闽南建筑的悬鱼装饰（泉州永春桃星村）

四、山墙

屋顶的左右两侧，前后两斜坡形成的三角形区域称为"山"，两端的砖墙称为"山墙"。闽南传统建筑主要有悬山、硬山和歇山式屋顶。闽南地区因人口稠密，房屋间距小，防火很重要，防火山墙比较高大。广东建筑的山墙比起闽南地区更高大，山墙作为重点装饰，发展出不同造型的山墙。闽南山墙的装饰比

图2-15 山墙分为三段（泉州蔡氏建筑）

中原建筑更丰富，如表2-3所示。官式大厝的山墙常见的有马鞍山墙和燕尾山墙。山墙底层由花岗石构成，腰身为红砖构成，山墙的装饰以线条划分成三段平行的部分，称为"三肚"，如图2-15所示。墙头线条正中称为"腰肚"，题材包含山水、花鸟和人物纹。山墙与楚花的形式多样，很少重复。山墙上有几道的线脚，硬山、悬山和歇山除了正脊外，其他用砖瓦砌成，称为"规带"、"归带"或"垂脊"。同组建筑的山墙规带和图案不同、形象丰富、暗含吉祥，表达对自然的崇拜和理想情怀。"马背"是山墙顶部鼓起的形状，前后延伸与垂脊相连。马背山墙的造型多样，主要有"人"字规、马鞍规和椭圆规等。闽南建筑、粤东建筑、台湾建筑受到传统的哲学思想和阴阳五行学的影响。1981年陆元鼎在《广东建筑》中提出有五种形式与五行相对应，"金形圆、木形直、水形曲、火形锐、土形方"。山墙分为五大类型和派生形式，大圆弧形的马鞍状对应金形，直形对应木形，三个或五个起伏的曲形、像波涛荡漾的线条对应水形，若干锐角、形如火的线条对应火形，像削平的沙丘的方形对应土形。在同个建筑群里，多种造型的山墙通常是相生的两组。

闽南建筑山墙、潮汕山墙和徽州山墙的比较　　　　表2-3

类型	闽南传统建筑	潮汕传统建筑	徽州传统建筑
墙头形状	金式、火式、水式较多，其他类型较少	建筑墙头有金、木、水、火、土五式，花式大幅水的变体、火式作为家庙和祠堂	坐斗式马头墙、挑斗式马头墙、鹊尾式马头墙、坐吻式马头墙
墙头做法	三线、三肚、浮楚、板线	三线、三肚、浮楚、板线	女儿墙的花格砖板采用砖雕、拼砖花窗
题材	花鸟肚为主	花鸟肚、人物肚、山水肚、	花草几何纹
楚花	灰塑为主，寺庙建筑有彩绘	彩画、灰塑、嵌瓷装饰楚花	砖雕
色彩	红白对比	灰砖山墙，明暗和色彩变化	灰砖砖雕

　　山墙常有散热的小窗，被称为"老虎窗"，以方形和圆形居多，运用镂空的花砖通风散热，装饰简洁。山墙设计鸟踏，防止墙身淋湿，增加墙体的美观和层次感，为飞禽提供歇脚的地方，体现古人的朴素自然观。

　　山墙檐柱以外的部分称为"墀头"，一般做成方形的边框，里面用泥塑做成的浮雕，并加以彩绘装饰。厦门海沧民

图2-16　山墙檐柱外的墀头（厦门海沧建筑）

居的墀头装饰，内部是高浮雕，塑造立体的屋宇，背景以群青着色，运用色彩与空间衬托造型，如图2-16所示。

　　闽南地区的红砖建筑用砖在檐口进行不同的交叠堆砌，墙檐是砖墙与屋顶相连的部分，形成几层砖逐渐出挑的瓦头。这种做法很简洁，使得墙头多一道朴素的花边，衬托建筑的美观，细部精致、层次明显，如图2-17、图2-18。

图2-17　墙檐（晋江塘东村洋楼）

图2-18　墙檐（晋江塘东村洋楼）

五、山花

墙体最突出的装饰是腰肚以下的图案，称为"浮楚"，如图2-19所示。浮楚雕刻和绘制花纹又称为"山花"、"楚花"、"排头"或"牌头"，用泥塑、剪粘、交趾陶、彩绘或彩色瓷片装饰。山花装饰源于中原传统图案，最早以鱼形为主，之后衍化花草纹、吉祥图案和云卷纹等。细部有楼台、文字、花草和人物纹装饰等。清代之后装饰的物件丰富多样，如象征道教的八宝（也称暗八仙：玉笛、渔鼓、宝剑、芭蕉扇、花篮、荷花和葫芦）、象征佛教的八宝（宝伞、宝瓶、莲花、金鱼、法螺、吉祥结、宝幢、法轮）。山花两边相互对称，题材丰富，如：葫芦、云纹、宝瓶、螭虎、花篮、如意、书画、镜子、火纹和花灯等。山花的图像内涵丰富，如钱纹代表财富，蝙蝠寓意福气，镜子、花篮和宝瓶寓意平安吉祥等。不同建筑山花造型很少有重复，同一组建筑的山花也没有重复，形成建筑的个性化特征。厦门和泉州地区传统建筑的山花有一定微差。规带以下的线称为模线，有的比较宽，称为"板线"。较宽处常有彩绘，较窄的作为线条，模线层层缩进，增加立体感和层次感。蓝色、白色和红褐色相互搭配，丰富的形象和色彩对比增加建筑侧面墙的美感和建筑魅力。如表2-4所示，浮楚塑造镜子、宝瓶、花篮、云纹、水纹和卷草纹等图案，以表达闽南人对生活的美好理想。

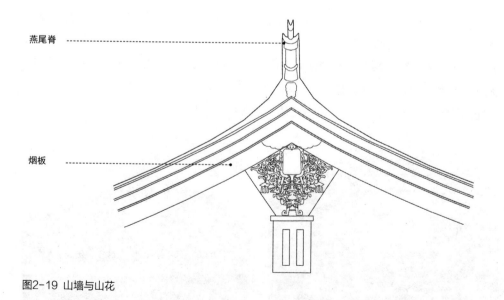

燕尾脊 --

烟板 --

图2-19 山墙与山花

马背山墙造型与山花	表2-4

如意纹、山水、宝镜、房屋、云纹	水形由三个起伏的弧形线条组成，形如水纹状。云纹、小鸟、忍冬草、如意、宝瓶
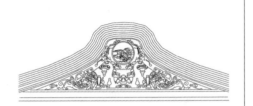	
木形图——形状比较方正，弧线较少，陡直地高耸在山墙上	山墙设置"小窗"，用绿釉装饰，称为"规尾窗"。"人"字规形成锐角，像火的形状
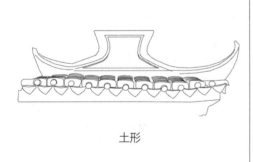	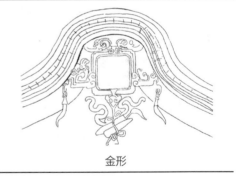
土形	金形

第二节 建筑屋身部分

　　闽南传统建筑传承自中原，发展成有地域特色的建筑，如表2-5所示，与北京的四合院有很大不同。闽南传统建筑大量使用红砖，红砖厚薄与尺度多样。墙体除砖木结构外，还有砖石结构和黏土打造的夯土墙和牡蛎墙等，体现了闽南因地制宜和就地取材的智慧。闽南的建筑装饰集中在建筑立面，如凹寿、牌楼面、镜面墙、水车堵等，蕴含地域审美特征。与潮汕建筑相比，闽南传统建筑相对简洁，构件如斗栱、吊筒、雀替和托木等是装饰的重点，如表2-6所示。

北京四合院和闽南传统建筑的比较 表2-5

比较	北京四合院	闽南传统建筑
院子形态	四周以房舍相围合	房屋前方以围墙的围合
门堂制度	东南的入口	南入口
空间层次	东南大门—垂花门—中院正房—内院后房—后罩房	凹寿—下厅—天井—中厅—后厅
中心	房屋簇拥正房	房屋围绕正中堂
私密性	屏门的设置满足私密性的要求	室内有半开放的空间
等级标志	彩绘、油漆色彩、台阶高度、瓦、吻兽	屋顶的翘起、门墩、瓦片

闽南大门装饰与潮汕大门装饰对比 表2-6

	闽南传统建筑	潮汕传统建筑
围墙大门	简洁的埕门	线型式、门楼式、牌坊式
住宅大门	单塌寿和双塌寿	凹斗门式、凹门廊式
装饰手法	通过进深的凹入，牌楼面分成3~5堵，层次丰富、题材多样	线条和光影突出大门，围墙通花突出，加屋盖，题材为山水、飞鸟、虫草，有彩绘
装饰材料	灰塑、剪粘、交趾陶等	灰塑、陶塑、贴面瓷、琉璃等

一、凹寿

闽南地区将大门作为分界线，大门以外，正面向内伸进的空间称为"凹寿"、"塌寿"或"凹肚门楼"，如图2-20所示。闽南地区建筑凹入的门廊是为了防晒、防雨所采用的形式。大门以内的空间称为前厅或前庭。曹春平在《闽南传统建筑》中将凹寿定义为：入口处内凹一至三个步架而形成的门斗空间，也称为"塌寿"、"塔秀"、"行阁"、"行叫"、"倒吞砛"、"凹肚"。[1]李乾朗在《台湾古建筑图解事典》中提到：凹寿也称为"倒吞砛"、塌肚、凹肚和塔寿等。意为房屋入口处内缩，称为簷下有步口

① 曹春平，闽南传统建筑 [M]，厦门大学出版社，2016

对看堵
角门
牌楼面
大门

图2-20 凹寿（永春崇德堂）

廊，使寿梁外显。而这些不同的称谓，则分见于闽南各地，如塌肚及塔寿为客家地区用语，凹肚则为潮汕匠师用语。[1]

大门的塌寿一般有两种，一种是内凹一次称为"单塌"，一种是内凹两次，称为"双塌"。塌寿由大门、两侧的角门和壁堵组成，装饰集中于牌楼面、两角门和两侧壁堵（又称龙虎垛、对看堵、廊墙[2]）。对看堵以石雕、砖雕、彩绘装饰为主。常见的装饰材料有木雕、石雕、砖雕、剪粘和交趾陶等。等级越高的传统建筑，凹寿装饰的级别就越高，工艺难度和建造成本也相应增高。凹寿是内外空间的过渡，通过装饰强化内外有别和尊卑有序的空间秩序。凹寿满足人们的安全需要、审美需要、精神追求、宗教崇拜、身份认同及礼仪制度等，具有重要的意义。凹寿空间运用装饰搭配、装饰题材和元素搭配等，构成建筑的空间叙事体系。

凹寿传承了古典建筑的黄金比例。如《考工记》对门堂的规定：门堂三之二，室三之一[3]。意思是门堂的尺度是正堂的三分之二，门堂的室进深为正堂的三分之一，前厅占进深的三分之二。凹寿为一到三个步架，相当于进深的三分之一，凹寿的比例尺度按照黄金分割的比例处理。凹寿空间布局均衡，作为空间的过渡和缓冲。凹寿装

---

① 李乾朗，台湾古建筑图解事典 [M]，台湾馆编辑制作，2003
② 李乾朗，台湾古建筑图解事典 [M]，台湾馆编辑制作，2003
③ 春秋末至战国初，周礼，考工记·匠人

饰元素丰富，体现主人的愿望与憧憬。

　　闽南传统建筑凹寿装饰性比较强，作为视线的焦点，有利于强化视觉的空间层次和烘托牌楼面的整体形象。凹寿装饰受主人的社会地位和经济条件的影响，选择相应的材料和工艺进行搭配。凹寿通常运用木雕、石雕、砖雕、彩绘、交趾陶和泥塑等材料，结合浮雕、镂雕和圆雕等工艺手法塑造动植物和人物图案等。常见的搭配形式如下：普通建筑常运用木雕牌楼面和彩绘对看堵或是木雕牌楼面与砖雕对看堵的组成；富裕之家常运用整体的花岗岩石雕装饰或是石雕和砖雕的组合搭配。泉州沿海地区建筑常运用红砖牌楼面与交趾陶对看堵的搭配；厦门地区的普通建筑常用石灰墙和石雕搭配或石灰墙与泥塑彩绘对看堵的组合。宗祠、家庙和富裕之家甚至运用三种以上材料进行搭配，如图2-21~图2-28所示。

图2-21　石雕牌楼面（厦门卢厝）

图2-22　石灰墙牌楼面（厦门新垵建筑）

图2-23　普通建筑牌楼面（永春福德堂）

图2-24　富裕商家牌楼面（永春福兴堂）

图2-25 石灰图案墙面与石雕、交趾陶搭配（厦门院前新厝角）

图2-26 砖雕对看堵（南安蔡氏古建筑）

图2-27 红砖墙面（蔡氏古民居）

图2-28 石灰假砖墙面与石雕搭配（厦门新坡建筑）

二、牌楼面

大门两侧的墙面，被称为"牌楼面"，是建筑外部装饰最丰富的部位。牌楼面用于装饰门面，是建筑标志性的一部分，彰显主人身份地位，渗透着审美情调和文化意蕴，具有重要的意义。

闽南传统建筑正面的"牌楼面"，是由白石和青石花岗石组成的装饰面。牌楼面以人的身体结构为参照，以拟人化的构图，分为三到七堵。每个部分称为"堵"或

"垛"，由顶堵、水车堵、身堵、腰堵、裙堵和柜台脚组成。檐口以下的狭长石块称为"顶堵"，顶堵以下称为身堵，是视线的焦点，上面雕刻花草或人物纹样，通常运用青石进行镂空雕刻。腰堵由两块长条形的高浮雕构成，以花草和动物的纹样为主。裙堵是方块面，常用白色花岗石或青斗石组成，一般打磨光滑，没有做拼接。建筑的裙堵表面不做雕刻或雕刻较少，用浮雕或线雕的手法塑造花草和动物图案等。庙宇宗祠的裙堵用花岗石做高浮雕，题材是麒麟和雌虎。门的两面侧墙常见青龙、白虎的裙堵，依照中国传统的"左青龙右白虎"的布局，作为神兽，具有辟邪之意，又称为龙虎堵。麒麟堵雕刻腾云驾雾的麒麟，另有八宝搭配，体现建筑物的等级和主人的高贵身份。牌楼面和壁堵的各堵块雕刻不同内容，人物图案通常是画面的重点，其次是动物和植物。身堵、裙堵和柜台脚是视觉的焦点，装饰精细，通常运用浮雕、镂雕和沉雕的手法刻画吉祥动植物以及人物故事的图案。如图2-29为泉州永春县崇德堂的凹寿牌楼面，运用花岗石的石材雕刻，堵块运用线刻、浮雕和镂雕等工艺手法，体现丰富的装饰内涵。

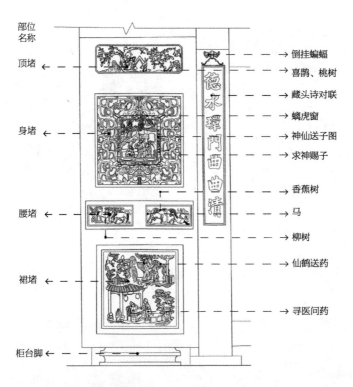

图2-29 凹寿牌楼面的部位名称（永春崇德堂）

三、镜面墙

镜面墙也称为"镜面壁"，位于传统建筑外立面两侧的墙面，如图2-30所示。泉州地区的镜面墙一般以带黑色烟熏的红砖和白石砌成。烟熏红砖是闽南地区采用田间泥土做成的砖坯，入窑后以松枝烧制而成，由于表面有黑色的纹理，又称为"烟炙砖"。镜面墙以分段构成，中间常用白石或青石构成身堵，正中有方形或圆形镂空的石雕窗，如图2-31所示。墙底部有雕刻的柜台脚和地牛。

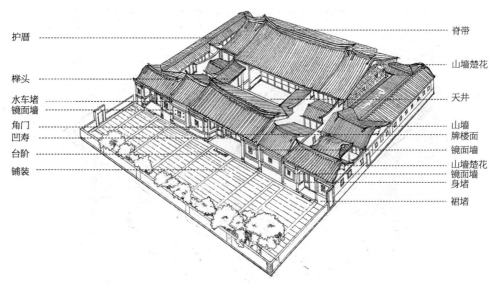

图2-30 闽南传统建筑镜面墙的空间位置（泉州杨阿苗故居）

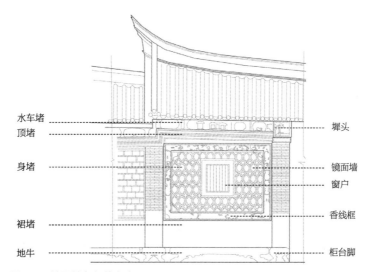

图2-31 镜面墙各部位名称

闽南地区的泉州市区和厦门沿海地区，受到外来文化影响较多，墙面常采用色泽鲜艳的红砖拼贴和特殊形状的砖装饰。用红砖堆砌几何图案，称为"拼花"，砖缝刷填白灰泥。拼花的图案有万字堵、古钱花堵、工字堵、龟纹、蟹壳堵、海藻花堵和人字堵等。几何纹包含丰富的文化内涵，如图2-32、图2-33所示，六角形寓意长寿，八角形寓意吉祥如意，圆形砖象征美满幸福，双喜的圆形砖代表喜庆，钱纹寓意富贵。不少建筑在墙上雕刻福、寿等，具有吉祥内涵。镜面墙的墙身用不同的砖石砌成的墙框，称为"香线框"，四边有线脚，称为"堵框"。山尖部分使用红砖，各个层面用几何分割的线条构成完整的墙面。红白色彩效果突出，对比明显，体现工匠的精巧技艺和匠心营建。闽南内陆地区的建筑，红砖墙和拼贴图案较少，装饰朴素。厦门和漳州地区的镜面墙，砖缝更大，图案更明显。

图2-32 镜面墙（泉州永春福兴堂）

图2-33 镜面墙（泉州南安蔡氏古建筑）

19世纪20～30年代，闽南沿海地区建筑的镜面墙和对看堵受到中国台湾地区和日本装饰的影响，运用彩色瓷砖替代传统的红砖。瓷砖形状是20厘米左右的方形，白色为底色，釉色鲜艳，是当时流行的马约利卡瓷砖。闽南地区、台湾和金门的部分传统建筑运用此类瓷砖，色彩雅致，图案醒目。如图2-34和图2-35所示，晋江五店市建筑中对看堵和牌楼面用不同的瓷砖装饰。

四、角门

角门位于大门的两侧，称为"员光门"或"弯光门"，是以花岗石砌成的半圆形栱门，对称分布，如图2-36所示。闽南地区以石砌的门框为主，由顶堵、门额、门楣和小门组成。角门的装饰集中在门额，通常以石材雕刻的浅浮雕或高浮雕为主，门额的文字取自古诗的文字。如图2-37所示，永春丰山村庆星堂，门额题"景星"，门联装饰写着"入孝"。

图2-34 马约利卡瓷砖1（晋江五店市建筑）

图2-35 马约利卡瓷砖2（晋江五店市建筑）

图2-36 角门（永春丰山庆星堂）

图2-37 角门（泉州永春福兴堂）

　　壁堵又称龙虎垛、对看墙和廊墙，是屋前步口廊左右两端相对的墙壁。寺庙和宗祠的左边常雕龙，右边雕虎，所谓"龙蟠虎踞"为装饰[1]。

五、水车堵

　　闽南建筑的屋檐下设有花板，位于屋檐的下方，墙身的最上方狭长的装饰带称

---

[1] 李乾朗，台湾古建筑图解事典，台湾馆编辑制作，2003：75

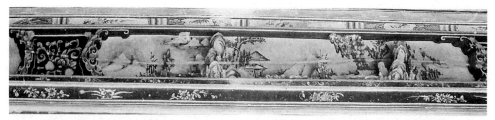

图2-38 水车堵（泉州永春庆裕堂侧面墙）

为"水车堵"。水车堵不用砖而是用灰塑制作成精细的线脚边框，常分三个段落构图，两端有堵头，中间是堵仁。框内由泥塑、剪粘构成，两端有收尾，就像彩画一样。水车堵的装饰题材一般是山水、花鸟、楼阁和人物，表现自然美景、忠孝节义和人物故事，常附诗句和落款。水车堵用于建筑立面，色彩鲜艳，以高浮雕装饰，兼有收边、悬挑止水的

图2-39 水车堵（厦门海沧村建筑彩绘）

功能。水车堵是一个复杂的构件，主要流行在漳州、泉州及台湾一带。泉州一带的水车堵两端有塍头为框，如图2-38所示，如果是山墙就直接收尾。厦门、漳州和金门一带的水车堵都延伸到山面。不少水车堵经过数百年，依然图案清晰，如图2-39所示。

六、塍头

塍头是古代的建筑构件，俗称"腿子"，或"马头"，多由叠涩出挑后加以打磨装饰而成，一般左右对称。塍头常用于硬山的屋顶建筑，硬山的山墙在入口两侧伸出至檐柱之外，突出在两边山墙的边檐，在檐柱之外的山墙上部分，用来支撑前后的出檐，伸出的一段称为"塍头"。塍头衔接山墙与房檐瓦的部分，承担着屋顶排水和边墙挡水的双重作用，在明代砖的生产大发展之后开始普遍使用。闽南传统建筑的塍头继承了北方四合院的塍头装饰，包含花草植物、动物、人物和建筑风景题材。闽南传统建筑塍头上半部是盘头，由灰塑和交趾陶装饰，下半部装饰较少。塍头在立面上处于显眼的位置，如图2-40所示。从侧面看，塍头能增加山墙的厚度，从远处看，像房屋昂扬的部分。塍头一般由上、中、下三部分构成，上部以檐收顶，呈弧形，起挑檐作用，中部称"炉口"，作为装饰的主体，如图2-41所示，塍头有多种形制和图案，下部多似须弥座，称"炉腿"。

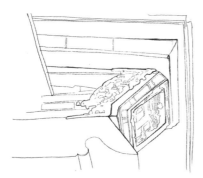

图2-40 塀头（厦门民居）

图2-41 塀头（厦门新坂民居）

七、漏明墙

漏明墙也称为"花墙"或"漏砖墙"，指墙体不封闭处运用镂空的砖瓦构成建筑外观的重要艺术手法。闽南建筑墙体中运用花瓦的墙头或是花砖的墙头，用较薄的砖石砌成各种纹样和花饰，称为"漏花窗"。漏花砖与墙体形成色彩对比，有效避免墙体的沉闷感，丰富空间的层次，带来空透和轻盈的效果，如图2-42所示。漏明墙以红砖构成的几何趣味性体现闽南地区的气候条件、红砖材料和审美文化等，如图2-43所示。

闽南地区的漏花窗与广东地区有所不同，在空间、形式、材料上有所区别，如表2-7所示。闽南建筑的漏窗花墙用于遮阳和遮挡视线，一般用于建筑的内部或庭院对外的地方，营造空间氛围。闽南地区常见墙垣漏窗旁带门洞，作为两个庭院的间隔和通道。漏窗的材料包含石材、红砖和琉璃，窗花以几何纹为主，用途广泛，如图2-44~图2-46所示。

图2-42 泉州蔡氏古建筑漏花窗

图2-43 闽南建筑的漏明墙

漏明墙的产生与闽南地区的气候条件、审美文化、红砖材料、通风透气等需要相符合,具有现代的趣味性。漏明墙不是简单的砖块,有利于节约材料、功能多样、组合丰富,体现劳动人民的智慧和灵活性。

闽南建筑漏窗花墙与广东建筑的比较 表2-7

类型	闽南建筑	广东建筑
空间	建筑内部	建筑内部或对外围墙
形式	墙垣漏窗带门洞	墙垣开门洞、墙垣漏窗带门洞
作用	两个庭院的间隔和通道	两个庭院的间隔和通道
材料	砖砌、石雕、木雕、琉璃	砖砌、陶制、琉璃、铁质
纹样	几何纹、竹节窗	几何纹
门洞	方形	圆形、瓶形门、八角形门

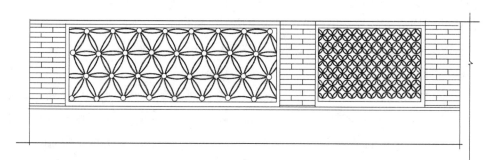

图2-44 闽南传统民居漏明墙组合

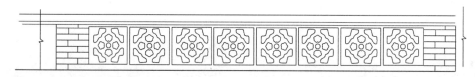

图2-45 闽南传统民居花窗漏明墙

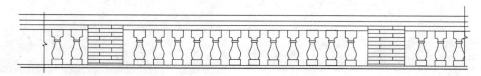

图2-46 闽南传统民居瓶状漏明墙

八、照壁

照壁也称为影壁，通常在入口周围，据说具有避邪功能，实际上起到遮挡视线和缓冲的作用。北方四合院建筑，影壁是装饰的重点，主要用于门内，常用精美的砖雕、木雕和石刻装饰，包含丰富的纹样。闽南地区的影壁比较简洁，一般用砖砌成，外框是矩形，中间是矩心。闽南地区的影壁与广东建筑有所不同，如表2-8所示。闽南的影壁传承于中原文化，是特殊的墙，分为三段式，上面是壁顶、中间是壁身，下部是墙基，也称为壁座。影壁上段是檐楣，精巧秀丽，相当于普通的屋顶。壁身是影壁装饰集中的地方，两端翘起，与屋脊做法相同。壁座部分庄重朴素。闽南影壁中间多是白色的墙体，对比鲜明、简洁朴实。泉州的崇福寺运用剪粘装饰影壁的上部分，效果强烈，如图2-47所示。闽南庙宇的影壁常用花鸟等动植物题材，采用剪粘的工艺手法，色彩鲜艳，丰富建筑空间。闽南民居的照壁一般是在门外对着大门的墙，在没有围墙的开放式住宅，甚至没有影壁。泉州晋江一带的建筑通常在大门口对面设置影壁，以浮雕为主，上面装饰"福"字或八卦纹，如图2-48所示。花巷的隔墙满足私密性，具有美感，通常根据主人的经济情况，采用相应材料，如图2-49、图2-50所示。

闽南建筑的影壁与广东建筑的影壁比较　　　表2-8

影壁	闽南建筑	广东建筑
部位	建筑大门前、入口隔墙、次天井	建筑大门前
材料	砖、琉璃砖、花岗石	砖、灰塑、嵌瓷
纹样	文字、几何纹	麒麟、花卉图案、鸟兽
表现	平面形式	平面形成浮凸效果
特点	以漏窗堆砌成照壁	照壁顶部上开设漏窗，形成通风

图2-47 寺庙影壁（泉州崇福寺）

图2-48 宗祠影壁（泉州晋江宗祠）

图2-49 花巷隔墙（厦门卢厝）

图2-50 花巷隔墙（蔡氏古建筑）

第三节　石基

一、柜台脚

台基以下与地面齐平的花岗石称为"柜台脚"或"土衬石"，形状像低矮的柜台。柜台脚和花岗石石板组成墙裙，有利于防潮，增添厚实感。柜台脚借鉴传统硬木家具的形状，正面雕刻向外撇出的螭虎脚，又称为地牛或老虎腿，如图2-51所示。柜台脚是用白石或是青斗石雕刻，形状有圆形、方形和多边形。柱脚使得建筑显得刚

图2-51 柜台脚

劲有力。柱础的纹样以石刻的浮雕为主，包含植物纹、动物纹和几何纹。泉州永春榜头玉津堂的柜台脚浮雕表现两只羊、植物和山水，体现了对农耕文明和人们对自然的热爱。

二、石阶

闽南传统建筑的石阶装饰比较讲究，石阶通常为单数，以白色的花岗石构成，不易磨损。如图2-52~图2-54所示，宅院门口一般是三级，常做成案桌形，两端雕刻出脚，被称为"脚踏石"，踏步而上的石矼，称"大石矼"。大石矼两端须超过明间面阔，不得拼接，不能正好与明间面阔相等，对着柱子的正中，下方雕刻如柜台脚的形状。

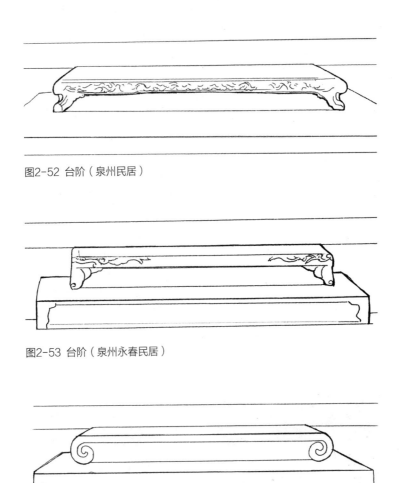

图2-52 台阶（泉州民居）

图2-53 台阶（泉州永春民居）

图2-54 台阶（泉州民居）

三、柱础

闽南地区气候潮湿，柱子接近地面容易受潮，柱础可有效防止潮湿，保护柱子不被雨水侵蚀。石柱础和柱子共同承重，能防止下沉。石雕柱础是实用与美观相结合的构件。闽南地区的柱础传承自中原，以单层为主。柱础的造型可分为圆鼓式、基座式、覆盆式，形状有圆柱形、方形、南瓜形、莲瓣形、扁圆形和八角形，如图2-55~图2-59所示。圆鼓式的中间鼓肚比较突出、由小到大、比较坚固，如图2-55所示。基座式上下有枋，中间束腰，如图2-26所示。转角处常以多种柱础形式搭配，如图5-27。受佛教的影响，莲瓣柱础在南北朝时期较多，又称为莲花柱础，如图2-59所示。覆盆式柱础就像脸盆反扣在地上，视觉均衡，通常用于寺庙，元代以后并不多见。覆斗式是上小下大的造型，状如覆盆，符合基座。覆斗式朝上的面以浮雕刻画花鸟草虫、瑞兽和吉祥图案，如盆唇覆盆柱础、合莲卷草重柱础等。柱础雕刻有不同的纹样，中间以线条划分不同区域，以肚为视觉的焦点，图案可分为花草纹和动物纹等。闽南传统建筑的柱础按照建筑等级搭配，复合式较少，以人物、花草和动物纹为主，具有吉祥美好的内涵。

图2-55 圆鼓式柱础

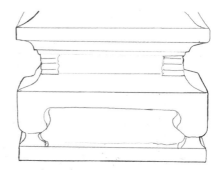

图2-56 基座式柱础

图2-57 基座式柱础

图2-58 覆斗式柱础

图2-59 造型不同的石雕柱础

四、门枕石

　　门枕石也称为"门墩"，放在中门前方的两侧，作为门构件的一部分。门枕石能防止门柱的摇晃，有利于加固门框，装饰大门，是实用与美感结合的构件，也是身份地位的象征。闽南传统建筑的门枕石分为三类，一种是抱鼓石，又称为石鼓或石球，由须弥座和圆鼓组成。鼓面以漩涡纹为常见，像贝壳，一般线条朝内，如2-60所示的抱鼓石。方形的门箱又称为"方鼓子"，形状如箱子，由须弥座和方形组成，正面和侧面有雕花，如图2-61所示。狮子放置于大门口，狮座的后部与大门紧密相依。门枕石主要用于寺庙和宗祠建筑，官宅偶用抱鼓石和方形的门枕石，有官宦的可以用方形的门枕石，普通民居没有设置门枕石。

　　闽南地区的门墩与北方的门墩相比，形态有些相似。北方门墩鼓面以雕

图2-60 抱鼓石

图2-61 方鼓子门枕石

柜台脚　蝙蝠纹　须弥座　鼓面　　鼓钉　兽面

兽面　　　　　鼓面 柜台脚 卧座

图2-62 宗祠门枕石（晋江五店市）

花为主，兽面位于上方，北方门墩常有
包袱角的装饰，与彩画相呼应，北方的
须弥座下方常有莲花纹。闽南建筑的兽面
位于前方中间，须弥座与柜台脚相似，框
内雕刻动植物纹样，须弥座更像家具的四
个腿脚，如图2-62所示。

五、铺装

中国人讲究"仰观俯察"，闽南传统
建筑重视地面的铺装。铺装有几种形式：
红砖铺地、石头铺地、进口砖石和一般
夯土。闽南普通民居的一层没有铺装，
采取夯土的生态做法。富商之家在室内
使用木地板，室外用花岗岩条石和砖石
铺设地面，如图2-63、图2-64所示；洋
楼的室内铺地以方砖为主，如图2-65所
示，质感朴素。受到西方建筑的影响，

图2-63 室外铺装（蔡氏古建筑外埕铺装）

图2-64 室内铺装（蔡氏古建筑的进口铺装）

图2-65 洋楼铺装（晋江塘东村建筑）

图2-66 建筑卵石铺装（福建永春建筑前）

一些传统建筑使用国外进口的花纹地砖，体现中西文化的融合。排水的地漏也有用花砖的构件。有的民居在天井和入口处以卵石拼成的钱纹，生态美观，如图2-66所示。

第四节 建筑内檐部分

一、柱子的装饰

柱子称为"台柱"，是建筑结构的重要承重构件，也是装饰的重点，隐喻挑大梁和敢于承担的人。柱子和装饰一般集中在柱头和柱础上。在闽南地区柱子一般用木材，局部用石材，石雕工艺体现闽南人对石材的加工水平。清末至民国时期闽南石材加工水平提高了，祖祠和庙宇常运用石雕构件。柱头一般由多层线条和镂雕石刻构成，包含人物纹、花草纹和瑞兽纹。富商之家在柱头用多层次的线条和造型，雕刻立体的人物或瑞兽，形象生动。如图2-67、图2-68所示，泉州永春福兴堂的柱头都用精细的雕刻装饰，柱身分为圆形、四角形和八角形，如图2-69所示。八角形常用于宗祠和庙宇，包含"两仪生四象，四象生八卦"之意。圆柱常用于大厅的檐柱，方柱常用于榉头，下厅入口。柱身常雕刻文字或书写楹联，将带有堂名的藏头诗雕刻在柱子上，体现家族文化。柱子的装饰根据各自需要，比较讲究的采用石雕阳文或是木柱上以黑漆打底，朱漆上描金字。普通民居则不刷漆，柱础运用石雕，柱身粘贴红色楹联装饰。

图2-67 八角柱柱头装饰（永春福兴堂）

图2-68 方柱柱头装饰（永春福兴堂）

图2-69 八角柱、方柱、圆柱（永春福兴堂）

闽南地区的石柱主要用于庙宇、宗祠、民居和近代建筑，造型多样，如图2-70~图2-76所示。特色的柱子有山水人物柱、龙柱、蝙蝠柱和花鸟柱等。泉州文庙的石柱类似家具的多段式雕饰，如图2-71所示。如图2-75所示，青礁慈济宫的花瓶式的柱子，上半部是植物纹样，下半部是花瓶的形状，花瓶上有人物浮雕和神仙楼阁的形象，给人丰富的联想。庙宇常用圆雕龙柱，如泉州开元寺的大雄宝殿、泉州文庙、漳州文庙和

图2-70 四方石柱（永春福兴堂）

图2-71 石柱（泉州文庙）

图2-72 圆柱　　　图2-73 四方柱1　　　图2-74 四方柱2　　　图2-75 花鸟柱　　　图2-76 龙柱

厦门青礁慈济宫等。石雕龙柱中龙的形象与柱体结合，龙头朝向大门，立体感较强。两侧的龙柱相互对称，下方柱础运用水纹、水生动物等纹样丰富柱体的层次和内涵。

二、梁架的装饰

宋代以后直到明清时期，北方官式建筑的梁横截面基本是方形。南方的建筑大梁以圆木为主，称为"圆作"，有利于木构屋架的受力。闽南的梁架装饰与广东地区在构件、做法上有所差别，如表2-9所示。闽南传统建筑主要运用穿斗式木构架，如图2-77所示。穿斗式以柱承接檩，柱间用束木相连接，有良好的稳定性。有学者认为"轻屋盖的构架，柱柱落地"[1]。最大木构架为"三通五瓜五架"，相当于清式的七架梁，如厦门的卢厝。梁架的尺寸较小是"二通三瓜三架梁"，如图2-78所示。在闽南地区的重要建筑还有结合抬梁式和穿斗式的混合梁架，有人称为"插梁式构架"。[2]插梁式的构架常见于闽南的大型住宅厅堂和祖祠，内部空间宽敞，前檐用轩顶，构架有复杂的瓜柱、随梁枋、梁端和灯托等雕饰。穿斗式梁架在一般居民的中堂中也很常见，如图2-79。

① 孙大章主编，中国古代建筑史，第五卷，清代建筑，中国建筑工业出版社，2009：239

② 孙大章，中国建筑研究，中国建筑工业出版社，2004：307

闽南传统建筑的梁枋与广东传统建筑的梁枋对比   表2-9

类型	闽南传统建筑	广东传统建筑
雕刻构件	圆光、瓜筒、脊束草	月梁、驼峰、瓜柱
题材	动物、植物、花草	动物、植物、图案
特色做法	二通三瓜三架、三通五瓜七圆	百鸟朝凤雕饰抱印亭、回纹
风格	结构构件增加雕饰和彩画	细部全用木雕处理，构件精致
檐廊梁架	厅堂梁架向室外延伸	双步梁用月梁、曲梁，瓜墩斗栱插枋、卷棚梁架、双短柱承檩条，回形纹梁架，花草、驼墩支承檩木
栱	弯刀栱、葫芦栱和螭虎栱	单栱正屐出檐、博古屐出檐、鸟兽屐出檐、回纹屐出檐

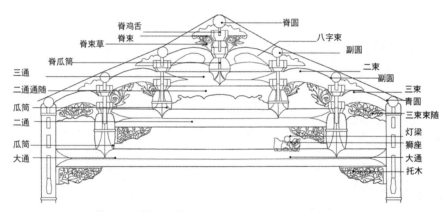

图2-77 "三通五瓜"梁架的结构及名称

图2-78 二通三瓜三架梁（永春岵山镜山寺）

图2-79 穿斗式梁架装饰（泉州蔡氏古建筑）

（1）通梁

闽南称梁为"通"或"通梁"。通梁中最大、最长、位置最低的一根称为"大通"，即唐宋时期的"通栿"，如图2-77所示。大通长约4~6个步架，其上立瓜筒（叠斗、狮座），再承托二通。二通的尺寸和长度略小一些，二通上再立瓜筒（或叠斗）承托三通，三通中间放置瓜筒（或叠斗）承托脊檩，如图2-77所示。

（2）中梁

中段的梁枋常见绘制八卦或太极符号。安装时称为上梁，象征着祈福辟邪之意，完成之后常需设宴。厦门莲塘别墅宗祠中梁绘制八卦形，在刷漆的基础上贴金箔，右侧外部写着"联登金榜"，对称的左边写"添丁进宝"，右内侧写着"连生贵子"，左侧写着"招财消灾"。中间是八卦，写上"大福"，周围绘制星星，效果明显。普通百姓的梁枋在木刻之后没有刷漆。

闽南传统建筑中，室内光线不大好，梁架很高，一般装饰较少，如图2-80、图2-81所示，梁架上保留一些彩绘和木雕装饰。富裕之家的梁枋常有浮雕、油漆和彩绘装饰，如图2-82所示，梁架采用"三通五瓜"的结构。图2-83在木雕梁架的基础上，采用贴金、金漆画装饰。祖祠一般使用黑漆，庙宇常采用彩绘和贴金。普通建筑的油饰很少，大多集中在梁脊、灯梁的油饰和彩绘。

（3）灯梁

灯梁又称为灯杆，悬挂在正厅内脊檩与下金檩之间的通梁背上，一般是六角形。灯梁常用彩绘贴金装饰，上面绘制红色调的彩绘，主题常是龙凤和花草，是屋架装饰最华丽的构件，如图2-84。闽南语的"灯"与"丁"谐音，灯梁没有结构和承载的作用，只是作为挂灯，暗含人丁兴旺之义。一般生男孩的家庭，会在灯梁下方挂上灯笼，表示添丁，向祖宗和族人报喜。灯梁具有提示空间的特殊意义，灯梁的投影线内是祭祀的空间，投影线以外是活动的空间，作为虚空间的界定。灯梁两端雕花的构件是灯托作为承托，如图2-85、图2-86所示。

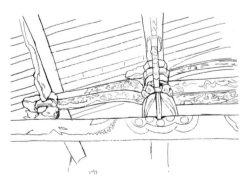

图2-80 梁架装饰

图2-81 梁架装饰（二通三瓜三架坐梁）

图2-82 三通五瓜七圆　　　　　　　　　　　图2-83 梁架

图2-84 灯梁

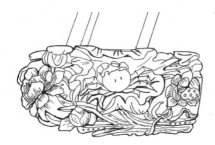 

图2-85 梁托装饰1　　　　　　　　　　　图2-86 梁托装饰2

（4）寿梁

寿梁指明间步口柱（檐柱或青柱）之间的与檩条平行的阑额和内额，如图2-87和图2-88所示。月梁是宋式建筑大木作的名称，造型如弯月，其实是经过加工的梁栿。南方建筑的厅堂使用月梁比较常见，《清式营造则例》中仍用"月梁"。榉头的梁架因视点较低，主要构件有圆光、狮座、束随和莲斗等。木雕以镂雕和圆雕为主，突出造型的立体感，如图2-89所示。

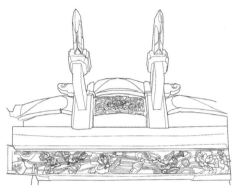

图2-87　建筑随梁枋用浅浮雕装饰

图2-88　木雕贴金随梁坊（厦门院前颜氏）

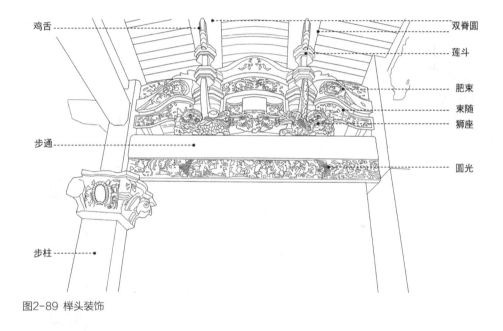

图2-89　榉头装饰

三、吊筒和竖材

吊筒又称为"木筒"、"虚柱"、"竖材"、"竖柴"或"拉木"，相当于清官式的"垂莲柱"。吊筒位于檐口下，悬在檐下半空中，雕刻一般由通梁部分承托，是寮圆下的短柱子。吊筒的端头被装饰成莲花、绣球、花蕾、花篮和灯形等，也有称为"吊蓝"、"垂花"或"倒吊莲"等，如表2-10所示。闽南传统建筑的吊筒，分布在明间、次间和梢间，吊筒的形状有方形、圆柱形和花蕾形等，多采用镂雕和浮雕方式。如晋江五店市朝北大厝的吊筒雕刻成一个花篮，增加华丽效果。吊筒的正面以神仙人物或动物为题材，用于遮掩接缝，称为"竖材"。吊筒根据建筑的等级和建筑功能选用装饰题材、风格和色彩。有些吊筒雕刻复杂的花草和人物图案，少数与彩绘相结合，四周以动植物的图案作为衬托，有些以简单的雕刻纹路如表2-10所示。泉州天后宫以凤的竖材搭配彩绘退晕的吊筒装饰。泉州关帝庙凹寿前方的吊筒以轴线对称分布，相邻两个各不相同，以莲花瓣和直筒灯形为主。竖材主要以木雕表现宗教题材，寺庙建筑在漆底上贴金雕刻。泉州的崇福寺以红漆为底色，上有绿色线条和白晕，对比鲜明、效果突出。厦门地区的吊筒，相比之下更加矮胖，常见倒梯形的灯状吊筒，立体感较强。

吊筒   表2-10

相邻吊筒各异（杨阿苗故居）

狮子竖柴的吊筒（泉州蔡氏古建筑）

花形吊筒与人物竖材（崇德堂）

灯形吊筒与八仙竖柴

花形吊筒（厦门新坡建筑）

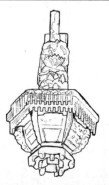

灯形吊筒（厦门院前新厝角）

续表

| 莲花瓣吊筒（泉州天后宫） | 灯形吊筒（泉州建筑） |

四、雀替

雀替在清官式称为"雀替"或"角替"，是柱头和梁相交处的大木构件名称，近似三角形的木雕构件。宋《营造法式》称为"绰幕"[1]。雀替是一条替木，位于寿梁托木、步通和大通之下，是承托额枋下的木或插角。雀替的长度约开间的三分之一到四分之一之间，自柱内伸出，承托梁枋连段。雀替的视点较高，通常采用单面雕刻，以圆雕、透雕和线刻的技法，强化造型轮廓特征，适合远观，如图2-90。雀替有利于减少梁枋的跨度距离，增加梁的稳固性，缩短梁净跨度，加强连接处的承拉力，防止梁柱变形，是外檐柱和梁枋的辅助构件。普通民居的雀替比较简洁，富裕之家的雀替用镂雕、圆雕等复杂的手法，寺庙和宗祠在雀替的基础上运用油饰和金，使得构件更加立体。雀替的外部造型比较简练，衬托吊筒优美的曲线，内部雕刻相对繁密，衬托吊筒装饰的规整。寺庙建筑的雀替常雕刻成龙、凤、花鸟、鳌鱼、花篮、仙鹤和金蟾蜍等形状。雀替的造型与手法常与吊筒相配合，如图2-91所示。寺庙建筑采用彩绘

图2-90 人物雀替（永春沈家大院）　　　图2-91 花草雀替（厦门院前新厝角）

---

[1] 北京市文物研究所，中国古代建筑辞典，中国书店，1992：94

和退晕手法装饰雀替和吊筒，雀替色彩与吊筒整体协调，成为造型构件的延伸。晋江朝北大厝的雀替是透雕的"四快图"，运用通耳、打哈欠、打喷嚏、挠背等，表现生活题材。

五、瓜筒

瓜筒又称为矮柱或瓜柱。《营造法式》中描述为："侏儒柱，其名有六：一曰棁、二月侏儒柱、三曰浮柱、四曰楹、五曰楢、六曰蜀柱"。[1]瓜筒在通梁之上承托着二通和三通，童柱与梁的交接处宽于梁背，柱脚伸出包住圆作梁，如图2-92所示。瓜筒下端被雕刻成鹰爪状，如叶状、包住下方的大梁，让通梁穿过瓜筒，外观精巧别致，施工比较麻烦，如图2-93所示。有学者认为："瓜柱间多层栱枋传承托垫，具有穿斗架特色"[2]。在闽南地区出现造型夸张的粗矮童柱，如鹰爪一般，这种瓜筒称为趄瓜筒、趑瓜筒或挫瓜筒。瓜筒上面有浮雕、线刻、彩绘和贴金等装饰手法。

图2-92 瓜筒上的彩绘（永春福兴堂）

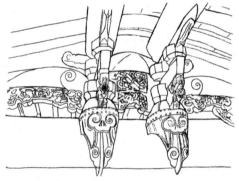
图2-93 瓜筒的浮雕（晋江五店市朝北大厝）

六、斗与栱

斗栱是承受重力的基本构件，明清时期，斗栱形式装饰化。建筑斗主要有：方形、圆形、八角形、六角形、海棠斗、梅花斗和菱形等。闽南的斗栱与宋式和清式的差别较大，斗因受力影响，形状比较宽扁，栱宽薄，外观像"T"形。斗栱常见形状主要有丁头栱、关刀栱、葫芦栱和螭虎栱，一般采用浅浮雕，昂嘴形式多样。丁头栱

---

① 李诫，营造法式，卷五·大木作制度二·侏儒柱
② 孙大章主编，中国古代建筑史，第五卷，清代建筑，2009：410

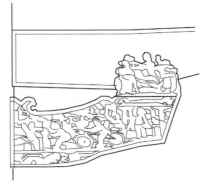

图2-94 丁头栱（永春福兴堂）

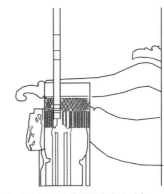

图2-95 关刀栱（永春李家大院）

图2-96 关刀栱（永春李家大院）

图2-97 关刀栱

的平面呈丁字形，两侧为出横栱的开口，如图2-94所示。关刀栱是轮廓简洁有力的栱，有的上面有浅浮雕和贴金装饰，如图2-95~图2-97所示。葫芦栱的形状如半个葫芦，在庙坛建筑中广泛使用，如泉州通淮关岳庙。螭虎栱的栱头被雕成螭虎状，流行于漳州地区。飞天栱是把栱做成飞天的形式，头顶莲盘，下方用云形的图案装饰，形态各异，如泉州开元寺大殿的飞天栱。

七、狮座和圆光

狮座是位于步口通梁上的构件，又称为"斗抱"或"斗座"，如图2-98~图2-101所示。狮座的功能与人字栱和驼峰相近，一般为圆雕的狮子，面部朝下。闽南地区的狮座还包含象座、鳌鱼等题材，如图2-98，狮子和鳌鱼组成的狮座，如图2-99所示，公狮和母狮组成一对狮座，如图2-100所示，狮座上有小狮子和天神，暗含吉祥和神佑的内涵。如图2-101，为鳌鱼狮座，常用于寺庙，以贴金强化效果。

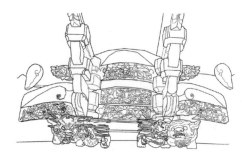

图2-98 狮座1

图2-99 狮座2

图2-100 狮座（院前颜氏）

图2-101 狮座（院前新厝角鳌鱼）

　　圆光是大木作的构件，清式称为"随梁枋"，位于步口通梁下面的大块雕花。圆光用木块雕刻成为雕花板，称为梁巾、梁引、圆光枋、圆光、通随或通巾。狮座和圆光的构件都有利于结构稳固，实际上圆光很少承受重量。随梁枋在木材的基础上以线刻和浮雕装饰，多数以花鸟和人物题材为主，没有刷漆与贴金。随梁枋运用高浮雕，多雕刻人物题材，使构件显得精致丰满。庙宇的随梁枋装饰比较讲究，通梁运用彩绘装饰，普通建筑一般在木材上用浮雕雕刻，没有施加彩绘或贴金。

第五节　门窗隔断

一、门的装饰

　　门是建筑外观的中心视点，是重要的装饰部位。闽南的传统大门与徽州建筑和广东建筑有所不同，如表2-11所示。传统的大门以木材和石材最为常见，由门扇、门框、门楣、门槛、门簪、门扣、门环和匾额等组成。门框即门的边框，上端称为门楣，中间称中槛，下端称为下槛。门框以条石或木材构成，其上用带有浮雕的花草图案装饰。牌楼面的装饰包括砖雕、木雕、石雕和彩绘。传统建筑大门装饰注重象征、抽象和比喻的手法。

闽南传统建筑大门有几种形式："行叫式"、"门屋路"和"踏寿式"。"行叫式"由大门和左右两道叩门所组成，比较豪华。大门的门框一般还刻有楹联，门额嵌入石匾，上有房屋名称。左右两边各嵌入"门乳"，一般是石制的，有的用镂空的手法刻画人物故事、花草题材的精致图案。"踏寿式"是大门入口的内凹空间，通常以木雕、石雕和砖雕装饰两侧的壁堵。

住宅大门的装饰对比　　　　　　　　　　　　　表2-11

类型	闽南建筑	徽州建筑	广东建筑
门的空间	内凹门廊	门罩形式	凹斗门式
空间形式	单凹、内凹两次，双凹的由大门和两个角门、牌楼面和对看堵组成	拱形门、字匾门、垂花门、八字门、四柱牌楼面	内凹一次
装饰材料	石雕、砖雕、灰塑、木雕等结合	砖雕	名人书法、绘画、治家格言、梅兰竹菊
内涵	以吉祥的瑞兽、人物纹、花草纹装饰，集多种装饰手法表现吉祥内涵	花草纹、几何纹	石门斗顶以石刻方印，"诗礼传家"、"富贵平安"涵盖诗书画印文化

（1）隔扇门

隔扇门以木条为框架，自上而下分段为：顶板、身板、腰板和裙板。身板多镂空雕刻，隔扇的棂格常见几何纹样和花鸟纹样等，有利于通风和采光，居住者可观看室外。闽南地区隔扇门用于中堂和下厅，可分为四扇、六扇或八扇，一般不油饰，如图2-102、图2-103所示。

图2-102 两扇门

图2-103 四扇门

（2）门楣

门楣又称为"门额"、"门匾"或"门头"，上面通常有房屋的名称，如图2-104~图2-106所示。富裕之家或有功名家族的门楣比较讲究，常用匾额雕刻的门簪装饰。普通之家往往使用木质的平板门和木块装饰。门簪作为固定门楹的构件，形状多样，有的用圆形的花草，有的用方形的人物及装饰，如图2-107所示。宗祠建筑多数雕刻龙首，普通住宅有雕刻成圆形或方形的，又称为"门斗印"，题材多为花鸟纹样。门上的附加装饰如门神、对联、祈福物和门上辟邪物，被赋予一定的含义。门神一般用于庙宇和宗祠，作为传统建筑文化普遍存在。门环大多数是金属材料，上面用八卦形，如图2-108所示。普通建筑常于春节时在门上张贴纸质的门神，宗祠和庙宇通常在整面门板上绘制门神，用于驱鬼辟邪、保护家宅和祈求平安等。晋江建筑的门上贴有门神，如图2-109所示。

门的装饰为附加在建筑上的内容，起"成教化，助人伦"的功效。闽南传统建筑、祠堂和园林建筑，大门的颜色主要是黑色、红色和木材本色。建筑的大门一般刷黑漆，上方有两块朱漆为底色衬托的门联。门楣的装饰多种多样，明清到民国时期，

图2-104 门的装饰（晋江祠堂）

图2-105 门的装饰（晋江祠堂）

图2-106 锦阳流芳-蔡姓（泉州蔡氏古民居）

图2-107 门簪（莲塘别墅）

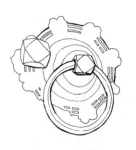  

图2-108 门环装饰（泉州府文庙附近建筑）　　　　图2-109 门神装饰（厦门莲塘别墅陈氏家庙）

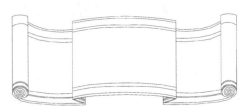 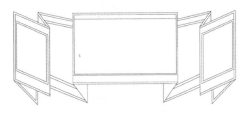

图2-110 侧门楣装饰（泉州永春崇德堂）　　　　图2-111 天井周边门楣（厦门莲塘别墅）

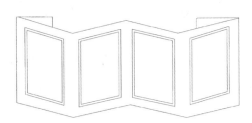 

图2-112 门楣装饰（厦门传统建筑）　　　　图2-113 门楣装饰（泉州后树村民居）

　　门楣的形态复杂。门楣的造型多为书卷形，象征诗礼传家的优良传统，如图2-110~图2-113所示。东南亚华人建筑受闽南文化影响，门楣追求立体化、丰富性、多元化的特点。

　　普通建筑以板门为主，背后用数根横木加以固定，防御性较高，坚固耐用。腰门称为"栅门"或"六离门"，是安装在建筑大门外的通风采光兼防卫的辅助门，位于板门的前面。腰门通常为两扇，上部分用图案式的棂子作为格芯题材，下部分的裙板一般为浮雕的花草纹。白天当板门开启时，腰门关闭。腰门在沿海建筑中比较常见，有利于室内的通风采光，便于阻挡家禽与儿童，如图2-114所示。墙鸡门是厝前埕的一道门，作为建筑与外界的出入口。一般在大门的上部用模线进行处理，利用线条和光影突出大门，厦门和金门比较常见，在泉州和漳州地区较少。

图2-114 腰门（厦门卢厝）

图2-115 泉州民居

　　一般大门的装饰工艺精致，体现富贵大气的风范。闽南传统建筑的装饰采用石雕门额，如图2-115，雕刻的内容主要有植物花卉和吉祥动物，如喜鹊、蝙蝠、山羊和龙等。门为主人出入的必经之地，作为下厅的一部分，门内的构图也灵活多样。有些门的背面用文字装饰门板及两边的柱子。如崇德堂，门板的背面装饰"福"字，类似"照壁"的效果，两边柱子有对联装饰。边门入口处的面壁常用书法装饰隔墙，在朱漆上写黑字或贴金箔。对联运用广泛，富裕之家用石刻对联，具有长久性，普通建筑用手写的纸对联，如图2-115所示。门联的形式和内容美，往往体现主人的理想追求、价值观和吉祥内涵。面向天井的门扇称为"笼扇"，一般由上至下分为几段，每段为一堵，下面称为"裙堵"，中间称为"腰堵"，之上是身堵。身堵部分用花鸟纹样装饰，是笼扇最精彩的部分。

二、窗的装饰

　　闽南地区天气炎热，和徽州建筑的窗户相比，闽南窗户的形式和材料更加多样丰富，如表2-12所示。

闽南建筑窗户与徽州建筑窗户对比　　　　　　　　　　表2-12

类型	闽南的窗和窗罩	徽州的窗和窗罩
形式	花砖窗、条枳窗、砖砌窗、竹节窗、木雕窗、螭虎窗、琉璃窗、石雕窗	一字形、人字形、月眉形、半圆形
材料	灰塑、红砖、石材	砖雕

闽南厢房的窗户朝向天井，一般面积相对较大。窗棂是传统建筑的重要装饰构件，具有通风、采光和防盗功能，是传统建筑装饰的精华。建筑的窗户按材料可分为木窗、砖窗、石窗和琉璃窗等，如图2-116~图2-121所示。外墙窗户一般运用砖石为主。按工艺可分为浮雕和镂雕的手法。按照部位可以分为槛窗、高窗和墙上窗。按照形状可以分为方窗、圆形窗、四角形、扁形、书卷形和百叶窗等。按照开启的方式又可以分为开窗、固定窗、上悬窗等。

槛窗位于左右厢房，形式与隔扇相似，以几何纹为主。闽南建筑的门窗图案内容是闽南地区民风和民俗的写照。建筑的窗格构图自由，组成变化丰富的图案，突破官式建筑的手法，发挥材料的可塑性，构成优美的建筑形象。窗格通过不同的形式组合，加上雕刻形成"窗花"。一般光线较好的窗格密，装饰较多，光线阴暗的窗格较大，装饰较少。按照装饰纹样可以分为直条纹、格子纹、螭虎纹、竹节窗、书卷窗、人物纹、宝瓶纹和花鸟纹等常见类型。从装饰的程度划分，可分为素花窗和雕花窗。竹节窗常用于建筑立面的护厝，如图2-118和图2-119所示。从窗户雕刻的内容看，有二十四孝、戏剧人物、蝙蝠、龙、装饰文字和花草等。图案反映传统文化、民间传说、文学故事以及闽南人对自然的热爱、动物崇拜和祈福辟邪的意愿。螭虎纹用于镂雕的窗棂，如图2-121所示，螭虎围绕香炉、文字，中间有圆形、方形和八角形，常有镂雕的人物图案，配上花草纹和云纹。螭虎窗一般雕刻精细，寓意长寿和吉祥。

窗户装饰的繁简和工艺的水平具有等级之分，反映主人的身份、经济水平和社会地位。闽南传统建筑的住房分为大房、后房、榉头房、下落房和角间房等。厢房处于两侧，中厅和后庭供晚辈居住，严格按照传统的辈分分配。面向天井的大房窗棂比较华丽，多以楠木和樟木等木材。下方的线脚不雕刻，一般以线条作为装饰，中心以花

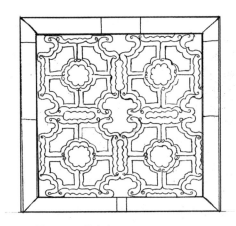

图2-116 花砖窗

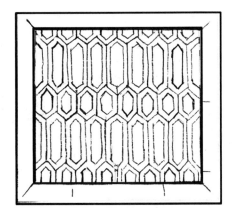

图2-117 条积窗

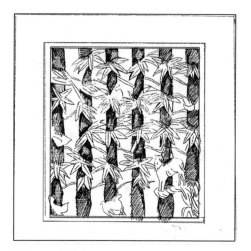

图2-118 竹节窗1

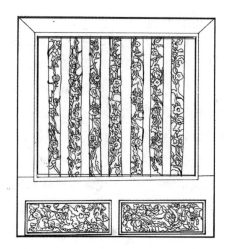

图2-119 竹节窗2

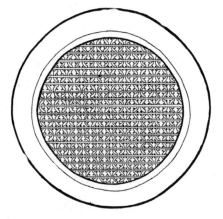

图2-120 木窗

图2-121 螭虎窗

鸟人物为主要装饰。子孙房屋面积较小，窗棂装饰次之，厨房和储藏室的窗户装饰更少，下埕的窗户一般以细木雕琢。条枳窗的窗棂是竖向的直棂，一般用于外墙的护厝，空格为偶数，奇数代表阳，偶数代表阴，断面是正方形，阴阳协调，便于通风和采光。笼扇上半截安装木枳，木枳笼扇也称为"柳条扇"。还有一种称为"富寿窗"的木枳窗，隐含"福、寿"字，常用于大厅和厢房的高窗，暗含人们的美化理想。闽南地区比较潮热，山墙的顶端通常设置一两个散热的窗户，用镂空的红砖或琉璃砖。琉璃的窗棂和花窗主要颜色为深绿色，规格约为30厘米，一般四个组成的漏花窗称为"老虎窗"。花窗满足采光和通风，民国时期修建的闽南建筑，出现了玻璃窗和砖石窗。泉州和厦门一带沿海城市花窗的颜色主要是白色、蓝色和翠绿色，窗户细部体现中西方结合的装饰风格。

三、隔断装饰

按材料划隔墙可分为木板墙、土胚墙和砖墙等。

（1）木板墙

隔墙是指室内的内墙，通常用木板作为墙壁，以格栅的构图进行分割。隔墙的身堵有木雕和彩绘，腰堵和顶堵常有花鸟人物雕刻，中间是几何形式的窗棂拼成的各种图案，有的用书法、诗词和格言装饰墙面。穿斗式的构架中，以木板为隔断，厅和房之间的隔墙常为木板墙，有少量的线条和书法作为装饰。普通建筑的隔墙不上漆，简单的隔墙壁抹上白灰。经济状况较好的建筑用油饰描金的书法，如图2-122所示。厅堂两边的墙面和下厅入口的隔墙是装饰的主要墙壁。厅堂的正面，常用镂空的雕花窗扇，常见万字纹、古钱纹，有些花扇隐含文字，形象与内容相映衬，装饰满足通风采光的功能。

（2）土胚墙

以土胚为墙体，在外部抹上石灰，无附加装饰的隔墙，一般用在闽南内陆地区的建筑中。

（3）砖墙

以红砖作为墙体，其上抹上白灰，在泉州南安、安溪和厦门等地比较常见。

（4）罩

闽南地区因气候炎热，需要通风和采光，罩的运用较少，少数富商运用木雕罩装饰，体现北方移民带来的建筑文化。罩是室内外分隔的构件，常用木雕刻的花鸟题材装饰，如喜鹊登梅和岁寒三友等。如图2-123所示，厦门海沧霞阳邱德魏宅运用木雕罩的装饰手法。

图2-122 隔墙书法装饰（泉州永春沈家大院）

图2-123 木雕罩（厦门海沧邱德魏宅）

四、栏杆装饰

栏杆具有增加美观和维护的作用，主要用于晚清和民国时期的建筑。闽南地区的栏杆与广东建筑有所不同，如表2-13所示。闽南传统建筑的栏杆不多见，主要有三种形式：一种是木质的栏杆组成的传统几何图案，如图2-124所示，一都重兴岩内部两层楼采用传统木质做成格花的几何图案作为栏杆。有的用木质雕刻的小圆柱作为栏杆构建，如漳州新华东路的竹竿厝。另一种是在晚清和民国时期的建筑中，受西洋建筑的影响，结合传统建筑的方式，一般出现在两层的红砖楼中，如华美楼，使用砖混结构的栏杆，如图2-125所示。

闽南传统民居与广东民居的栏杆对比 　　表2-13

类型	闽南建筑	广东建筑
用途	室内栏杆	室外栏杆、室内栏杆
场地	二层走廊、小桥边	阁楼夹层、楼井、廊前亭榭、小桥边
纹样	直棂、竹节纹、风车纹	直棂、纹饰、万字纹、金钱纹、美人靠
材料	木材、石材、水泥、琉璃	石砌、砖砌、琉璃、铁质

图2-124 木质栏杆（永春一都重兴岩）

图2-125 水泥预制栏杆（民国时期的岵山民居）

五、中堂装饰

闽南传统民居的中堂装饰与徽州民居相比，更突出神龛，以神龛为轴线布置两边，强调追思祖先、弘扬祖德，如表2-14所示。闽南民居的中堂比较有仪式性、象征性。徽州民居的正堂北侧一般是屏风，又称为师壁，屏风、中堂画、楹联构成厅堂的装饰。中堂装饰是闽南传统建筑的装饰重点，中堂面向天井，宽敞明亮，用于祭拜祖先、神明和接待客人，是联系族人感情的公共空间。传统的节庆如春节、清明节、元宵节、端午节在中堂举行，一些祭祀、寿辰、祭日等仪式也在中堂举行，传承中原的礼教文化。中堂的中间是祖先的牌位，左边是神龛，木隔墙以精致的涂漆木雕装饰，颜色以红、黑、金为主。正中悬挂匾额，代表堂名，左右两侧的立柱刻制长对联。两侧的墙面以匾额和书法装饰，歌颂祖先高尚的道德。

闽南传统民居的中堂与徽州民居对比　　　　　　表2-14

类型	闽南传统民居中堂	徽州民居中堂
布置	神龛	屏风
装饰内容	屏风前设置祖先牌位、神龛、照片，成为祭祀场所	屏风上挂匾额、中堂画、楹联，成为厅堂背景
屏风背面	后厅	上到二层的楼梯
装饰	神龛与供桌组合	挂落、隔断、花窗和雕版的组合
功能	议事、祭拜、庆典，突出仪式功能，强调祖先崇拜。楹联和匾额是固定长久的，与建筑融为一体	聚会、品茗、仪式、对弈、礼仪空间，接待宾客的公共空间。祭祀时挂祖先画像，平时挂字画与楹联
氛围	庄重严谨、家族文化	书香气息、端庄古朴

中堂夏季通风阴凉、冬季阳光温暖、视线开阔，是建筑装饰和家具集中的地方。寿屏前一般有个长条形的中案桌，也称为神桌，八仙桌或四方桌用于摆放庆典的贡品。牙条、面板木料讲究、做工精细、古朴雅致，常以人物和文字雕刻，腿脚雕刻成兽足。富裕之家以黑漆为底色，在木雕上面贴金箔，普通建筑使用无漆的木雕案桌。民国时期流行黑漆底色上用莳绘手法。

中堂的陈设采用成组成套的对称式格局，陈设的模式相对固定。厅堂中间设置屏风，屏风前摆放长条案桌。有些设置神龛，神龛以精致的木雕装饰，外观呈柜形，大小规格不一，最高3米多，是装饰的重点。神龛用于祭祀祖先、安放牌位、设置香火和供品，表现的题材有历史人物、古代神话和建筑楼阁等。神龛边框有上漆，以黑色为主，框线以金色为主，制作精致。有些建筑采用雕彩结合，长案桌前的八仙桌，主要用于祭拜的仪式、招待客人和用餐。厅堂两侧设置椅子，一般人家的厅堂，左右摆放条形板椅。

中堂的布置庄严对称，家具的实用意义让位于仪式，神龛的外形装饰并不以人的舒适度为考虑，而是营造一种庄严的氛围。神龛的匾额、柱头和雕花运用金色装饰，其他家具则很少装饰金色。

第六节　匾额与楹联

一、匾额

匾额能反映建筑的名称和价值观念，书法便于营造氛围。《说文解字》描述："扁，署也，从户册。户册者，署门户之文也。额，即是悬于门上的牌匾"。楹联以字体、内容装饰建筑，通常包含篆书、隶书、楷书、行书和草书的运用。楹联文字常在雕刻基础上描漆或描金。门联常以房屋名称作藏头诗，包含吉祥和谐、体现主人的价值观和家族文化等建筑内涵。中国传统建筑中，只有少数的官邸才有宅名。闽南的传统建筑，几乎每个楼都有楼名。楼名非常讲究，一般有楼名的藏头诗镶嵌在大门口或厅堂的柱子上。闽南传统建筑的楼名设匾，在大门上的匾额一般是堂号为建筑名称，堂号带有吉祥和纪念意义。有的用衍派、留芳纪念家族姓氏的渊源和祖籍地，用来标榜门户、强调祖源和文化传承。如姓侯的用"上谷堂"，姓丘的用"河南堂"，蔡姓用"锦亭流芳"，郑氏用"荥阳衍派"等。"楼"是房楼的名称，运用较少，主要用于近代建筑，如民国时期所建的华美楼。"第"是不能随便运用的，只有一定地位的才能使用，如"大夫第"。门头堵处于门楣上方的横堵，用于门额题字，一般用青草石雕刻。门头堵一般运用花草、神仙人物装饰边框，反映地域特色，包含吉祥内涵，表达主人的向往和追求。

匾额按材料分为石制匾额和木质匾额，石制的匾额以雕刻描金的手法，木质匾额以油漆贴金的手法。匾额常与书法、艺术和文学相结合，包含主人的身份、荣誉，体现主人的审美情趣、文化心理和人文素养等。普通人家的匾额包含福瑞喜庆、家财兴旺和忠厚仁爱等，表达对幸福美满的愿望。其中"福"、"兴"、"德"、"美"是匾额中常包含的文字内容，如图2-126所示，德兴堂、崇德堂、福兴堂、联兴堂和丰美堂等。匾额和楹联常有教育和传承作用，集中体现在祖堂和书斋的匾额与楹联上。悬挂祖堂的匾额，教育子孙传承价值观念、提倡耕读结合、崇尚道德、孝敬父母和奋发图强等。匾额的四个边框雕刻植物花卉，如图2-127所示，角门和室内的匾额常借鉴园林的花式匾和书卷额等。

匾额因具有历史价值、文物价值和社会价值，而成为研究建筑文化的重要物证。名门贵族将古代皇帝恩赐的牌匾高挂祖堂，作为家族的荣耀。如映紫坛堂中高挂宋代皇帝赐予的开国元勋和鄂国恭王等牌匾。名人书法是常见的匾额形式，如德兴堂是民

图2-126 民居匾额（德兴堂）　　　　　　　　图2-127 家庙匾额（东蔡家庙）

国时期国民党名人林森题写，暗含主人社交广泛和较高地位。

　　闽南地区的其他匾额形态如：碑文额是长方形的方碑，主要立于户外，以文字雕刻记载建筑相关的历史事件，常见于寺庙和宗祠。手卷额的形状如展开的书卷形状，一般用于角门或天井周边的厢房门楣。秋叶额的形状如同飘落的叶子，常用于角门和园林。

二、楹联

　　楹联即对联，历史悠久，是传承自中原的装饰手法，多装饰在厅堂的楹柱上。先秦以前，我国就有悬挂桃符用于避邪的传统。这种习俗延续到五代，开始有联语写在桃木上。楹联通过内容、色彩装饰，字体如篆书、隶书、楷书、行书和草书都因境运用。匾联的内容与建筑的主人息息相关，通常包含建筑的性质、意义、居住感受、观赏价值和周边环境等，是建筑内涵的点睛之笔。门联一般以房屋名称作为藏头诗，包含和谐吉祥、主人的价值观和家族文化等，是装饰、艺术、文学和建筑的巧妙结合。

　　以建筑材料来说，楹联分为石刻楹联、木刻楹联和纸质春联，如图2-128、图2-129所示。匾额与楹联挂于宅门和厅堂的两侧，以诗词和名人的书法装饰，增添高雅韵味。按内容划分，匾额可分为两类，一种是为建筑命名的匾额，称为"题名匾"，一般悬挂在大门的门额上方或中堂。另一种是抒意匾，用于建筑使用者或是供奉先人提出的赞赏、表彰的文字匾，如崇德堂中堂侧墙悬挂"乐善好施"等。楹联的兴起与文学繁荣密切相关，左右的联句必须对仗整齐、言简意赅、抒情写意。普通人家的楹联表达吉祥祝福，富贵之家的宗祠楹联请当地文人题词造句，做藏头诗，用于标榜身份，体现内涵。楹联是传统的建筑装饰形式，是民族文化和精神的体现。很多楼名都有藏头的嵌字联，请地方的名人撰书做大门的对联，阐述楼名的意义。如晋江的朝北大厝，门联上有鲤鱼跃龙的图案，匾额两篇是"当朝一品"、"天官赐福"

图2-128 木质漆底上描金楹联（崇德堂）

图2-129 石刻楹联（永春玉津堂）

的浮雕人物。有些赞美建筑周边的好环境，如泉州晋江西溪寮蔡家娇宅院主联写着：
"水抱山环地脉灵长同献瑞，蛟腾凤起家声丕振大生光。"[①]楹联和匾额的文字装饰清
晰表达建筑内涵，隐喻环境优美、和谐平安，对看堵常见"竹苞"和"松茂"，象征
华屋落成，家族繁盛。镜面墙用篆体拼合成福、寿，表达吉祥。楹联内涵丰富，如永
春福兴堂："游目骋怀此地有崇山峻岭，仰观俯察是日也天朗气清"，体现建筑处于
优美的自然环境中。泉州南安蔡氏建筑："家给屋字华喜，能施德，行仁不类俗，留
夸阀问"，暗含主人对高尚道德的向往。永春崇德堂："崇山当户重重翠，德水环门
曲曲清"，隐喻优美的山水环境，映衬主人的高尚道德。厦门莲塘别墅门联"莲不染
尘君子比德，塘以鉴景学士知方"，将山水、植物、建筑、主人的人格联系起来，丰
富的建筑内涵构成地域文化景观。闽南传统建筑的匾额、楹联体现中国传统家训文
化，包含处世为人、读书治学和做官任仕等，以勉励子孙后代，形成家族文化。

三、家具装饰

　　家具包含桌椅、茶几、台等，是室内装饰的一部分。明代家具简洁大方、比例合
适、榫卯牢固、注重材料的质感，工艺水平达到高峰。清代家具用材广泛、线脚繁
复、雕饰较多、风格华丽、装饰达到顶峰，如图2-130所示。闽南传统家具与建筑密
切相关，桌、椅、床榻构成空间，既有实用功能又能营造氛围。家具的结构、细部、
色彩、图案与传统建筑一脉相承，同根同源。闽南传统建筑的室内家具与建筑空间搭
配协调，组成成套的家具，如图2-131所示。家具在结构上为榫卯结构，卧室、中堂
的家具款式、尺度、种类根据人们的生活习惯进行配套，陈设集中在正房中间的堂

---

① 许在全主编，泉州古厝，福建人民出版社，2006：40

图2-130 神龛装饰

图2-131 供桌装饰

屋。闽南传统家具结构分为箱式结构、板式结构和梁柱式框架结构等。箱式结构借鉴建筑的柱础造型，箱体有壶门装饰，又称为"壶门结构"。板式采用三块板相交，常用于几案。梁柱式框架结构借鉴建筑的结构特点，以四个立柱作为支撑骨架，横向木条构成框架。框架的立柱和横梁承担支撑和受力。框架上安面板，起到围护和分隔的作用，可拆卸。家具的腿足常是圆形，立柱体现"外圆内方"。家具从结构到细部体现对建筑的模仿，被赋予人格精神，成为儒家精神的化身。

家具在造型上有"上敛下舒"的侧脚和收分，给人一种稳定感。中堂立柱的柱头装饰以花草和凤的造型为主，常常贴金，神龛是最高的轮廓线。家具的"牙子"位于家具的横木和立木之间，"牙子"比雀替的造型更加丰富，是建筑的"雀替"在家具中的变体。桌案的台面和四腿的交脚处，扶手和前腿之前，是横向与纵向承托的结构构件。家具的台基称为"托泥"，是指椅凳、床榻和桌案的四脚下端安装方形或圆形的底框，使得四脚不直接落地，有利于稳定、防潮和通风。家具的多样束腰，形状与须弥座相似，加强面板和框架的牢固性，增加装饰的作用。

厅堂的座椅两侧常见条凳，条凳子的长宽较大，可以供多人就坐。厅堂作为议事时，比较实用。闽南传统式样的床像中堂一样是半开敞的，周边有围合，包裹着内部空间，给人一种安全感。大房和二房的床占据主要位置，床围和床架雕刻精致（图2-132）。卧室里常用台架类家具，主要是脸盆架、橱柜、琴椅和梳妆台等，以红色和黑色为主色调，木雕常结合贴金箔装饰（图2-133）。脸盆架有圆形、四角和五角各种式样，靠后的立柱通过盆沿加高，上面可以搭毛巾。闽南的家具造型优美、尺度合适、细部丰富，线条配合整体造型。圈椅的线条流畅、粗细有序，如张开的双臂，椅背上用浮雕作为点缀。家具的装饰题材包含吉祥瑞兽、花鸟植物、博古器物、山水风景、人物故事和几何图案等。麒麟象征仁厚贤德的子孙，龟鹤寓意长寿。鸳鸯象征爱情甜蜜。植物如牡丹、松、竹、梅、莲等，山水题材寄托人们对自然的热爱。

图2-132 传统床的雕刻与油饰

图2-133 桌椅的雕刻与油饰

四、其他装饰

（1）天井

天井具有采光、通风和排水等作用，又称为"深井"，与敞廊和敞厅相连，是过渡空间。闽南传统建筑的天井与北京四合院的天井相比，有很大不同，如表2-15所示。闽南天井的屋顶四坡相连，雨水流入自家的天井中，有利于雨水的排泄，称为"四水归堂"，暗含"肥水不流外人田"的观念。有些天井还设置水井，增加生活的便利，古时对水井的选择有充分考究，井壁的造型有圆形、方形和八角形等。水井作为生活设施，在传统村落大量留存，晋江的福全村有近百座古井，有些建造于明初，用花岗石砌成，以方形和圆形为主，具有人文特色。

闽南传统建筑天井与北方四合院天井比较　　　　表2-15

类型	闽南民居天井	北京四合院天井
面积	面积狭小	面积较大
植物	低矮的花卉	乔木
朝向	房屋朝向天井	房屋朝向天井
中堂	中堂开敞	中堂有隔窗、木门
轴线	轴线正对中堂	纵轴线和横轴线形成十字形
特色	出檐较宽，天井日照少，便于排水、遮阳，四水归堂	天井的日照充足，作为公共活动空间
铺装	花岗石为主	砖、土为主
风格	精致优美	大气开阔

（2）碑刻

闽南传统建筑的装饰室外包括碑刻。石刻书法字体优美，包含历史内容，记载了村落、家族和寺庙的信息，与建筑相互衬托，成为建筑、景观的一部分，构成文化景观。泉州晋江历史文化民村福全村有大量的石刻，包含《功德碑》、《怀恩碑》和《重修城隍宫记碑》等。

（3）束仔与束随

束木一端较高，另一端较低，穿过瓜筒或叠斗，突出于檩条的另一侧，称为束仔尾、束尾或鸟头。束木常用透雕花草装饰，束仔下通常有一雕花板，称为束随或束巾（图2-134、图2-135）。肥束呈弧形状，断面有一定的变化，雕刻题材常是螭虎，称为螭虎带。

（4）圆

闽南人称檩条为圆、楹木、楹丁和桁木等。最高的檩条常绘制太极八卦图，表达屋主美好的愿望。檩条上装饰八卦图，写着"百子"、"千孙"，表达家族兴盛的愿望。如图2-136所示，檩条写着"五子登科，状元拜相"。如图2-137所示，檩条上的"添丁进财，子孙昌盛"体现人们的美好愿望。

图2-134 束仔和束随1　　　　　　　　　　　图2-135 束仔与束随2

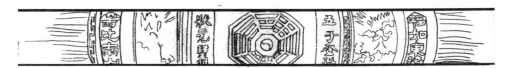

图2-136 圆1（厦门莲塘别墅中堂）

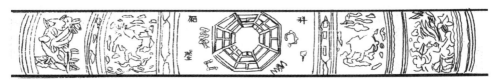

图2-137 圆2（厦门莲塘别墅下厅）

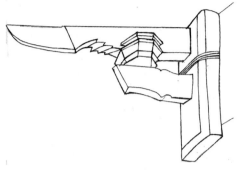

图2-138 鸡古（泉州建筑）

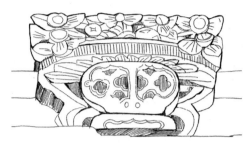

图2-139 元宝墩（厦门建筑）

（5）憨番抬厝角

闽南传统建筑常见人物雕饰与梁架相结合的做法，如寺观屋宇角梁下的角神称为"憨番"，头顶梁底或脊圆的构件，称为"憨番抬厝角"。人物形象作为支撑起源于佛教建筑，在古代建筑中十分常见。如泉州东西塔的基石转角运用人物构件装饰，装饰的运用显得空间细部生动活泼。

（6）鸡舌

柱与檩交接处的节点称为鸡舌，多层丁头栱加上鸡舌，具有装饰效果。[①]鸡舌构件常用黑漆和朱漆装饰，色彩对比强烈，增加立体感，如图2-138所示。

（7）桁木的装饰

元宝墩又称为"驼峰"，指的是枋间起支垫作用的方木，用于支垫梁栱，起到承重和增高的作用，形状像元宝。中堂的元宝墩比较讲究，如图2-139所示，构件上雕刻花草纹样，运用油漆装饰，有些贴金箔，寓意吉祥富贵。

（8）栱木

有些栱木雕刻成鳌鱼形状，形象细腻、神态夸张，寓意科举中独占鳌头。

五、庭院植物

天井的花木、墙体、小品和铺装精心设计。天井的庭院用于通风和排水，一般是面积较小的方形空间。庭院的地板主要以花岗石作铺装。庭院植物是天井装饰的手段之一，闽南建筑天井边上常设置简洁的石条形石架，如图2-140所示，摆设花卉作为欣赏，水缸成为厅堂的延伸和边缘。庭院的花架为厅堂增加观赏内容，如图2-141所示，廊道和厅堂充满绿色的生机，空间变得丰富和紧凑，给空间带来生

① 曹春平，闽南传统建筑，厦门大学出版社，2006：61

图2-140 庭院植物（泉州民居）　　　　图2-141 庭院植物（厦门莲塘别墅）

机。植物主要有万年青、桂花、茶花和铁树等。如厦门莲塘别墅的天井，水缸、假山和戏台等具有装饰性，长条形花岗石摆放植物，增加建筑的节奏和韵律。

第三章

闽南传统建筑装饰的工艺手法

闽南传统建筑装饰因材施工、类型丰富、色彩艳丽，充分发挥材料的特色。本章对闽南建筑装饰的石雕、砖雕、木雕、彩绘、灰塑、剪粘和交趾陶等工艺进行分析，了解传统建筑工艺的传承和古建筑的修缮。

闽南传统建筑装饰主要分布在入口、镜面墙、中堂、门窗和屋顶等，工艺类型包括木雕、石雕和砖雕等，如图3-1所示，体现就地取材、工艺丰富。装饰的工艺精细、风格质朴，与建筑构件结合，给传统建筑带来丰富细节，发挥材料的特长。

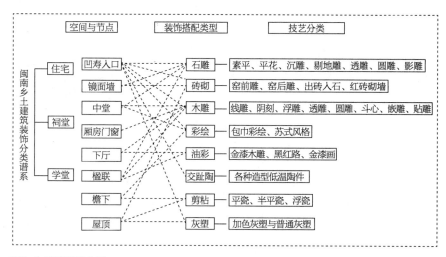

图3-1 建筑装饰分类

第一节　木雕工艺

一、木雕的发展概述

木材是理想的装饰材料，便于塑造各种形状。木雕是传统装饰中历史悠久的工艺之一。宋《营造法式》中将木雕称为"雕作"，雕镂的技法主要有：混作、雕插写生华、剔地起突卷叶华和剔地洼叶华等，手法包括圆雕、突雕和插雕等。清代《工程做法则例》称木雕为"雕凿作"。闽南地区木材产量比较多，木雕的用料讲究、技术成熟、工艺突出、做工精细，成为主要的装饰技法。木雕装饰主要用于梁架构件、外檐装饰和室内装饰，充分利用木材的可塑性，与建筑结构结合。传统的木雕工艺在明清

图3-2 木雕装饰及运用

时期逐渐出现地域化，如东阳木雕、徽州木雕、潮州金漆木雕、福建木雕、苏州红木雕、承德木雕和乐清黄杨木雕等流派。清代的木雕装饰常结合花草纹样，门窗、屏罩的构件以直线的边框和柔和曲线为主、多种雕刻增加表现力。木雕集中在梁架、枋头、月梁、瓜筒、托木、雀替和斗栱等构件（图3-2）。屋架较高的地方常用圆雕或透雕进行表现，形态明显、简洁粗犷。门窗、屏风等木雕构件常用浅浮雕，工艺精致，适合近观。木雕与油饰、彩画和贴金结合，形成金碧辉煌的效果。

二、木雕的工艺实例

木雕是传统建筑长期运用的手法，按照传统木作可分为大木作和小木作。直接承受重量的梁、柱和檩等建筑构件被称为"大木作"，如竖柱、坐斗等，一般雕刻很少。用于装饰的称为"小木作"，主要指门窗棂，充分发挥木材的可塑性，创造各种形态各异的木雕装饰。宋《营造法式》列举和描述四种雕刻手法。木雕多以流畅的曲线和曲面为主，图案讲究线面结合，强调节奏。雕刻工艺从平雕起突向立体化发展，出现镂雕等雕刻技法，力图表现立体效果和丰富的装饰内容。闽南传统建筑以木材为主，广泛使用木雕，多分布在檐下和内檐如梁架、门楣、梁托、檐板、狮座、垂柱、窗棂、隔扇和雀替等。闽南地区的木雕工艺发达，木雕手法多样，木匠根据远近高低和装饰部位，采用线雕、透雕、浮雕和镂雕等。木匠把木料做出大概形状交给小木工，雕刻花草和人物称为"凿花"。木雕装饰讲究"材美工巧"，造型简练、刀法娴熟，承重构件不做太多的雕刻，斗、栱、瓜筒、狮座等次要的承重构件一般用浅浮雕。圆雕的比重较大、造型生动、立体感较强。雕刻最精致的分布在门楣、梁架、斗栱、瓜筒、吊筒、狮座和窗户等，集中在入口处的凹寿、下厅、大厅和榉头间等。木雕需要考虑木纹的走向和雕刻的图案，有经验的匠师往往能较好把握木纹，在纹样设计时考虑木纹的走向和雕刻形态结合，使纹样灵活多变。闽南的木雕雕刻工具丰富，包括传统的锯子以及各种型号的铲刀、斧头、刨子等（图3-3~图3-6）。

（1）线雕

线雕在广义上指平面上用阴线或阳线表现的雕刻方法，狭义的线雕是指阴线。阴刻指的是将线型纹样刻入构件中，与大面积的底面形成对比的装饰手法，凸显纹样的美感。线雕是最早出现的做法，手法简单，属于凹刻平面型层次的木雕。线雕在建筑装饰上运用较广，通过线雕加强造型的线性感，避免单调、生硬和死板，使得装饰增添灵动。线雕用于线脚、边框和细部花纹，一般与浮雕和圆雕手法结合，线条有力、流畅圆润，表现人物纹等细节。阳刻是将线性纹样刻画在构件的底子上，类似浮雕装饰。承重的梁枋、柱子一般运用简单的线条。

（2）阴刻

阴刻又称为"阴雕"或"沉雕"，是剔地雕的做法，属于凹层次的木雕。阴刻借鉴传统家具的雕刻方法，运用线条雕刻物体的轮廓线，图案凹入木料的平面，将图案

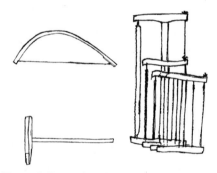

图3-3 传统工具（线锯、大锯和锛）

图3-4 雕刻工具

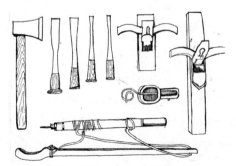

图3-5 传统木雕（斧子、凿子、刨子）

图3-6 传统木雕（凿子）

呈现出来。阴刻的寡料较少，较少损伤木料，如屏风、匾额和隔扇门等。

（3）浮雕

浮雕也称为"阳雕"，分为浅浮雕和高浮雕，常用于表现不同深浅层次和高低纹样的雕刻工艺手法。浮雕用逐层递减的方式形成相对凸出的主题，纹样具有一定的高度，高于地子，形象突出。雕刻图案根据雕板的制作，高浮雕需要厚雕板，浅浮雕用薄板制作。浮雕运用于次承受构件如撑栱、瓜筒、门板、狮座、屏风、屏门、家具、栏板和窗格等。浅浮雕所削减的木料较少，在有限的厚度上显现图案，一般多用于承重的构件上，如瓜筒（图3-7）。隔扇下部分常用浅浮雕，雕刻花鸟、风景和人物，显得自然生动。浮雕的工艺要求：线条流畅、深浅均匀、铲底平整、轮廓明显。高浮雕需要有一定厚度的木材，形体的压缩小，造型和效果接近圆雕，有些结合镂空雕刻，表达多层次的效果。高浮雕花纹华丽、题材丰富、形象逼真，常用于雀替和圆光等，适合表现复杂的人物、山水与亭台楼阁等。

（4）透雕

透雕又称镂雕，是一种立体层次明显的木雕技法。将背景局部镂空，以虚实对比突出纹样，使得前后透光，效果接近圆雕（图3-8）。透雕分为立体透雕和平面透雕，立体透雕除连接处，空隙较大，一般正面和背面都进行雕刻，四周几乎镂空和透雕。平面透雕是普通的透雕，正面做雕花，视觉看不到的背面一般不作雕刻。透雕通常将雕刻周围的物象加深，除连接处，其他都是透雕，使得造型轮廓清晰，适合表现高处的装饰构件。其做法通常是先在木料上绘制花纹，然后按照题材的需要进行雕刻，在镂空的地方拉通，在凹凸的地方进行铲凿，形成大体轮廓后磨平，再进行精细加工。非承重的构件如吊筒、托木、窗格和隔扇等常采用透雕的形式。雀替常运用透雕的手法，显得形象立体感强、形象生动，主要分布在凹寿和中堂周围。

图3-7 浮雕装饰瓜筒（厦门邱德魏宅）

图3-8 透雕窗户（永春崇德堂）

图3-9 圆雕吊筒（永春崇德堂吊筒）

图3-10 嵌雕窗棂（永春民居）

（5）圆雕

圆雕是一种运用立体的雕刻手法，在各个角度都能欣赏的三维雕塑。圆雕常用于仙人、佛像、珍禽和瑞兽等题材。圆雕需要将主体的轮廓线突出，再用物象陪衬，先粗雕，后细雕，最后磨光，由上到下、由表及里。对形状较大的圆雕需要在制作过程中将榫卯和胶结合，随时补接，直到作品完成。如图3-9所示，吊筒运用圆雕手法为主进行塑造，细节丰富，局部结合线刻和镂雕技法。

（6）斗心

斗心也称为棂花，是由许多小木条拼凑而成的几何纹样。斗心的形式多样，构成丰富的纹样。如冰裂纹用于隔扇、槛窗和栏杆。

（7）嵌雕和贴雕

嵌雕是根据图案用木条拼接起来的格子图案，表面用粘贴或是铁钉固定。清代以来发展了嵌雕和贴雕，清代至民国的木雕窗棂，常见嵌雕的装饰手法，层次丰富，结合木雕、漆艺和贴金等手法，蕴含丰富的效果。嵌雕的做法通常是将构件透雕成多层的立体花纹，为了使得立体感更强，在透雕的构件基础上钉上或镶嵌做好的小构件，逐层嵌入、逐层突出，然后再雕刻打磨。嵌雕可以插嵌，也可以贴雕，如图3-10所示。贴雕是在浮雕的基础上，再胶粘着浮雕花样板面的花样，利用卯榫结构，不用钉子，少用胶。嵌雕一般都用于门罩、屏风和隔扇。闽南传统建筑的木雕比例协调，功能与形式结合、风格简朴素雅、轮廓和装饰和谐统一、题材巧妙、尺度适宜，体现传统木雕的高雅品位。

三、木雕的制作工序

（1）选料和配料

木雕制作需要选取合适的木料，符合尺寸和构件大小，表面平整，并留有榫卯结合的余地，如图3-11所示。

（2）制作粗坯

粗坯制作先将画稿印在木料上，根据使用的构件，用锯、刨、铲、凿刻出大体的轮廓（图3-12、图3-13）。把绘制好的图案放在木材上，对准上下左右的位置。根据绘制好轮廓的坯，随画随雕，如木材有缺陷和裂缝，应尽量避开雕刻部位，留在刻去的部分。

（3）锯轮廓

操作前将轮廓线整理后再雕琢，如果是镂空的部分，需要用木钻钻孔（图3-14），然后用钢丝锯锯出镂空的轮廓线，再进行雕刻。轮廓线锯出后，用平铲铲削木料，要求表面平整、线条流畅、不留痕迹。对于层次较多的造型，需要选择大小不同的铲子，层层铲削。

（4）开榫

对构件的榫卯进行加工，早期使用手工的锯子，现代工厂改用电锯（图3-15）。

（5）打磨

对木材的表面进行打磨，去除毛刺和颗粒，便于雕刻和油饰（图3-16、图3-17）。

图3-11 选料

图3-12 制作粗坯

图3-13 锯木

图3-14 钻孔

图3-15 开榫

图3-16 打磨1

图3-17 打磨2

图3-18 雕刻

图3-19 细刻

图3-20 试组装

（6）雕刻

用斜的雕刻刀刻出线条，再用宽窄不等的平口铲和圆口铲等雕刻细节或纹理，可以配合龙须刀等工具雕刻和剔挖。凿刻过程中用木槌敲打圆铲，凿出大体的造型线和轮廓，挖去加工量比较大的部分。镂雕部位需要用反口铲或翘头铲进行铲雕，加工时应注意保护木构件，防止损坏（图3-18、图3-19）。

（7）试组装

将木构件进行试组装，检查结构是否稳固、榫卯结合是否合适等（图3-20）。

第二节 石雕工艺

闽南地区盛产石材，石雕与建筑构件相结合，如石埕、柜台脚、柱础和门框等。闽南传统建筑的石雕装饰常运用花岗石，结合线雕、镂雕、浮雕和圆雕多种雕刻手法形成亚光面。石雕装饰因材施艺，雕刻技法与肌理、材质相互结合。

一、石雕的发展概述

石材具有坚固耐磨、防潮防晒、便于留存等优点。闽南地区日照时间长，气候潮湿、多雨，地方盛产花岗石，石构装饰广泛用于传统建筑，构成地域特色。闽南地区的石雕工艺历史悠久，石雕传承自中原地区。

石雕最早追溯到旧石器时代的劳动工具，造型简单，加工粗糙。新石器时代以劳动生产工具为主，石雕比较光滑。唐代中期以后，北方汉人的南迁和佛教的盛行，使得闽南的石雕工艺有了长足的进步。石雕装饰在闽南传统建筑装饰中占比重很大，石料和石雕部分在整体工程造价中比重很大。闽南的民间石雕艺术风格精细，具有地域审美特征。

石雕在东晋时期出现，宋元时期随着泉州港海外贸易的发展，石雕的工艺、种类和艺术达到高峰。桥、塔和佛像运用石材构成，如宋代兴建的洛阳桥，风格质朴粗放。清源山道教的老君石像，形象生动。宋代昭定元年，兴建泉州开元寺的东西塔，运用石材仿木构，佛教题材的浮雕浑厚大方。宋大中祥符二年（1009年），兴建了泉州清净寺，以细雕条石建成。宋代绍兴八年（1138年）兴建的安平桥等，以及清代光绪五年（1879年）重修的安海龙山寺，石雕装饰较多。佛教、伊斯兰教、基督教、摩尼教和印度教等在泉州地区建立寺庙、佛像和墓雕等，留下精美的石材雕刻。明末清初，惠安石雕大量发展，主要生产石狮和龙柱。清代以后石雕造型趋向程式化，细部精雕细琢，刻画精细。清代以来惠安石雕开始出口到东南亚一带，中国台湾、日本、马来西亚和新加坡等地的寺庙常运用惠安石雕。抗日战争期间，惠安石雕曾一度停滞。新中国建立后，先后有500多人参与建国十大建筑的装饰工程，厦门集美的鳌园的石雕装饰也是出自惠安石雕。惠安的石雕遍及闽南地区，创造出精雕细琢的石雕艺术。明清以来，随着泉州的发展，闽南石文化兴盛，石雕传播到东南亚、中国台湾等地，影响当地的传统建筑。

闽南地区的惠安人吸收中原的石文化，发展成为技艺娴熟的能工巧匠。闽南石雕主要来源于惠安县。惠安是"石雕之乡"，石工人如今发展到12万，占劳动力的三分之一。[①]惠安的石工主要在闽南地区的各县市就业。他们利用当地的花岗石，雕饰石桥、建筑、庙宇和石塔等。闽南传统建筑的石雕运用广泛，以白石和青石的组合。白石的产量较多、强度大，一般作为主体和承重。青石产量小、质地坚硬，适合做精雕细刻的装饰。宗教建筑大量运用石材构建，类型多样，如石柱、柱础、门枕石、台基和石牌坊。纯装饰的如身堵的雕饰、窗棂的雕刻，相对独立的雕刻如石狮子和石香炉等。富商的民居和宗祠常用石雕装饰，尤其是青石雕，一般整块作为浮雕或是镂雕，用于楹联匾额或塌寿周边装饰，题材包括山水、花鸟、瑞兽和神话故事等。明代石雕比较简洁、风格古朴，清代的石雕混合较多的技法，图案装饰化。

闽南地区的石牌坊常见寺庙山门、表彰功勋、忠孝、科第的石碑等，整体以石构建，如漳州市区明代时期的"尚书探花"、"三世宰贰"和"勇壮简易"等。牌坊融合浮雕、线刻、镂雕和圆雕，包含龙凤、花草、人物和动物题材。

二、石雕的工艺实例

闽南地区盛产花岗石，以白色花岗石和青草石为主。青草石又称为青斗石，质地坚硬，容易雕凿，适合细部的形象塑造。闽南传统建筑石雕技术的进步反映地域性。闽南人长期与石头相伴，掌握高超的雕刻技巧，创造多彩的石雕装饰。闽南地区石雕工艺在建筑中广泛运用，大门两边的牌楼面、对看堵、柜台脚、台基、台阶、抱鼓石、外墙石窗、门窗框和柱础等运用石雕构件。石雕的造型、构图、体量、动态与建筑构件相符合。门柱、上下门斗和外墙三分之一的墙基用石板叠砌。石雕的质感高雅，是寺庙祠堂和大户人家常用装饰手法。

石雕的种类丰富，不同的部位选用不同的工艺。古代的石雕工仅凭手上的一锤一錾，就能创造出精美的石雕作品。宋《营造法式》卷三的"石作制度"，对于宋代石雕技法概括："造作次序，其雕镌制度有四等：一曰剔地起突，二曰压地隐起华，三曰减地平钑，四曰素平。"早期多使用线刻和阴刻，之后逐步发展为减地平钑，后期更多将浮雕、圆雕和其他雕刻手法相结合。闽南的石雕工艺传承北方的雕刻技法。闽南石雕形象生动、刀法洗练，按照技法包含沉雕、圆雕、线雕、浮雕、影雕和微雕六大类，主要石雕技法如下：

（1）素平，即将石材表面凿平，没有图案题材的雕刻。宋《营造法式》记载："素

---

① 曾闽，粘良图，惠安石工与闽南石文化 [A]，惠安民俗研讨会论文集 [C]，1992

平，将石材表面凿平的技法，石材表面无花纹，也无线刻。可分为一遍凿、二遍凿、三遍凿，凿得越多则表面越光滑"。古时用人工凿平的办法，将石面凿平，细分为一遍堑、二遍堑和三遍堑。过去人工凿平的方法，凿子凿的次数越多就越光滑。现在大多改用机器水磨加工，用机器磨平，称为"过水磨"，多用于仿古建筑。石条窗运用素平手法，竖向均匀排列成百叶形状，窗櫺为奇数。另一种打凿出细小颗粒，能防滑，称为"荔枝皮"，常用于铺地和台阶。

（2）平花，也称为"线雕"或"线刻"，相当于宋《营造法式》的"减地平钑"。平花依照图案刻画线条，通过线条的深浅表现文字和图案，并将图案以外的底子很浅地打凹一层，用阴线塑造对象的雕刻工艺。线条流畅，效果介于雕刻与绘画之间。一般用于建筑表面的局部装饰，如台基、柱础、花边、腰线、窗框、裙堵、框线和次要的装饰部位（图3-21）。

（3）水磨沉花

水磨沉花也称为"沉雕"，相当于宋《营造法式》的"压地隐起"，即浅的浮雕。在光滑的石板上描摹对象，整体形象下凹，底上则凿出点子，形体起伏较低，形象融入石板中。雕刻时依照图案，线条明显、外观层次分明，效果介于浮雕和绘画之间，具有平面的特性。沉雕只能欣赏一面，常用于建筑立面的石材装饰，如柱础、台基等（图3-22）。在青斗石上的浮雕，表层是深青色，纹样为浅青色，层次分明。

（4）剔地雕

剔地雕相当于宋《营造法式》中描述的"剔地起突"，即高浮雕或半圆雕，将底子凿去，使表面凹凸。压地隐起，底子不起伏，石雕表面隐隐起伏，即浅浮雕。减地平钑，用墨蜡涂于素平上，刻出图案，轻轻去地一层，并在地上打毛，宜雕刻表面有一层，地子也为一层，类似印章效果。剔地雕是半立体的高浮雕，对形体进行压缩处理，起伏比较多，通过透视和层次表现。浮雕的手法刻画出花草、动物和人物题材的

图3-21 浅浮雕（厦门卢厝）

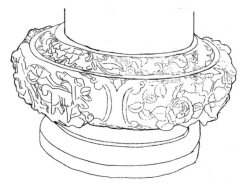

图3-22 浅浮雕和高浮雕（永春榜头玉津堂）

图3-23 高浮雕装饰门楣

图3-24 石雕装饰塌寿图（泉州永春敦福堂）

图3-25 镂雕人物门簪（泉州居民）

图3-26 镂雕石像（泉州杨阿苗故居）

纹样，常用于门额、窗楔、柜台脚、对看堵、水车堵、柱础和牌楼面等，形象生动，效果更接近圆雕（图3-23）。

（5）透雕

透雕又称为镂空和镂雕，是清代流行的石雕工艺。通常在浮雕和线雕的基础上，将背景进行镂空。一般雕刻龙柱和螭虎窗，立体感比较强，效果接近圆雕和浮雕。透雕石窗是融合艺术性和实用性的装饰构件，有利于采光、通风和防盗，工艺精巧、视觉层次丰富，富有立体感（图3-24～图3-27）。

（6）圆雕

圆雕称为四面雕、立体雕刻，多用于人物、狮子、门墩、石柱和佛像，在建筑中运用不多。圆雕相当于《营造法式》的"混作"，立体雕刻，将四面都雕成形象，精细雕刻和镂空技法的运用使得造型逼真。圆雕工艺有利于塑造生动传神的造型、逼真的视觉效果，具有较高的欣赏价值。圆雕装饰主要用于寺庙的须弥座、石狮、柱础和龙柱等。如青礁慈济宫运用的12根盘龙大柱，形象生动（图3-28）。

图3-27 镂雕石窗　　　　　　　　　　　图3-28 圆雕石柱

（7）影雕

　　影雕是从传统技法中发展的技法，又称为"针黑白"，流行于清代晚期。影雕工艺是需要将花岗岩石块磨光变黑，后用锋利的钢针在石头上雕琢，形成大小、深浅和疏密不同的阵点，形成质感对比。影雕塑造人物和花鸟等图案，形象逼真、表现细腻，类似素描效果。

三、石雕的制作技艺

　　闽南传统石雕对材料选择比较讲究，石料需要色泽一致、质地均匀、一般选择在同个矿区中定料，以保证石料符合色彩的要求。石材应选择表面整洁、无污点、无裂痕的构件。石雕加工时，根据各部位的石构件画出图样，核对加工的规格、尺寸需与图纸相符合。石构件需要放大样制模，依据构件模型进行加工。

　　石雕加工时有以下的要求：

　　（1）石料的纹理需要符合力学的要求，如踏脚、压面和台阶等。石材的纹理应是水平走向。石窗、石柱、角柱竖向承重的构件，石材纹理应为竖向。

　　（2）石材的小料加工，应避免缺棱短角，尽量保持平整的表面。

　　（3）石料榫接的部位，应该大小合适、位置准确、节点平整、接缝较小。

　　（4）构件如果有弧形，要求弧线的形体准确、线条流畅、光滑流畅、边角整齐、造型清晰饱满等。

（5）石材构件加工后，应按照图纸进行试拼装，包装加工构件应符合需要。[1]

目前，现代的石雕工厂普遍使用切石机器、磨石机器等现代机械加工，减轻工人的劳动强度，提高工作效率。惠安石雕的产品除了传统的龙柱、石狮、石座椅，还有西方的人体雕像、影雕等。

第三节　砖雕工艺

一、砖雕的工艺技法

砖雕是以砖为依托，在上面雕刻图案的工艺技术，又称为"画像砖"或"砖刻"。早期有模制的画像砖，明清时期砖雕技术比较成熟，法制没有对砖雕装饰限制。砖雕广泛运用在建筑、会馆和寺庙等，逐渐成为建筑装饰技艺。砖雕材料成本低，容易雕琢，有一定的耐久性。闽南的砖雕以红砖为材料，不同于闽北徽派式的青砖雕，和北方砖雕的风格、材料和手法不同，如表3-1所示。青砖雕质地细密，以高浮雕装饰，效果接近石雕。按照烧制的顺序，砖雕可分为窑前雕和窑后雕。窑前雕是在土坯入窑前进行雕刻，线条流畅、花纹明显、造型突出、变化自然，具有浮雕效果。窑后雕的线条比较浅、硬直、边缘有锯齿状，表面比较平整、形象明显，能够防水防潮。闽南砖雕大多数属于窑后雕，将图案拓在已经烧制好的红砖上，然后用印刻的方式进行雕琢，以线雕和浅浮雕为主。闽南传统建筑的砖雕一般装饰对看堵、门额和墙堵，尤其是牌楼面和对看堵用大块的方砖雕刻而成，然后拼成画面（图3-29）。雕刻时常采用阳刻，使图案凸显出来，内部的造型采用线刻手法，被雕去的底子上涂白色灰浆，使得红白色彩对比明显。然后以石灰、红糖和糯米等调成粘合剂连接起来，并用条形红砖做成矩形框线（图3-30）。闽南砖雕的色彩鲜明、质感古朴，具有壁画的效果。

闽南地区的砖雕和北方砖雕的对比　　　　　　　表3-1

	北方砖雕	闽南砖雕
特色效果	模仿石雕效果	模仿壁画效果
优点	省工、经济	色彩强烈，效果突出

[1]《峰泉石谱》石雕石艺传习要略

续表

	北方砖雕	闽南砖雕
用途	用于建筑大门的门楼、墙楣、山墙墀头、入口照壁、庭院壁面	用于凹寿的对看堵、室内的裙堵
风格	像木雕一样的精细刻画，生动活泼、刚柔结合、质朴清秀	像彩绘一样注重轮廓，色彩艳丽、简洁概括
材料	青砖，与其他建筑材料整体协调	红砖，与花岗石呈对比
雕刻手法	剔地雕、隐雕、浮雕、透雕	线刻、浮雕
特质	画幅式砖雕立体感强，雕刻细腻	几何砖雕丰富墙面
装饰题材	人物、鸟兽、花草纹	花草纹样为主
优点	结合石雕的质感、木雕的细腻，质朴	红砖质感、绘画效果
效果	与墙体统一	与墙体色彩互衬，对比鲜明

图3-29 大块砖雕（蔡氏建筑）

图3-30 牌楼面墙砖雕（蔡氏建筑）

二、砖雕的制作程序

砖雕是特有的建筑装饰，始于东周时期。早期人们在入窑前先塑造好造型，然后烧制，但容易变形，不适合拼合。砖雕在长期发展中形成不同的风格，如徽州砖雕、北京砖雕和山西砖雕等。明代以后，闽南的工匠将砖雕运用于建筑装饰，大多是窑后雕，以红砖为载体的浅浮雕形成闽南传统建筑的独特风格。

闽南的砖雕主要有两种形式，一种是窑前雕，烧制特殊形状的砖雕进行拼贴，如长方形、正方形、八角形、六角形、古钱形、海藻形和几何形等。工匠们采用组砌和实砌等镶嵌手法，增添墙面的趣味性、节奏美和丰富性。闽南传统建筑中镜面墙上常用窑前雕拼砌的"福、禄、寿"等拼接的墙面装饰。

图3-31 裙堵砖雕1（厦门莲塘别墅）　　　　　图3-32 裙堵砖雕2（厦门莲塘别墅）

闽南的窑后雕常表现瑞兽和花草题材。制作前通常先将砖面打磨光滑，在砖面上描摹形象，然后描刻出花纹的轮廓，再凿出四边的线条。烧制后的红砖材料比较易碎，一般运用浮雕和线雕的手法表现。制作时，线条由深到浅进行刻画，底纹线条和细节相互衬托，通过磨光和修补，最后用白灰将雕去的部分填上，纹样对比鲜明。

闽南地区的砖雕保存完好，数量最多的是在厦门海沧区的莲塘别墅。如图3-31、图3-32所示，砖雕工艺精湛、题材丰富、艺术水平较高，既有小块的砖雕装饰，也有大幅的砖雕画面，厅堂有花草和瑞兽为题材的砖雕。

第四节　灰塑工艺

灰塑俗称"彩塑"、"灰批"或"泥塑"，包含画和批两类，画称为彩描，在墙上绘制山水、人物或花草图案。"批"即"灰批"，用灰塑塑造各种图案，常用于屋脊、山墙墙面和牌楼面。灰塑质地洁白，主要成分是石灰，灰泥的主要成分是石灰和麻绒，为了增加黏度，加入红糖和糯米水等。在闽南地区常加入蛎壳粉、海带、糯米浆、红糖水和煮熟的海带汁等，经过搅拌和捶打搅拌均匀，增加其黏性。灰泥能塑造各种纹样，题材广泛、内涵丰富，是闽南传统建筑装饰的特色手法。屋檐下的水车堵、山墙的山花、屋脊、庙宇的大脊、规带和山尖规尾等运用灰塑工艺。灰塑具有较好的硬度和防水性，色彩艳丽，适合用于位置较高、远距离观看的装饰。灰泥中添入矿物质颜色如铜绿和朱砂等，待到干后，形成鲜艳的色彩。灰塑的制作简便，一般在现场直接加工而成，价格低廉，在闽南传统建筑中广泛使用。明代开始，灰塑传播到潮汕、广东、广西和台湾等地。

彩描是灰塑的平面表现，以描画为主，流行于经济发展较差的地方，称为墙身画。工艺需要表面平整、细腻光滑，用灰塑起稿，模仿国画进行作画，线条流畅。彩描的抗腐蚀性较差，一般用于檐下。外檐彩描用于水车堵，内檐用于室内屋坡檩下斜面墙楣部分的装饰，题材有画卷和宝瓶等，丰富侧墙和屋面的过渡。

灰批是立体的灰塑做法，主要分为圆雕灰塑和浮雕式灰塑。圆雕式灰塑又称为立雕式灰批，主要用于屋脊上，可直接批上去或做好粘上去，一般以铜线或铁线为骨架。圆雕式灰批主要用于屋脊部位，与"厌胜物"和阴阳五行相关。浮雕式灰批的用途很广，主要用于门楣、窗楣、窗框、瓦脊、墀头和院墙。

一、灰塑的工艺技法

灰塑具有可塑性强、耐高温、成本较低和容易施工等特点。闽南传统建筑的灰塑一般以浮雕为主，以画和批两类。画主要是用彩绘的方式描绘山水、人物、花鸟、花草等图案。灰批是用灰泥塑造各种装饰，主要是圆雕和浮雕两种。庙宇的屋脊主要是单体圆雕灰塑，表现神仙题材、吉祥瑞兽，立体感较强。圆雕灰塑需要以铁丝为骨架，草筋灰塑造型，主要用于垂脊和正脊，形象生动。

灰塑常常以木头、铁钉和铁丝作为骨架，然后在上面涂抹灰泥，增强立体感，造型具有硬度和牢固性。圆雕灰塑多用于屋脊，如卷草纹燕尾等。浮雕灰塑用于门额、窗楣、山墙屋檐等部位，处理手法多样。灰塑的制作方便、价格低廉，具有一定的耐久性，大多数是现场的制作。

灰塑的手法流行于明清时期，以泥灰做底，结合剪粘塑造形态丰富的龙凤、花草鸟虫、民间故事、神话传说和戏剧人物等。有些人物题材是用印模预先制作好的，类似雕塑的效果，质地细腻，表面上还能彩绘和描绘金线。为了增加色彩表现力，除了灰塑本身的浅灰色，加入矿物质色粉，常见的颜色如朱砂、石青和石绿等矿物质颜料。在未干的时候刷上颜色，使其渗透进去，主要以石灰为材料，加入色彩，通过描绘和塑造，形成色彩艳丽的效果。灰塑的题材主要是花鸟仙人，表现层次丰富，尤其是人物的头像刻画精细，形象鲜明。浮雕式灰批一般在墙上打铁钉，用灰料装饰部位。塑好模型后，在突出较大的部分用铜线或铁线，用灰膏或其他材料勾出图案的轮廓，按照纸筋灰料上各种色彩塑造而成。灰塑完成后色彩过于鲜艳，一定时间后，色彩趋向古朴自然。灰塑工艺流行于闽南地区、广东北部和台湾西部等地，还远播东南亚，影响华侨的祖祠、庙宇与神堂。

图 3-33 灰塑水车堵（泉州蔡氏古建筑）

图3-34 灰塑墀头（厦门卢厝）

二、灰塑特点与实例

灰塑与剪粘经常结合使用，在建筑和寺庙的水车堵、身堵等处使用。剪粘运用色彩鲜艳的瓷片，营造华丽效果，成为地域性建筑的特色。灰塑做水车堵的边框，如图3-33、图3-34所示，灰塑比较精细、线条简洁，中间以立体浮雕和彩画表现山水、花鸟和人物题材等。山墙的楚花常用泥塑和彩绘结合装饰墙面。

第五节　剪粘工艺

剪粘是流行于闽南地区、莆田一带和广东潮州的装饰工艺，始于明代，流行于清代，俗称"堆剪"、"堆花"或"嵌瓷"等。剪粘的色彩鲜艳、造型生动、立体感强、不褪色，主要用于寺庙、祠堂和建筑的屋脊、水车堵等视点较高的地方。

一、剪粘工艺的概述

闽南泉州的德化自古就是陶瓷的生产地，泉州的磁灶窑和漳州窑是陶瓷的生产基地，拥有大量的磨损、次品瓷和碎瓷片可以利用，将其剪切粘贴成色彩鲜艳的建筑装饰是一种废物的回收利用。清代末年，出现了专门为剪粘生产的低温瓷碗，使得剪粘由材料到工具日趋完善。剪粘常与交趾陶、水车垛、泥塑和彩绘结合。在泥塑的底子

图3-35 剪粘的屋顶装饰（泉州关帝庙）　　　　图3-36 剪粘的屋脊装饰（泉州天后宫）

上，用石灰、细沙和糯米糊等材料，运用平面和立体相结合的表现手法塑造形象。剪粘利用破碎的陶瓷片状作为材料，节约材料、经济美观，能防止风雨侵蚀，具有长久性，是闽南地区的独特建筑装饰。剪粘需要两个步骤，首先将铁丝扎成骨架，然后用石灰、贝壳、细沙和麻制作的灰泥在其表面做成坯，再粘上几何图形的彩色瓷片拼合吉祥花鸟、动物、山水和人物造型等。剪瓷片是重要的工序，剪下之后，需要对边缘进行修剪。剪粘的工具包含各种剪子和铁钳。剪粘的材料比较广泛，包含碗、碟子、玻璃、瓷片、镜片，甚至是贝壳。剪粘一般用于祖祠和寺庙的脊端、脊堵、水车堵、壁堵和山尖规尾等。有些题材需要特别烧制，如人物的头部。镶嵌的方法根据剪粘题材的不同，运用不同的手法，有的用斜插，有的用正贴。

　　按照嵌瓷方式的不同，剪粘可分为平瓷、半浮瓷和浮瓷三种。平瓷最简单，需要将石灰和红糖等均匀调制成灰浆，将彩色瓷片拼接在灰泥的表面，使得瓷片和灰面一样平整。半浮瓷是将造型设计得凹凸不平，用瓷片进行嵌入。浮瓷需要用铁丝将骨架固定后，用灰塑堆砌造型，最后用瓷片嵌入表面而成。平瓷、半浮瓷和浮瓷按照装饰的位置、结构和图案进行不同的组合。嵌瓷大多是形状复杂的双龙戏珠、吉祥花鸟和祥瑞禽兽等，如泉州天后宫屋脊剪粘的腾龙，造型生动。

　　剪粘的色彩鲜艳、制作方便、无需入窑烧制、结合镶嵌和浮雕的手法，营造富丽堂皇的效果。在寺庙和祠堂常见葫芦、宝塔和宝珠等题材，脊堵常见花草图案、人物纹样，如图3-35、图3-36所示。堵头常用螭虎和狮子做装饰，造型丰富、立体感强。嵌瓷的手法类似马赛克的镶嵌装饰，多装饰屋顶正脊、中脊和规带等较高的地方，一般是视觉上的焦点。剪粘工艺便于现场制作，构图和题材比较灵活，适合远观。剪粘经过长久的日晒和风化，可能断裂或脱落，每隔几十年需要重修。剪粘可以上色，如用漆增加色彩的丰富性，描金线增加装饰感等。

二、剪粘工艺与实例

剪粘将多彩釉软陶用于建筑中的水车堵、屋脊、规带和山墙等，采用镶嵌和浅浮雕的形式，题材主要有山水、花鸟和动物纹等（图3-37）。闽南传统建筑中堆的形状多样，主要用灰塑、嵌瓷和砖瓦砌成。民居的屋顶比较质朴，通常是花鸟题材的剪粘，主要集中在屋顶的中堆和两翼。寺庙屋顶的剪粘，题材包含龙凤、宝瓶、宝塔和天神等。天神具有丰富的细节，身骑白马，手持兵器，动态丰富。

图3-37 屋顶剪粘工艺（厦门海沧新厝角）

第六节 交趾陶工艺

一、交趾陶的工艺技法

交趾陶是闽南传统建筑的装饰手法，色彩丰富，常见如朱红、明黄、石绿、群青、胭脂红和赭石等。交趾陶的工艺融合了雕塑、绘画和陶瓷的效果。交趾陶是将陶土塑造形状后，经过低温烧制，然后用糯米、红糖水作为黏合材料，将原构件黏合到预定的部位。

剪粘以烧制好的瓷用钳子剪下并嵌入泥塑上，交趾陶是上釉色后入窑烧制的低温陶件，造型细腻、尺寸较小。交趾陶比较粗重，做工不如泥塑和剪粘精致，通常装饰位置较高的屋顶、水车堵、塌寿、屋顶、垂脊、墙堵、墀头和对看堵等部位（图3-38）。交趾陶的质地较软、硬度不高、工序复杂、容易受风化，适合远观。

图3-38 交趾陶壁雕（泉州开元寺）

二、交趾陶工艺与实例

交趾陶主要用于庙宇、宗祠和一些豪华的传统建筑的装饰，象征性强、色彩丰富。如泉州开元寺的麒麟壁雕，用交趾琉璃陶镶嵌，为乾隆年间（1795年）创造的，形象生动。交趾陶影响较广，流行在闽南地区、广东地区和台湾地区的传统建筑，台湾很多庙宇祠堂也采用交趾陶，并有泉州工匠所做的作品。

闽南的交趾陶用于水车堵、对看堵和屋脊等部位，表现的题材包含人物、花鸟、吉祥瑞兽、花草、山水风光和神话故事等。在闽南地区的装饰中，灰塑、剪粘和交趾陶并用，相互结合增强表现力。

第七节　彩画、油饰和安金工艺

一、彩画工艺技法

彩画是中国传统建筑装饰的重要组成部分。"雕梁画栋"是对建筑彩画装饰之美的表述。两汉的张衡在《西京赋》中描写皇宫建筑"屋不呈材，墙不露形。"指油饰和彩绘装饰原材料。梁思成曾说"建筑彩画不仅能保护木材，亦能籍画以表现建筑物之构成精神。每时代因其结构不同，故其彩画制度亦异。"[①]建筑彩画有三层作用：第一，有利于保护建筑，防止潮湿和风化的侵蚀。其次，增加装饰之美，建筑彩画装饰构件营造富丽堂皇的效果。第三，建筑彩画标志建筑等级、功能，是建筑的身份象征。彩画的色彩鲜艳，运用彩色的涂料在建筑构件上绘制各种图案和绘画。宋代时期，建筑彩画装饰的内容、色彩和范围都有严格明确的规定，宋制规定："非官式寺观，毋得彩绘栋宇及朱黔漆梁柱窗牖，雕楼柱砧"。明制规定"庶民所居房舍不过三间五架，不许用斗栱及彩色装饰"。清代约束较少，建筑的空间装饰有很大发展。《大清会典》中"凡亲王府制……绘金云龙纹，雕龙有禁……世字府制……梁栋绘金彩花卉，四爪云荟……凡第宅：公侯以下至三品官……门柱饰黝垩，中梁饰金，旁绘五彩杂花……士庶人惟油漆"。[②]宋代的规定影响明清时期的建筑彩画。传统建筑彩画主

① 梁思成. 梁思成全集（第一卷）. 北京：中国建筑工业出版社，2001：217
② [清]允裪等奉敕撰，《钦定大清会典》，卷七十二"营缮清吏司·府第"，文渊阁四库全书

要用矿物质颜料作画，用于水车堵和对看堵等。

彩画是传统建筑装饰、园林装饰的重要部分，闽南传统建筑彩画与木雕结合，形成"雕彩结合"的形式。彩绘出现在凹寿、下厅、大厅、顶落步口、墙体、雕花、梁、隔墙和榉头间等，优美和谐。闽南传统建筑的彩画受到法式影响较少，传承苏式彩画的灵活性，既有工笔重彩的装饰风格，也包含水墨的渲染技巧。彩绘配合写生、花鸟和博古的纹饰，形式洒脱自由、题材灵活、画面清新，富有生活气息。外檐彩绘集中在屋檐的下方，主要指水车堵、山墙楚花、笼扇和门楣等。水车堵是三段式的构图，中间的称为"堵仁"，接近柱身的称为"堵头"，外侧靠近柱头处有束带纹。堵仁的彩画最精彩，由砖砌成边框，框内有泥塑和剪粘。图像上面填涂色彩或绘画，堵仁的彩画题材包含山水、花鸟、人物、亭台楼阁和文字等。梁枋或水车堵一般很长，常以多段表现，每段由两个堵头和一个堵仁组成。堵头常用螭虎纹、卷草纹、如意纹和云纹等。闽南地区的包巾彩绘，两端不设"卡子"，水车堵用几何纹组成堵头，用泥塑塑造软、硬的卡子，中间是泥塑和彩绘装饰堵仁。水车堵有利于避免风雨的侵蚀，多年后保持鲜艳的色彩和完整的画面。

彩画称为"落墨搭色"，在灰面的基础上，用颜料或是墨汁绘制图案。闽南地区常见檐下或室内的房门外的墙楣部位，用传统花鸟、山水和人物的绘画技法，突出墨的效果，色彩协调，色彩和线条的疏密和浓淡形成立体感。清代彩绘达到高峰时期，不同的色调和纹样代表不同的建筑等级。绘制首先运用木炭条起稿，描绘造型的大体轮廓，待到画细节时，轻轻弹去多余的炭末。接着是落墨，用毛笔勾画墨线，作为最后的定稿。人物衣纹准确飘逸、山石厚重立体树木枝干应繁茂生动等。墨线增加色彩，不压线条，勾线力求准确，塑造层次分明、生动有力、清晰柔和的彩画。

北方的彩画主要用于保护木构建筑。闽南地区的彩画大多没有直接绘制在木构件上。闽南传统建筑的地仗较薄，加上气候潮湿，很容易剥落。普通建筑的木构件保持原本的色彩，一般没有运用彩画。庙宇和祠堂较多运用彩画。彩画的色彩艳丽，结合绘画和雕塑，塑造生动活泼的形象。

北方官式彩画主要是青绿色调，闽南传统建筑的彩画不同于北京的清代官式彩画，也有别于苏式彩画，色彩、构图和纹样更加灵活，具有地域性特征。闽南的彩画多用于脊檩，以包袱彩画、绑锦彩画为主，局部用金色点缀，白色作为轮廓线。祠堂梁架的彩画烘托氛围，用金较多。庙宇的彩画增加龙凤、山水和八卦纹等。

闽南传统彩绘构图上重视包巾的运用，主要用于大通、二通、寿梁和脊圆下方的构件。特殊的技法如化色，作为色彩的过渡，多用于圆光和束随等构件，相当于北方彩绘的"退晕"。彩画主要用色粉，如朱砂、群青、土黄和深绿等矿物质色彩提炼，然后用牛皮胶等调配而成。彩绘的题材包含山水、花卉和人物等，常与八卦纹、添丁进财等文字。工笔重彩和描线突出形象，重点部位用金色点缀。

彩画按照装饰部位分为内檐彩画和外檐彩画。内檐彩画绘制在梁枋及墙壁板上。外檐彩画以白灰为底子，主要分布在墙面的身堵、水车堵和山尖尾等。题材一般为人物、吉祥图案、山水和花鸟等。山墙的楚花是彩绘与泥塑相结合的装饰，内檐彩绘用于大木梁架和明间左右的墙壁板堵上。彩绘结合建筑构件，在形式和构图与建筑形成整体，丰富空间，具有立体画的特点。

彩画的施工通过一系列的工序。底子称为"地仗"，以麻灰为材料，包含压麻灰、中灰和细灰等。其他工序还有过稿、上粉线、贴金箔和着色等。传统彩画需要彩画师傅控制好颜料的稠度，具有绘画和书法等美学素养，还需要在架子上作画，条件艰苦，所需技能较复杂。闽南传统建筑彩画较少使用沥粉工艺，祠堂的门神和神像偶尔运用，梁架的彩画一般没有沥粉。彩画完成后，常在表面罩上一层光油，有利于彩画与金箔保持得更长久。

二、油饰与安金工艺技法

油饰在宋《营造法式》中称为"刷染"，清代称为"油作"。油饰的材料分为大漆和桐油两种，北方的油饰多用桐油，南方喜用大漆。[①]油饰能够保护木材，防止木材风化和虫蛀。闽南传统建筑的油饰重视"包巾"构图，包中位于脊檩的正中，形状如一个三角形的包巾，常见八卦形状的组合，还有"招财添丁"等吉祥文字。

古时的大门有涂成朱色的，一般仅限于有权势或官位的。建筑大门常用黑漆或无油饰。闽南普通民居室内大部分的木构件不作油漆彩绘。富裕家庭的建筑通常用朱漆和黑漆，红与黑互相衬托。黑漆多出现在梁柱，局部用朱漆，称为"黑红路"或"黑红净"，一般规则是"见底就红"[②]。

闽南祖祠和庙宇的一些木构架上有彩绘，一般是黑色的漆底上暖色的彩绘。梁架的大木构件是黑色底子，底色为红色，侧面是黑色。黑色用于凸出的部位，红色用于凹陷的底色。如大门的门框是黑色，里面的条幅对子为红色，斗栱的正面是黑色，侧面为红色。在木构件的基础上使用朱漆和黑漆，如黑漆底上的金色浮雕和朱漆底上的金色纹样，突出的雕刻纹样常贴金箔。经济状况较好的民居、宗祠和庙宇常用油饰和彩绘。贴金箔是彩绘的特色之一，在油漆底子上，在半干状态下贴金箔。宗祠和寺庙

① 张昕，晋系风土建筑彩画研究，南京：东南大学出版社，2008：205

② 曹春平，闽南传统建筑彩画艺术，首届海峡两岸土木建筑学术研讨会论文集[C]，2005

通以雕彩结合的装饰，在木雕的表面上施彩或髹饰贴金，这种技法又称为"金漆木雕"或金漆画，通常用于吊筒、瓜柱和门窗等。

　　闽南传统建筑的油饰随时代而发展，明代的建筑装饰比较朴素，以花草和人物题材为主，较少使用艳丽的色彩。清末到民国期间，彩画风格追求精致，在重要的木雕构件贴金箔，如狮座、圆光、梁枋、格扇、窗花、斗栱和吊筒等。室内的牌匾、神龛和楹联也常贴上金箔以突出文字和纹样，石柱的楹联文字常描金。宗祠、家庙的梁架以黑漆和朱漆为主。木雕彩绘的底色通常是红色，凸起的部位用青绿和白色作为轮廓线，题材为云纹和花卉等，显得精致和气派。

　　闽南传统建筑装饰结合彩绘、泥塑、剪粘和交趾陶等装饰建筑细部。装饰与建筑协调搭配，营造华丽效果。彩墨绘画多见于白色的墙面上，题材有花鸟、山水和人物，体现地域的审美（图3-39、图3-40）。

图3-39 彩墨绘画（厦门海沧民居）

图3-40 花鸟图（蔡氏古建筑水车堵）

　　闽南的油饰工艺比较复杂，流程主要有：打底、披麻、打磨、上漆、上彩、贴金和罩油等。木雕经过多种程序，首先是填料，需要用瓦灰和石膏粉给木构件进行打底和填缝，将生漆和石灰调和，对木雕表面的裂缝和洞眼进行填补。有的用麻布、较厚的用生漆和粗灰补平木板，再打磨光滑，然后上漆。髹漆是在木雕的表面髹朱漆，在朱漆将干未干的时候，利用大漆的黏性，将金箔贴在表面。

　　彩绘能保护木材和增加美观。闽南传统建筑构件如斗栱，用朱漆和黑漆装饰。神龛、屏风、檐板和匾额常用大漆、桐油和金箔等。宗祠和寺庙的雀替运用贴金箔和彩绘化晕，椽条常有彩绘。大梁上面常绘制八卦，庙宇常见龙凤纹。灯梁一般用多种颜色装饰八角形的横梁，瓜柱通常也施加彩绘。

　　安金箔是彩画的重要技法，北方称为"贴金"，闽南地区称为"安金"。在沥青的底子上，刷上金胶油，稍微有些黏性，八成干时候，用竹夹将金箔贴上，再用棉花压实。贴箔需要掌握金胶油的黏度，太早或太晚都会影响光泽度。闽南地区常用假金装饰，即用银箔或铜箔代替金箔，再用透明漆罩上，仿照贴金的效果。

　　闽南油饰的一大特点是用金箔装饰梁架的"金漆木雕"，盛行于厦门、泉州、漳州和台湾。在梁枋、雀替、撑拱和小月梁等贴金，主要的原料是大漆。金箔与木雕结合，突出人物纹、动植物纹和文字等，营造富丽效果。

三、金漆画及工艺

　　金漆画又称为擂金画，是清代以后盛行的装饰技法，工艺复杂、价格较高、绘制精细、效果显著。金漆画是在木构件的黑漆底子上绘制，一般装饰在内檐，不能暴露在光线下，否则容易褪色和剥落。具体做法是：以生漆为主要材料描漆，之后髹饰金粉或银粉，然后用棉花压实。待干后，扫去多余金粉，以细尖的铁笔勾勒画面的细节，被称为"铁线描"。铁线笔非常坚硬，有粗细之分，在底层上刮出所需的图案。绘制的线条清晰有力，用于表现人物的表情、服饰细节、配件、山水和亭台楼阁等。黑底与金色的金漆画形成色彩对比，常用于供奉祖先的中堂、神龛和屏风等。如图3-41所示，画面的形象清晰，具有华丽感，倾向于艺术化。金漆画工艺考究，需要经过特制的工具和工序，才能达到长久

图3-41 梁枋上的金漆画表现山水和人物

效果。

绘制金漆画的木构件是木工所制作，在绘制前需要上两道生漆防水，填补裂缝用砂纸将其磨平。填补材料由生漆加入瓦灰等材料混合成糊状，待干后，用砂纸磨平。粘布之前，刷一遍大漆作为粘合剂。粘布是重要的工序，预防木材的收缩变形，有的直接在木构件上绘制，没有粘布。粘布干后，用磨石、砂纸将其磨平。推光漆是金漆画黑底的主要材料。最后的工序是推光，将砂纸、细石用布包着研磨，用手沾上瓦灰磨漆

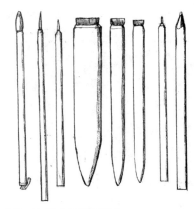

图3-42 描金用笔和漆刷

生光。金漆画借鉴漆器工艺的堆金和描金等技法，工序与漆器工艺相类似。金漆画的做法很多，如在金色的图文上勾金线、用铁笔或坚硬的棒状将漆面上的金属箔刮擦，如图3-42所示的工具，以显示底层的黑漆，或以黑色线条绘制在金属箔上。金漆画工艺主要用于祠堂、建筑中堂的神龛和匾额等。

第八节 墙壁屋面的工艺

一、封砖壁

泉州传统建筑以红砖砌成立面墙，称为"封砖壁"或"斗子砌"，内填瓦砾和土块，转角处以砖叠砌，称为"搭勾砌"，即五六层砖为一组，上下顺丁搭砌。在入口处用组合

图3-43 封砖壁（蔡氏古建筑）

图3-44 封砖壁（厦门海沧新垵建筑）

面砖，对称分布、装饰性强，有防雨的作用，用以保护和美化墙角（图3-43、图3-44）。

二、出砖入石

"出砖入石"常见于泉州地区和金门地区等，也称为"金包银"或"出金入银"，是闽南传统建筑特有的砌墙方式。"出砖入石"采用块石与红砖混合堆砌，红砖比喻成金，白石比喻成银。石块竖向堆砌，砖横向放置，上下间隔，石块略退回，砖石相互错开。一定高度后，砖石互换位置，有利于节省建筑材料，使得受力平衡，增加墙体的稳固性。堆砌时一般先砌石块，然后用砖将缝隙塞满，红砖比石块突出。

据《泉州府志》记载，在明万历三十二年（1604年）十一月初八日，泉州地震，城内外庐舍倾圮，覆舟甚多。[①]地震之后，人们将碎砖残石混合堆砌，节约材料。大面积的"出砖入石"具有色泽美和质感美，体现浓厚的乡土气息，如表3-2所示，出砖入石，增添墙的肌理美。

三、穿瓦衫

为防止潮湿，将灰瓦用竹钉固定在木墙、土坯墙或是夯土墙面。瓦的四周用白色石灰填缝，形成块状的装饰，远看就像穿上盔甲似的，被称为"穿瓦衫"。"穿瓦衫"常运用于山墙下方，是应对多雨潮湿的气候条件的做法，避免雨水的冲刷对墙体的风化，在泉州和莆田仙游一带应用较多。

四、牡蛎壳墙

闽南沿海地区，牡蛎的产量比较大、分布较广。当地人们将牡蛎壳开发成建筑材料，通常人们把小牡蛎壳做成灰，大牡蛎壳砌成墙。牡蛎壳装饰在外墙上，砌时用铜丝将牡蛎壳穿在一起，然后用灰泥浆、红糖、糯米和稻草等材料粘接，仍以土坯承重为主，具有自然美，能防潮。

五、夯土墙

闽南的夯土墙采用三合土，即黄土、沙和大壳灰配置而成。整个外墙都是泥沙灰

---

① ［清］怀荫布、黄任、郭赓武纂修，乾隆泉州府志，卷73《祥异》，上海：上海书店出版社，2000：583

的混合墙体，为增加黏度，常加入糯米、红糖、稻草、海带等充分混合。夯土墙防潮保温、坚固耐用、取材方便、色彩自然、低碳环保，常用于山区传统建筑。

闽南地区的墙体装饰　　　　　　　表3-2

| 出砖入石堆砌（泉州晋江福全村） | 红砖墙图（蔡氏建筑镜面墙） |

六、瓦作和脊部

闽南传统建筑的瓦包含筒瓦、板瓦、花头和垂珠四个构件，瓦沟和瓦脊通常用砖砌成。沿海一带屋面普遍采用红瓦，主要有平板屋顶、筒瓦屋顶和合瓦屋顶。闽南地区的筒瓦和垂珠具有地方特色。筒瓦像竹筒，横截面为半圆形，直径10cm左右，色彩偏向橙色、亚光、无施釉。筒瓦的价格较高，用于等级较高的建筑，如庙宇、官宅和宗祠等。一些建筑在屋面的两侧砌三五道筒瓦，如蔡氏古民居，庙宇通常是整个屋顶都运用筒瓦。闽南传统建筑常用板瓦铺设，早期板瓦带有一定的弧度，晚期更加扁平。沿海地区生产的红板瓦外观偏向橙色，比较厚重，一般不施釉，防水性比较差，应对较强劲的台风，如图3-45所示。闽南生产的青瓦和黑色的板瓦，有些弧度，比较薄，防水性较好，通常在上面加压石块和砖块抵御台风。青瓦和黑瓦在泉州内陆地

图3-45 筒瓦（泉州杨阿苗故居）　　　　图3-46 青瓦（泉州永春东岳新村兴隆堂）

区运用较多，多数没有瓦当和滴水（图3-46）。

　　闽南沿海地区有架空双层瓦的做法，即在铺好的屋面、相邻的瓦陇上再铺设一层板瓦，中间形成空气层，或是铺两层板瓦，其上再铺板瓦或筒瓦。根据民间匠师的说法：这是为了防止屋顶漏雨和增加隔热而实施的工艺。多一层透气层，能够更好阻隔热气，两层屋面能防止漏雨。这是当地建筑应对炎热多雨的气候条件做出的隔热防雨的应对，是建筑适应地域环境的体现。

　　屋脊以三段装饰，称为"三川脊"或"三胎脊"，分为正脊、垂脊和翼角。闽南泉州的建筑多为三间张、五间张的大厝，每间的屋顶分隔处做出垂脊。垂脊和檐口一般还有一定的距离，整个屋顶通常有4~6条垂脊，脊部的增加使得屋顶层次丰富、变化统一，不会因过长显得单调。闽南的庙宇、建筑的厅堂、宗祠的主要建筑，正脊一般不分段，民间称为"一条龙"。闽南地区的传统建筑尺寸有运用鲁班尺，上面标注吉利的数字定高宽，也称为"吉利门"。

第四章

闽南传统建筑装饰的
表现规律

建筑装饰是建筑艺术的图像表现，体现社会意识形态、历史文化和地域文化的变迁，反映不同时期生产力的发展水平。闽南传统建筑装饰结合装饰构件运用动物纹、植物纹、人物纹和几何纹样等。在三维空间叙事格局体现装饰的趣味美、题材美、构图美和线条美等，蕴含人们的美好理想和生活追求，具有历史价值、文化价值、艺术价值和社会价值。

第一节　建筑装饰空间分布规律

建筑装饰作为国家元素分布在空间，吸引人们的关注。西方建筑装饰用于全方位和多面的装饰。闽南传统建筑装饰讲究主次，装饰体现地域文化、内在需要和空间等级。装饰的题材、内容和元素构成整体图像体系，对人的行为产生影响。

一、重要结构的装饰

有人说"建筑是凝固的音乐"，装饰是建筑乐曲的重音符。闽南传统建筑的装饰和地域文化息息相关，是地域文化的重要表达。闽南传统建筑的装饰在满足功能的基础上进行艺术处理，使得结构、功能、材料和审美相统一。重要的结构往往是凸显的部位，装饰集中在重要的构件上，突出建筑的构造。装饰构件结合木雕、石雕、灰塑和彩绘等，将美观与实用相结合，表达人们对空间中承重物的尊重。屋顶的灰塑陶塑有利于挡风和防雨，灰塑和彩陶形态美观而且耐腐蚀。斗栱、柱子、梁枋和门窗等装饰起到"画龙点睛"的效果。山墙墀头强化建筑的入口，山墙的楚花丰富立面造型。斗栱、狮座、束随作为重要的细部，强化构件的结构（图4-1、图4-2所示）。

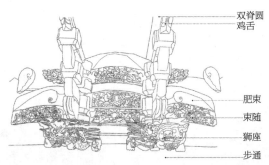

图4-1 斗栱和吊筒装饰

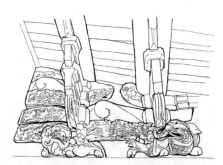

图4-2 狮座和斗栱装饰（厦门院前颜氏）

图4-3 门簪和匾额装饰（晋江塘东村蔡氏宗祠）　　图4-4 墀头装饰（厦门莲塘别墅）

　　门窗也是建筑重要的结构，大门代表建筑物的等级，如人的脸面，具有功能性和象征性。门暗示主人的地位、身份和财富、家族荣誉等，是建筑的装饰重点。闽南传统建筑大门的装饰一般比较华丽，入口处更宽敞，呈中轴对称，体现地域的审美和文化。老子在《道德经》中提到："凿户牖以为室。当其无用，故有之以为利，无之以为用"。闽南传统建筑的大门作为建筑的主要入口，承担出入、采光、通风和降噪的功能。大门是划分空间、沟通内外的节点，有利于提高防御和显示身份等。大门装饰结合木雕、彩绘、砖雕、石雕、交趾陶的灰塑等。木雕构件主要是门簪、匾额、吊筒、雀替、角门和窗花等（图4-3）。石雕构件如柱础、柜台脚、裙堵、门联、石柱等。交趾陶和灰塑位于左右的对看堵和檐下水车堵（图4-4）。

　　通过门框形成内外的借景，实现空间的延伸。明代计成在《借景》中描述："夫借景，林园之最要者，如远借、邻借、仰借、俯借、应时而借。然物情所逗，目寄心期，似意在笔先，庶几描写之尽哉。"古典造园通过远、邻、仰、俯的借景方式增加游览者的体验，加深意境。闽南传统建筑依地形而建，各户不互相遮挡，视野宽阔。大户建筑常以门为框，门用内凹的空间增加进深感，开门时从中堂可以观赏到田园景观，将户外的景色借入庭院，有"开门见山"之感。从大门外部看室内，能观赏到庭院花卉掩映下大厅的场景。大门所在的牌楼面和大门的背面也是重要的装饰部位。

二、空间界定的装饰

　　空间的领域感是人与动物共有的本能，代表领域的权属关系。闽南传统建筑在空间界定的构件上运用石雕、木雕、砖雕、交趾陶和彩绘等，暗示领域的权属关系，减少外界对家庭生活的打扰。装饰注重功能和直观性的表达，界定空间并赋予空间不同的意义。闽南传统建筑室内装饰区分公共性和私密性，建筑的大门是装饰的重点，将自然环境与人工环境区别开。门的装饰暗示公共空间与私密空间的不同。公共的厅堂明亮，私密空间注重通风和透气，装饰隐约可见。入口处意味空间的开始，是装饰空间序列的重点。门上的门额常有文字装饰，常运用青石做精细的浮雕，人物纹和花草纹寓意吉祥，点明价值观。窗棂界定内外的空间，镂雕的装饰有利于建筑的通风和采光。门枕石和门板暗示公共空间与私人空间。装饰的空间界定传承先秦时期的"前朝后寝"、"前堂后室"，体现儒家"明尊卑，别内外"的思想观念。

　　闽南传统建筑通过建筑装饰区分公共空间、私密空间和过渡空间，运用建筑装饰构件强化空间功能和地位，体现地域文化。过渡空间如廊道和下厅是装饰的重点，本身没有特别的功能。前厅作为空间界定，常用木雕构件与书法装饰半开放空间。后厅作为接待好友、女宾和家人起居的地方，是后庭院和内宅重要的场所。后厅的门额和墙面通常用砖砌和文字进行装饰，暗示过渡空间一定的公共性。转折处和面的交接处也是过渡空间，如墙面的正面和侧面的连接处，常用灰塑、陶塑和花砖等构成多层线条和几何图案，强化结构和构件。山墙的转角称为"墀头"，造型突出于墙面，以灰塑装饰人物故事和亭台楼阁，形成内凹的立体画框。墀头的装饰界定交通空间和仪式空间，如图4-5、图4-6所示。

　　闽南传统建筑通过装饰暗示不同的空间功能。门楣、大门、灯梁和脊梁的构件分布在视觉显眼的中轴线上，装饰运用比喻、象征等表达主题。凹寿装饰暗示建筑叙事体系的开始，中堂装饰暗示建筑内涵的高潮。灯梁作为装饰构件，与挂灯仪式暨祖先祭拜相关，暗含空间的功能。灯梁作为虚空间的界定，阴影线内属于神明和祭祀的空间，阴影线外属于中堂的活动空间（图4-7、图4-8）。装饰是对空间不同用途的强化和暗示，以美观的构件体现人们朴素的空间观念（图4-9、图4-10）。

图4-5 墀头装饰（泉州永春福兴堂）

图4-6 墀头（厦门民居）

图4-7 灯梁装饰（永春丰山村庆星堂）

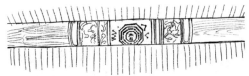

图4-8 中梁装饰（厦门院前新厝角）

图4-9 厢房门的装饰（厦门莲塘别墅）

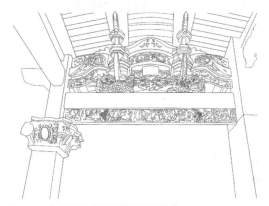

图4-10 连廊装饰（厦门院前新厝角）

三、公共空间的装饰

公共空间一般光线较好、图案密集和工艺精湛，是用于会客和交流的地方。闽南传统建筑通过建筑装饰区分不同程度的开放空间。闽南传统建筑的装饰主要分布在公共空间中，如入口的凹寿、天井周边的窗棂、吊筒、隔墙和中央厅堂为装饰的重点。凹寿是迎宾送客的重要场所，集聚装饰数量较多、材料多样、题材丰富、手法相融，表达建筑的等级和主人的身份。凹寿装饰折射建筑等级、门第观念和文化内涵，体现社会地位、经济状况、道德理想和价值观念，是重要的公共空间。天井周边光线较好，窗棂雕刻精细，美化居住场所。

闽南人重视祭祀，大厅作为祭祀祖宗和供奉神灵的场所，每年要举行多次祭祀活动。供奉祖先和神灵的空间非常讲究，不能设置阁楼，也不能夹层，显示公共空间的高大宽敞。中央厅堂是半开敞的公共空间，是联系亲人、接待宾客、宴请亲友和婚嫁寿庆的场所。厅堂的装饰丰富，梁枋、托架、门窗、柱础布满了楹联、匾额、雕花和字画等，显示主人的经济地位、社会地位和高尚道德。厅堂的木雕装饰讲究，常与彩绘贴金结合，营造比较辉煌的效果，体现祈求平安富贵、教育子孙和家族兴旺等愿望（图4-11）。祠堂设置祖先的神位，作为祭祀活动、议事和庆典的公共空间，装饰高于普通住宅，一般聘请当地优秀的工匠营造施工。祠堂的公共空间以聚众和典礼为

图4-11 中堂装饰（厦门邱得魏宅）

图4-12 祖祠装饰

主，在屋顶、门楣、大厅和窗棂等有细致的雕刻，如图4-12所示。公共空间的装饰突出了家族的荣誉、财富和高尚品德。装饰包含楹联匾额、八卦纹和人物故事，体现忠孝传统、道德理想和功名福禄等。

闽南传统建筑的装饰等级：外檐比内檐重要，前檐比后檐重要，檐步比檐步以上重要。建筑装饰的程度与空间的功能相结合，装饰空隙大小体现私密程度。公共空间的装饰蕴含审美意识、家族观念、文化内涵和生活习惯等。

四、因地制宜的手法

闽南传统民居装饰根据家庭的财力地位和建筑技术选择材料，将艺术和功能性相结合。装饰的规模、题材和程度与主人的身份地位相关。闽南传统建筑开发利用乡土材料，体现建筑材料的质地美。如闽南内陆地区建筑多利用黏土、天然卵石砌成的墙体。潮湿的山地建筑运用"穿瓦衫"防潮，沿海地区运用砖石混合砌成"出砖入石"的效果，砖石搭配使石材与砖的色彩和质感形成对比。近海和岛屿的建筑常运用整体石砌的建筑或牡蛎壳墙面的民居，表皮具有肌理美。

传统建筑用木雕、砖雕和彩绘装饰，表现吉祥美好。如吊筒常用莲花形，官式大厝运用雕刻精致的花瓣形吊筒和花灯形吊筒。吊筒外侧的卯口以爬狮、人物纹和凤凰等装饰，称为"竖柴"。有的吊筒在油漆底子上贴金箔，营造富丽堂皇的氛围。闽南内陆普通建筑的凹寿常见木雕牌楼面和砖雕对看堵的搭配。砖雕主要用于门额和墙堵，尤其是对看堵。纹样相同的一般是"窑前雕"，以小块砖雕拼接成的墙面，如六边形砖，结合凤凰、仙鹤和牡丹纹等，形成变化统一的效果。如泉州永春五里街建筑的六角形鹤纹砖组成对看堵。另一种将图案拓在烧制好的红砖上，以印刻的方式进行雕琢，采用线刻凸显图案，雕去的底子用白色灰浆填上，具有壁画效果，称为"窑后

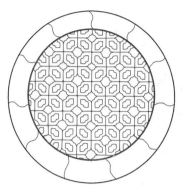

图4-13 地域材料运用（泉州建筑）

图4-14 灰塑装饰墙面（厦门莲塘别墅）

雕"。闽南传统的砖雕大多是窑后雕，以浅浮雕为主，剔除的部分用白灰填上，对比鲜明，类似剪纸的效果，常用于对看堵。砖雕质感朴实、色彩明快、造价低廉，成为泉州传统建筑的常用材料。

石雕的可塑性较强，凸显敦厚感和艺术性。石雕和砖雕两种工艺效果相近，色彩互衬。白石常用于边框和裙堵，雕刻成浅浮雕等。石雕最能体现主人的身份和经济实力，常用于富商和官宦的府邸、祠堂和庙宇。家祠与庙宇常在灯梁和梁架运用彩绘。镜面墙常用红砖和圆窗，表现力强，如图4-13，运用漏空花砖，通风透气，私密性良好，造型美观。交趾陶是特色工艺，是用陶土塑造形象后上釉色再入窑烧制的低温陶件。石灰墙常用灰塑塑造花纹，添加群青或赭色等，厦门地区传统建筑的牌楼面常以石灰墙装饰（图4-14）。祠堂和家庙常结合木雕、砖雕、石雕、泥塑和彩绘等多样材料与工艺。

闽南地区文化的多样性影响建筑装饰的材料、形态、主题和内涵，体现闽南人的信仰和文化，暗含闽南人的包容创新和天人合一的价值观。在满足功能的基础上对重点部位进行装饰，如牡蛎墙、"出砖入石"和交趾陶等，根据装饰部位发挥材料的特性，屋顶装饰运用灰塑和交趾陶，不怕风吹日晒，具有良好的光泽效果。闽南传统建筑的装饰因地制宜、就地取材，利用当地的工艺和材料的优势，因材施艺，获得较好的艺术效果，体现地域特色。

五、视线中心的强化

闽南传统建筑的装饰集中在视线中心的位置。视线中心装饰丰富，动物、植物和人物题材的组合，强化轴线和对称，带有丰富的内涵。装饰增加空间的对比，主次分明、重点突出，便于人们的观赏，如图4-15所示。装饰构件根据视点的高低决定装饰的精细程度，距离视点较低的部位，雕刻精致，符合人们的审美习惯。视线中心部

图4-15 装饰集中在中轴线的入口

图4-16 装饰集中在山墙中心的楚花

图4-17 罩增加空间的中心

图4-18 镜面墙增加空间中心感

位装饰工艺精致，如檐口、花头和山墙等分布精美的装饰（图4-16）。大门的门楣，屋檐下的水车堵，牌楼面的身堵、山花和镜面墙等布满装饰。较近的镜面墙和对看堵结合多种材料和工艺手法装饰，庙宇的门框前用门枕石和石狮，隐喻吉祥平安。屋顶是装饰的重点，主要装饰正脊和离视点较近的垂脊等。祠堂和庙宇的视线重要部位用贴金强化装饰，如瓜筒、狮座、梁巾、神龛和通随常用金箔，隔扇的书法常用金漆或金箔。视点较高的装饰较粗犷，注重轮廓线和立体效果，结构构件用浅浮雕或几何纹，如图4-17、图4-18，以装饰强化空间中心。视点较低的装饰雕刻精致，以浅浮雕为主、线条流畅、细节丰富。

第二节　装饰内容与空间叙事体系

　　建筑装饰和构件分布在建筑空间的各个面之中，是立体的视觉体验。老子在

《道德经》11章中提到："户牖认为室当无，有室之用"，意思是在门窗四壁的围合下形成房屋，围合为生活提供便利，空间发挥功能作用。从"叙事性"的角度看建筑装饰，建筑内容是整体叙事系统的组成部分，实质上是三维空间的表现方式。

闽南传统建筑装饰是依附在建筑空间结构上的视觉艺术，装饰细节使内外空间产生和谐联系。观赏三维空间的装饰不是定点的欣赏，而是多角度的体验。三维空间装饰为观赏行为设定六个面的装饰内容，具体包含有基层平面（地面）、视线上方的装饰（上面）、左右两侧的空间边缘（两面）、平视镜面墙（前面）和背面的观看面。六个面的空间装饰与观赏行为构成散点式的阅读，增加审美体验，营造文化氛围，体现中国传统的审美习惯与美学思想。计成《借景》中所描述的："夫借景，林园之最要者。如远借、邻借、仰借、俯借、应时而借。然物情所逗，目寄心期，似意在笔先，庶几描写之尽哉。"古典林园的借景通过远、邻、仰、俯的观景方式增加游览者的体验，加深意境。这种借景的方式与传统建筑六个面的装饰表现在本质上是一致的。散点式隐含中国传统的审美思想，如同中国画的散点构图及欣赏方式。北宋中期的郭熙在《林泉高致》中提出："山有三远：自山下而仰山巅谓之高远；自山前而窥山后谓之深远；自近山而望远山谓之平远。"山水画中通过高远衬托山势高大，通过深远体验深邃莫测，通过平远增加视野疏朗，采用散点透视。在传统建筑的表现上，以装饰强化系统的视觉感，借鉴园林的借景手法和山水画的表现手法，以多个角度的散点式突出装饰效果。

闽南传统建筑装饰通过感性的造型和丰富的色彩吸引人们的观察和注意力。结构、材料和内容合为一体。庄子曾说："故视而可见者，形与色也。"[1]意思是建筑装饰通过感性的造型、丰富的色彩吸引人们的观察和注意力，并增加观赏者的认识。对于观赏者而言，容易倾向关注装饰的形象。空间的装饰布局、观赏方式和表达内涵相互联系和影响。人们的观看行为和欣赏习惯也影响装饰的布局重点和题材分布，便于设计者表达建筑的文化内涵。如宗白华所说的："中国古人的空间意识反映了俯仰自得的节奏化的音乐化了的中国古人的宇宙感"。[2]

古人在空间的装饰设计中，会考虑观赏行为和感受，将建筑构件的内容层层递进。通过有意设计，观赏的装饰内容在空间分布上产生变化。建筑的装饰分布在不同的位置，每个角度和区域都有装饰的重点。从不同的角度和形态感知装饰的叙事内容，空间中的形象组成连续的画面，表达主题内涵。装饰丰富立面，增强空间感、透视感和意境美。檐下的装饰增加立面的层次感，墙面的雕刻增加平面的立体感。墙面

---

① ［春秋］庄子，天道，轮轮扁斫轮

② 宗白华，美学散步——中国诗画中所表现的空间意识，上海：上海人民出版社，2006

的框线和地面的铺装增加透视感，丰富的装饰内容和材料美化空间、增加观赏者的审美愉悦感，装饰艺术创造建筑的意境。闽南传统建筑装饰空间体现地域的审美内涵、欣赏习惯和地域文化。

一、层次感的表现

传统建筑装饰通过花头、垂珠、封檐板、寿梁、托木、吊筒（相当北方的垂花柱）圆光枋和门楣等装饰构件以及层层缩进的线条增加空间层次和韵律。飞翘的屋脊与檐下的直线形成对比，花头和垂珠增加檐下的层次和材质的对比。屋架装饰的递进增强层次。吊筒下方的莲花形、花篮或绣球形，吊筒正面的人物雕刻或爬狮"竖柴"，增加装饰构件的层次。托木常见镂雕的龙凤、仙鹤和花鸟等，增加空间感。装饰构件利用模线处理，层层缩进，线条避免受到风雨侵蚀，光影加深空间的层次感、提供精神的主导作用和心理暗示。门楣和窗楣的雕刻增加立面的装饰内容和节奏感。从装饰布局上看，龙飞凤舞、花草缠绕和雕刻精致的吊筒具有视觉的导向作用，引导观赏的层层深入，暗含吉祥祈福。如厦门莲塘别墅的水车堵、檐下彩画等装饰构件，增加空间的层次（图4-19）。海沧民居的狮座、束随、圆光增加檐下的层次感（图4-20）。

图4-19 水车堵增加层次感（厦门莲塘别墅）

图4-20 吊筒和雀替增加立体感（厦门海沧）

二、立体感的深化

凹寿和中堂是视线集中的地方。牌楼面、门柱、门联和大门等具有分割空间和显示身份等作用。从立面看，凹斗门廊在里面形成凹凸的变化与光影明暗，增加立体效果。单檐的门楼通过抬高屋面，突出重点，如大门进出口处加高屋顶，形成屋面的高低变化，跌落增加韵律效果等。牌楼面运用丰富的装饰增加立体的视效果，空间的凹

图4-21 高浮雕表现立体感（厦门卢厝）　　图4-22 装饰增加空间的立体层次（厦门卢厝）

入处理增加建筑立面的变化，平面装饰增加画面的后退感。墙面局部的石雕、砖雕和木雕等增加牌楼面的立体感。门柱是建筑的承重构件，是楹联的承托，石质的门框与板门、腰门衬托多层次的立体空间。大门的立体装饰还包含门簪、门钉和匾额等。大门敞开时，从门框外透过天井看到"上落"的大厅。凹寿与中堂形成对景，从内到外，与从外到内看到不同的画面，使室内外的空间连接到一起，增加空间的立体感。门柱雕刻的藏头诗以浮雕的楹联增加门柱的立体感。门额上方常有高浮雕的装饰，悬挂的木匾额下方常有匾托，略向下倾斜。匾额两边用高浮雕的神仙人物衬托门的立体感。门簪位于大门上方，有方形、圆形、八角和龙首等，用高浮雕或圆雕装饰，加深局部的立体感。门神一般绘制在宗祠或庙宇的门板，以渲染的技法增加画面的立体感。墙面上的镂雕木窗、石窗或石雕构件，增加局部的立体效果（图4-21、图4-22）。墙面的文字装饰增加视觉效果，强化建筑内涵。

三、透视感的加强

闽南传统建筑的地面铺装多采用白色花岗石铺垫，以素平的手法，平坦防滑。地基和铺装平行铺设，地栿线条集中，两条石砾竖向分布，增加空间的透视感。建筑的台阶是置于建筑前的长条形花岗石，正面中心和转角处刻画兽纹，形状像柜台，又称为"踏垛"，强化了轴线和透视空间。牌楼面每个堵块都有框线，对看堵的框线和水车堵的多层线条提升空间的透视感。墀头框内装饰山水、风景、人物、花鸟纹等，丰富墙头的透视感。转角处设置圆雕的狮子，动态朝前倾斜，深加透视感。柱础是在墙面和地面的交接处，运用灰色或青石花岗石雕刻花鸟纹样，不同形状的柜台脚和地牛

图4-23 梁架结构增强透视感（永春崇德堂）

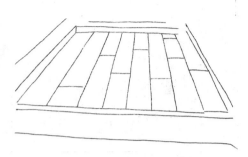

图4-24 地面铺装增强透视感（厦门卢厝）

巧妙处理转角，突出外形特征，加深正面观赏的透视感。梁架上的彩绘油饰，近处以红色和金色的暖色为主，梁架以黑色为主，通过色彩扩大透视感（图4-23）。闽南地区的石材铺装，错接强加空间的透视感（图4-24）。

四、多元化的表现

闽南传统建筑运用多种材料的特点和细部装饰牌楼面和对看堵，形成变化统一的效果。凹寿装饰结合砖雕、木雕、彩绘和石雕等多种装饰和工艺，主要用于门楣、窗楣、对看堵、壁堵和柱础等，形成丰富的变化，构造整体和谐的效果。线框为分界线，构图完整、手法丰富，强调视觉效果。装饰色彩相间的排列，形成对比的效果，如连檐的花头（红）、椽肚（蓝）。对看堵的两侧装饰采用相同的材料、相近的题材和类似的手法布局，形成变化统一的视觉平衡感。对看堵有利于在入口处吸引注意力，一般双凹寿设置角门，角门的门额运用生动的门额形态，如"书卷额"和"叶形额"，综合线雕、浅浮雕和高浮雕的手法。半圆形拱门丰富门框造型，增加曲线美。红砖的组合形态丰富、色彩古朴，与灰白色墙基形成对比，象征喜庆吉祥。白色花岗石以浅浮雕和精细雕刻的青斗石形成对比。檐下的水车堵和两侧壁堵彩绘、交趾陶和剪粘的装饰墙面形成对比（图4-25）。红色的砖雕与白底色形成对比，突出清晰的动植物纹样，丰富对看堵，满足人们的审美，表达吉祥富贵的文化（图4-26）。寺庙的彩绘模仿官式彩绘，运用晕染的手法，白线使得对比明显、色彩协调。门壁、檐口、屋脊和山墙等部位，运用山水、花鸟、虫草等纹样，结合灰塑、贴瓷、陶塑多种工艺手法，在质感和韵味上体现艺术表现和感染力。各种装饰协调在空间里，相互衬托，充分体现能工巧匠的创造力和建筑的精巧秀丽。

图4-25 檐下多姿装饰材料和手法　　　　图4-26 檐下木雕、石雕、灰塑等

第三节　传统建筑装饰题材

黑格尔曾说过："建筑的任务对外在于无机自然的加工，使它与心灵结成血肉因缘，成为符合艺术的外在世界，建筑艺术的基本类型是象征艺术"。[①]闽南传统建筑的装饰纹样继承中国传统的图案、题材和内容。梅兰竹菊、荷花、莲花隐喻君子气度，龙凤蝙蝠隐喻荣华富贵，具有理想色彩和教化意义。历史故事和民间传说的题材表达仁义礼让、精忠报国和吉祥如意等。

传统建筑的功能和等级影响装饰题材与内容、装饰程度和文化内涵。装饰分为表意和内涵两层含义，营造建筑环境。表意的装饰图像继承中原的传统文化，运用吉祥动物、植物和人物题材装饰，并吸收外来文化，形成地域的装饰特色。具象化的形象组合表达吉祥的文化理念。

闽南传统建筑的纹样丰富，题材的象征性表达审美习尚、意识倾向和建筑意义。闽南传统建筑装饰纹样包含传统文化的内容和精神，从建筑的外立面到建筑内部的图案纹样，包含庞大的图像体系。装饰的动物、植物和人物有丰富的内涵，体现"图含多义，意包吉祥"，折射地域性的民俗和文化。装饰元素体现人们对吉祥喜庆、祈福避灾、吉祥平安、福禄双全和多子多福等人生"五福"美好愿望的追求。"五福"出自于春秋《书经》的《洪范》，第一福是长寿，第二福是富贵，第三福是康宁，第四福是好德，第五福是善终。（注：《尚书》上所记载的五福是：一曰寿、二曰富、三曰康宁、四曰攸好德、五曰考终命。）

---

① 黑格尔，美学（第一卷），朱光潜译，北京：商务印书馆，1979：105

一、动物纹样

动物纹传承自中原文化，是闽南传统建筑的装饰题材。动物纹常暗示建筑的等级、主人的身份地位和美好理想等。工匠们按照雕刻的难度，通常将装饰题材分成三个等级，人物纹最难，动物纹次之，植物最易。动物纹样体现古人从原始社会发展而来的泛灵信仰，为建筑增添生动与活力。建筑中常常把狮子、大象、凤凰、龙、麒麟等瑞兽与博古图案有机结合，构成吉祥平安的内涵。

（1）龙纹

龙在传统建筑中十分常见。龙是古代的四灵之一，《礼记·礼运》曰："麒麟龟龙，谓之四灵。"龙是水中的神兽，象征神圣和威严，如《左传·昭公二十九年》中记载："龙，水物也"。《管子·形势》："蛟龙得水，而神可立也"。龙的地位尊贵，是中华民族的象征，大多运用于等级较高的宫殿建筑。朝廷不许在皇宫以外的建筑用龙纹。古代皇帝自称为真龙天子，龙纹成为帝王的专属装饰，寓意尊贵吉祥、威严和力量。事实上，闽南传统建筑中龙纹装饰很常见，大多装饰在庙宇、祠堂、佛塔和建筑等。闽南的寺庙常用龙纹在屋脊、挂落、撑拱、梁枋、雀替、裙堵、石柱和窗棂等显眼的部位。石雕的龙柱，将浮雕和镂雕结合，塑造龙盘石柱。寺庙建筑的龙纹造型夸张、形象丰富、动态明显、色彩鲜艳。

建筑和祠堂相对含蓄地运用龙纹，一般构件较小，很少以完整的龙纹出现，常见雕刻为化龙的麒麟和鲤鱼等形象，以免侵犯皇权。建筑的龙纹分布在窗棂、裙堵、门簪和柱头等位置。窗棂抽象的拐子龙以镂雕和浮雕表现，含蓄地运用，没有突出的色彩装饰。室外的龙纹以交趾陶、泥塑和剪粘为主。螭龙运用于石材或木材的窗棂图案，常与人物纹、蝙蝠纹和云纹等搭配，形成丰富的内涵。祠堂和家庙的龙纹具有符号学意义，如泉州晋江的东蔡家庙在门簪上运用龙纹，如图4-27。匾额上方有一对龙纹，与太阳组合，代表主人的社会地位，如图4-28。装饰的题材和纹样模仿官式龙凤题材的和玺彩画，寓意龙凤呈祥。两处龙纹都雕刻精致，是尊贵的象征，隐含

图4-27 龙纹（泉州晋　图4-28 龙凤纹（泉州东蔡家庙匾额木雕）
江东蔡家庙门簪）

主人追求吉祥富贵的心理和对美好生活的向往。祠堂的牌楼面裙堵和对看堵常见龙纹，遵循"左青龙，右白虎"的布局传统。寺庙的屋顶和石柱常用整条龙装饰，如4-29、图4-30所示。装饰中的龙形象简化，与卷草纹结合，称为"草龙"，又称为螭虎或螭龙。如《左传·昭公二十九年》中记载："共工氏有子曰句龙，为后土。"在《山海经·大荒北经》

图4-29　龙纹装饰的屋顶

中记载："共工臣名相繇，九首蛇尾，自环，食于九土。"文中提到的"句龙"就是"螭龙"，常与卷草、人物、蝙蝠、文字和器物等搭配，传说中龙生的九子，未成龙之一，也称拐子龙，形状似龙，具有双尾，主要用于窗棂格、墙堵和屋脊等，寓意祥瑞和避灾镇邪。螭龙灵活变化的躯体，能够适应各种形状的装饰（图4-31、图4-32）。形态多样的龙显示闽南地区工匠的创造智慧。

（2）凤凰

凤凰为百鸟之王，是古代瑞兽之一，象征美好幸福、逢凶化吉、光明远大和消灾灭祸。古人云："鸾鸟自歌，凤鸟自舞"。《山海经》记载："有神，九首人面鸟身，名曰九凤。"凤为雄，凰为雌，为百鸟之王。凤的形象综合了几种动物的特征，是人们想象的动物。《广雅》云："凤鸡头，燕颔、蛇颈、龟背、鱼尾，雌曰皇，雄曰凤。"凤寓意天下太平、吉祥富贵与和平美好。《山海经·西山经》中描述："有鸟焉，其状如翟，而

图4-30　龙柱

图4-31　螭龙窗（泉州文庙窗棂）

图4-32　螭龙窗（岵山建筑窗棂）

图4-33 凤纹砖雕（永春桃联158号）　　图4-34 蝙蝠纹样（永春岵山建筑）

五采文，名曰鸾鸟（像凤），见则天下安宁"。意思是凤鸟和鸾鸟都隐喻天下太平。凤冠虽用于宫廷女性的首饰，但并没有禁止在民间运用凤纹。闽南地区的婚丧和服饰都有凤纹，凤的地位仅次于龙，代表富贵吉祥。在中国传统文化中，龙代表男性，凤象征女性。供奉妈祖的寺庙以凤凰为主要的装饰题材，建筑的凹寿空间挂落和砖雕对看堵中常见凤纹装饰。龙凤组合寓意龙飞凤舞和龙凤呈祥，体现装饰的动态和韵律。凤与牡丹寓意吉祥富贵，寄托人们对幸福生活的向往和追求。如图4-33所示，砖雕对看堵的主要题材是马、凤凰和牡丹花，隐含吉祥内涵。图4-34为蝙蝠纹与卷草纹、人物纹组成图案。

（3）麒麟

麒麟是古代的瑞兽之一。杜预的《春秋左传集解序》记载："麟，凤五灵，王者之嘉瑞也"。"麒是雄，麟是雌，头上有角，性情温顺"[1]。《礼记·礼运》曰：麟凤鱼龟，谓之四灵，古人称"太平之兽"。许慎《说文解字·鹿部》："麟，仁兽也，麇身牛尾一角，麠（麟），牝麒也。"麒麟常用于庙宇和宗祠中门两侧的裙堵雕刻，建筑较少单独使用，一般与其他的动植物图案组成画面。麒麟隐喻地位尊贵、平安幸福、仁厚贤德和吉祥长寿，还比喻仁厚贤德的子孙。古代有麒麟送子的传说，隐喻多子多福、麒麟呈祥的内涵。图4-35厦门海沧区新垵村永裕堂大厝牌楼面的裙堵，运用高浮雕刻画麒麟、喜鹊、松树和山石等组成吉祥图。麒麟是砖雕和石雕的常见内容，表明主人希望子孙能够德才兼备。图4-36所示，寺庙入口的群堵以麒麟装饰，搭配狮子，营造庄严、正式的入口空间。

---

① 李乾朗，台湾古建筑图解事典，台湾馆编辑制作，2003，第115页

图4-35 麒麟与松树（厦门新坡）

图4-36 麒麟裙堵（泉州天后宫）

（4）狮子

狮子原产地在非洲和印度等，狮子的形象随着佛教传入中国得到广泛运用。在佛教中被视为威武的护法神兽，象征平安、吉祥、纳福和辟邪。在闽南传统建筑中，狮子的形象常结合木雕、石雕、砖雕、交趾陶和泥塑材料等。狮子的装饰形态各异，运用广泛。闽南传统建筑中，寺庙的大门口常见石雕狮子，作为守护大门的猛兽。闽南的寺庙、祠堂的柱墩常常雕成狮子的形象，木雕狮座像是蜷缩在梁枋上，一般左右各一只，夸大狮子的头部，常有小狮子骑在大狮子背上。吊筒上的爬狮竖柴，狮子头朝下。对看堵的交趾陶狮子装饰一般为浮雕形象等，如图4-37所示。狮子象征平安、吉祥和纳福，狮子滚绣球，象征吉祥喜庆。闽南地区常受到台风影响，镇风避邪物为风狮爷。石敢当的狮子主要用于镇风止煞和祈福辟邪，搭配云卷纹、金钱纹、元宝纹和葫芦纹等，带有闽南地域文化特性。石狮子也称为"石师公"、"石狮王"和"石狮爷"，一般高度在40~50cm。在厦门和金门一带路口和墙角等常见石狮，用于辟邪。狮子的谐音为"事"，不同的装饰搭配具有丰富的含义。两只狮子隐喻"事事如意"；狮子与喜鹊、桃树等，寓意吉祥长寿；狮子与花瓶、香炉和牡丹寓意平安富贵。明清时期闽南传统建筑的狮子大多面带笑容、温顺可爱，体现人们对狮子的审美和地域文化的影响。如图4-38泉州蔡氏古民居的竖柴爬狮，形态可亲。

（5）仙鹤

仙鹤是深受百姓喜爱的动物。《正韵》云："鹤，水鸟，似鹄，长颈、高脚、丹顶、白身、颈翅有黑，常以夜半鸣，声闻八九里。"在传统建筑中，仙鹤代表权贵，象征长寿、祥瑞和天外使者，比喻为官清廉。仙鹤与松石的搭配隐喻松鹤延年和祈神保佑。如图4-39所示泉州永春建筑福德堂对看堵运用六边形砖雕堆砌，上面雕刻鹤纹。如图4-40所示，祖祠中堂背景墙面上有仙鹤的图样，守护祖先牌位，代表灵魂长生和神仙佑福等。

图4-37 交趾陶狮子（晋江福全村建筑）

图4-38 狮子吊筒（泉州蔡氏古建筑）

图4-39 砖雕鹤纹（永春建筑）

图4-40 仙鹤雀替

（6）白虎

白虎纹传承自中原文化，代表西方的灵兽，是勇猛、活力和权势的象征。古人将白虎视为"四象"之一，为威武勇敢的百兽之首，能够驱鬼降妖。古人画虎为了避邪，常见于官式建筑和宗祠家庙。东汉应劭的《风俗通义·祀典》记载："画虎于门，鬼不敢入"。《风俗通义》中云："虎者，阳物，百兽之长也，能执搏挫锐，噬食鬼魅。"闽南传统建筑凹寿的虎纹主要运用于牌面楼的裙堵和对看堵下方，用白色花岗石做成浮雕。牌楼面的须弥座常以虎脚兽足的石雕装饰勒脚，如图4-41所示，晋江东蔡家庙将白虎、仙鹤和松树题材组成浮雕。

（7）蝙蝠

蝙蝠作为建筑装饰题材由来许久，纹样运用广泛，常用于窗棂、对看堵、镜面墙、门楣和匾额等，结合木雕、石雕、砖雕或彩绘等手法。蝙蝠的谐音为"福"、"富"或"遍福"。宋《营造法式》称蝙蝠为"角蝉"，意思是装饰在边角的纹样。闽南传统建筑方形窗四隅的三角部位，常雕刻四只蝙蝠，又称为"撑角"。如图4-42所

图4-41 老虎装饰祠堂

图4-42 蝙蝠装饰四角边框

示，四只蝙蝠谐音为"四福"或"赐福"，象征吉祥如意与幸福连绵。泉州晋江的东蔡家庙匾额，边框四角都有蝙蝠，象征赐福。蝙蝠纹常与其他题材组合，蝙蝠与寿桃组合寓意福寿安康。蝙蝠与古钱纹搭配寓意福在眼前；蝙蝠和牡丹搭配寓意富贵双全、福寿康宁；蝙蝠与螭虎、花瓶和人物组合寓意平安幸福。蝙蝠因翅膀有勾的形状，在装饰中常与勾结物件相关，纹样常化作吞头，咬住楹联或画框。倒置的蝙蝠与大门楹联相连，谐音是"福到了"。

（8）鱼

鱼纹一般不特指某种鱼，泛指鲤鱼、金鱼和其他水生动物等。鱼生活在水里，建筑的鱼纹有防火灾的寓意。鱼纹具有神话色彩和吉祥意义，鱼纹又隐含对女性的崇拜。古代人们的寿命较短，大量繁殖是人类生存的重要方式，鱼多籽，繁殖能力强。鱼的谐音"余"，与莲花的组合，隐喻年年有余、爱情幸福和五谷丰登等。闽南传统建筑中鱼纹运用广泛，从屋顶到柱础都有分布。屋顶正吻常以鳌鱼为题材，山墙的悬鱼以鱼作为装饰的构件，隐喻灭火消灾。建筑中鱼纹表示多子多福、人丁兴旺、灭火消灾和事业成功等。如图4-43鳌鱼装饰构件，比喻事业成功。虾、螃蟹、鱿鱼等水生植物凸显了闽南装饰的地域性特征（图4-44）。

图4-43 鳌鱼装饰

图4-44 虾、螃蟹、鱿鱼的装饰（厦门新坡福灵宫）

（9）大象

大象的纹饰来自佛教，在闽南的寺庙中，大象的圆雕常用在梁枋上的斗抱（象座），象征神通广大、吉祥长寿和神通力量。大象的谐音是"祥"，常与其他动物和器物等组合，寓意吉祥，如大象与宝瓶组成太平有象、国泰民安等；大象驮如意，意味吉祥如意和招财进宝；大象与果盘，象征五谷丰登。厦门海沧的青焦慈济宫梁枋的象座，造型生动有趣。晋江塘东村交趾陶对看堵塑造大象驮着果盘，动感明显，与鲤鱼化龙、花盆和水果等组成吉祥图。

（10）其他动物

闽南传统建筑常见的其他吉祥动物如喜鹊、蝴蝶、燕子、牛、马、狗和猪等（图4-45、图4-46）。喜鹊和梅花寓意喜上眉梢，蝴蝶隐喻美好，燕子寓意对外出亲人的期盼。先秦的典籍中，如《吕氏春秋·二月纪》："是月也，玄鸟至，至之日，以太牢祀于高禖。"意思是玄鸟和燕子象征生殖和嫁娶，称为"高禖之神"。牛、马、狗和猪是生活中常见的动物，象征农业的生产力，寓意丰收和喜悦。动物装饰常用谐音的手法，将装饰内容与内涵联系起来。鸡的谐音为"吉"，寓于鸡鸣富贵；羊的谐音为"祥"，寓意三羊开泰、喜气洋洋；马有谐音"马上"，寓意马上发财、马到成功等（图4-47）；鹿的谐音为"禄"，且为长寿仙禽，寓意福禄双全，表示福气或俸禄（图4-48）。传统建筑装饰形式和材料丰富，组合多样，内涵叠加。泉州晋江的对看堵装

图4-45 猪纹、荷花、小鸟和麒麟装饰

图4-46 独角兽装饰

图4-47 交趾陶马（泉州闽台缘博物馆）

图4-48 交趾陶构件（泉州闽台缘博物馆）

饰，动物、植物和器物等元素组合，象征吉祥如意、多子多福和富贵平安等美好愿望。

二、植物瓜果

闽南传统建筑的动物和植物纹装饰题材，体现人类早期的生产方式。德国的艺术学家、人类学家格罗塞·艾恩斯特（Grosse Ernst 1863-1927）认为："从动物装饰过渡到植物装饰是历史上最大的进步之一——即从狩猎过渡到农业。[①]"植物纹样装饰隐喻农业生产方式，体现对生命的珍惜、对生活的热爱及人与自然的和谐共处等。植物纹运用广泛，为装饰构图增添形象，衬托主体和构成主题，是建筑装饰不可缺少元素。常见的植物纹样如下：

（1）牡丹

牡丹是植物装饰中的常用图案，纹样用木雕、石雕、交趾陶和彩绘等表现。牡丹寓意花开富贵和吉祥如意，与其他纹样组合延展含义。牡丹与枝叶的缠绕，寓意富贵连绵；牡丹与蝙蝠和凤凰的组合，寓意富贵吉祥；牡丹与凤凰和梧桐树寓意福星高照；牡丹与白头鸟象征白头偕老和富贵子孙等。柱础的浮雕常以牡丹和花卉为题材，寓意吉祥幸福。

（2）莲荷

莲荷纹广泛运用于寺庙、民居建筑和祠堂的装饰，象征再生。莲荷是花中的君子，文学形象优美、气质清纯、象征出淤泥而不染的高贵品格。传统建筑中莲荷装饰常用于吊筒构件（相当北方的垂花柱），吊筒下方雕刻莲花纹。如图4-49所示，厦门莲塘别墅镜面墙的莲荷纹灰塑，生动古朴，具有地方特色。

图4-49 花鸟柱子（青焦慈济宫）

（3）岁寒三友

"岁寒三友"的植物纹指的是"松、竹、梅"，具有无畏寒冷、傲骨迎风和经霜抗冻的品格。松象征祝颂和长寿，代表坚贞不屈的君子风范。"岁寒三友"作为植物装饰题材，体现了人们对高尚道德情操的敬仰。闽南建筑常见的植物装饰，如泉州蔡氏古建筑的对看堵运用《竹苞、松茂图》，以松竹为主体，与喜鹊和梅花等题材搭配，象征乔迁之喜、家族兴旺和高尚品德。

---

① 张家骥、张凡著，建筑艺术哲学[M]，上海：上海科学技术出版社，2010：5

（4）"四君子"

"四君子"指梅、兰、竹、菊，一般
与吉祥瑞兽等组合，隐喻君子不屈服、不
媚俗的独立人格和高尚品德。"四君子"
是文人绘画喜爱的题材，是传统建筑常见
装饰题材。蔡氏古建筑牌楼面的装饰，
包含植物"四君子"的梅、竹、兰与喜

图4-50 卷草纹雀替（泉州民居）

鹊、蝙蝠、牛和燕子等吉祥动物的组合，表达吉祥喜气等。梅花寓意傲雪，常与喜鹊
搭配，寓意"喜上眉梢"。兰花形态简单、高雅幽香，被誉为"空谷佳人"。古人将兰
花寓于穷困自爱的隐士和修道立德的君子。竹子寓意谦虚高节，象征正直虚心、清高
自洁的文人精神。菊花清香四溢、美轮美奂，象征淡泊功名、坚贞守志的隐士，如图
4-50的植物卷草纹雀替。易思羽在《中国符号》中提到：梅花是不争春斗艳、不爱
慕虚荣、坚贞不屈、清新雅骨的君子象征。梅花与苍松、翠竹为岁寒三友，又与兰、
竹、菊组成四君子。花卉题材常用于石雕、木雕、砖雕构件中，如图4-51的石雕窗楣
和图4-52的木雕圆光。如图4-53的红砖雕，喜鹊、梅花、竹、鹿组成吉祥图。

图4-51 花卉装饰对看堵上方（厦门卢厝）

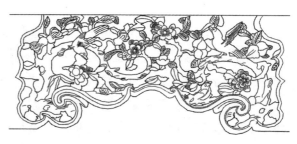

图4-52 花卉喜鹊的木雕圆光装饰

图4-53 砖雕喜鹊、梅花、竹、鹿

（5）桃

传说中桃具有辟邪的作用。《左传》提到用桃木做的弓箭，能够射除邪祟。《本草经》记载："枭桃在树不落，杀百鬼。"《岁时记》记载："桃者五行之精，压伏邪气，制百鬼。"民间用桃木板做符或雕刻桃树的图案。闽南传统建筑中常见桃花、桃树、桃子、喜鹊和果盘的搭配，寓意辟邪、长寿和喜气。

（6）瓜果题材装饰

闽南地区的装饰题材反映了劳动人民的美好愿望，突出了五谷丰登、六畜兴旺的景象。植物题材中突出菠萝、荔枝、杨桃、柚子和木瓜等热带水果为装饰图案。如图4-54~图4-59所示。厦门莲塘别墅的窗楣，运用瓜果题材装饰，以灰塑的技法塑造形象，体现闽南风情的装饰美，也寄托子孙终年以礼果祭祀天地神灵和祖先的虔诚敬意。果蔬题材的装饰是闽南地区装饰的独特题材。

图4-54 杨桃装饰窗楣（莲塘别墅）

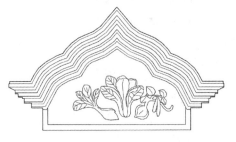

图4-55 白菜装饰窗楣（莲塘别墅）

图4-56 寿桃装饰窗楣

图4-57 南瓜花叶装饰窗楣

图4-58 荔枝纹

图4-59 柚子纹

蔓草和楚尾花等图案连绵不断、盘曲相连，寓意富贵连绵、长久茂盛和吉祥长寿。石榴具有"千房同膜，千子如意"的特性，隐喻多子多福。石榴和石榴花都是红色，被视为避邪之物，广泛运用于建筑的装饰中。石榴用于装饰主要有两种形式：一种是单个绘制，石榴露出籽，称为"榴开百子"。石榴与寿桃、佛手柑搭配，称为"三多"，即多福、多寿、多子，如晋江塘东村建筑交趾陶对看堵。葫芦象征多子多福。杏花、海棠、芭蕉、水仙、月季、松柏、杨柳、杜鹃和芙蓉等植物题材象征君子的气质。法轮草称为吉祥草或阴阳草，源于石雕须弥座上的图形，中间有法轮的圆形图案，两边对应排列卷草，图案工整严谨。

三、人物纹样

古代匠师将雕刻纹样分为三个难度层级。第一等是人物纹，人物纹包含的内容最多，需要刻画表情、身份、年龄和神韵，最能体现工艺水平。人物的身份不同，雕刻手法相异，需要突出眉毛、脸型、表情和神态（图4-60、图4-61）。闽南传统建筑装饰中，人物纹处于视线和构图的中心，作为主体，受透视的影响较少。中国传统建筑对于装饰追求"巧"，古人认为"故观其器，而知其工之巧。"[1]东晋画家顾恺之在《论画》中提到："凡画，人最难，次山水，次狗马，台榭一定器耳，难成而易好，不待迁想妙得也"。人物纹难度较高，工匠根据屋主的性质、经济情况，选择相应的人物纹、数量和构件。据说工钱也是按照刻画人物的"人头数"来结算的[2]。由动物崇拜（图腾崇拜）上升到人物神的崇拜，隐含农业生产力的提高，人们逐渐意识到自身的力量和农业文明的发展，是信仰发展的新阶段。

图4-60 人物纹门簪（闽台缘博物馆）

图4-61 人物纹门簪装饰（闽台缘博物馆）

① 礼记·礼器，第十
② 郑红，潮州传统建筑木构彩画研究[D]，华南理工大学

图4-62 牌楼面石雕裙堵

图4-63 石雕窗

　　人物装饰按照装饰形象的身份可分为仙界人物和凡间人物。仙界人物分布于壁堵的上方，代表仙界的诸神，便于人们仰望观赏，庙宇和宗祠建筑中，常见绘制在门板上的门神，吊筒的竖柴常见神仙的人物雕刻。如图4-62在凹寿石雕裙堵，以人物组合表现向仙人寻医问药的情节。巫鸿在《武梁祠》中将仙界人物的表现称为"偶像式"，人间题材的表现称为"情节式"。偶像的神仙人物往往是正面表现，而情节式的人物常用半侧面或全侧面。表现凡人的人物装饰包含较强的情节性和叙事性，通常是戏剧人物。泉州建筑崇德堂的牌楼面石雕，人物图像的主题是求子，下方是员外带着家属向上天求子，上方是天王带着神仙，抱着一个婴儿，背景是仙境。如图4-63镂空的石雕窗周边以螭虎围绕，中心表现天王送子的故事情节。

　　闽南传统建筑人物题材受封建社会的影响，崇尚儒家文化，包含忠、孝、礼、义的道德标准。人物装饰的题材丰富，多源于古典文学、民间传说、戏剧故事、历史人物和巾帼英雄等，具有本意和象征意义。本意以忠孝节义为主题的二十四孝图，主人希望儿孙传承孝顺的美德，是儒家观念的传承。历史故事通常表达象征含义，如桃园结义、渔樵耕读、荣归故里、杨门女将、木兰从军和岳母刺字等传统题材。神话题材暗含象征意义，如天官下凡、太公钓鱼、八仙过海、牛郎织女、横渡苦海、麻姑献寿、福禄寿星、嫦娥奔月、南极仙翁和封神榜等，表达神仙保佑、爱情甜蜜、福禄寿喜等理想。文学故事如西厢记和竹林七贤等象征美好爱情和君子形象。

　　闽南地区的镂雕窗常常表现人物纹。晋江朝北大厝的东侧步口通随雕刻"文王访贤"，采用浮雕的手法，表现太公专注握杆，文武将气质不凡。西侧步口通随雕刻"尧帝访舜"，以高浮雕雕刻驱象耕田的大舜，整幅有十几个人物。朝北大厝的屋内木雕内容包含"二十四孝"、"瑞兽"、"博古"图，如"孝感动天（大舜）"、"埋儿奉母（郭巨）"、"乳姑不怠"、"行佣供母"、"亲尝药汤"、"弃官寻母"等。人物题材多出现在窗格和撑栱的构件，处于主体和视线中心。在螭虎木雕窗中，人物纹一般居

图4-64 开汽车的人物（永春沈家大院）　　图4-65 推自行车的人（永春沈家大院）

于中心。石雕窗楹中心常以人物装饰为主，如图4-63所示。

人物装饰题材贴近百姓生活，具有民俗化和生活化特征。人物纹体现外来文化的影响。闽南建筑有反映华侨生活的装饰，有利于激励后代（图4-64）。厦门莲塘别墅运用印度卫兵装饰墀头，泉州永春的崇德堂窗楹图案运用了宪兵、汽车、穿西服的华侨形象等（图4-65）。宗教文化的影响如憨蕃抬厝角的撑栱与飞天仙女撑栱。人物纹反映现实生活，体现福、禄、寿、喜、吉祥、平安、富贵、天伦之乐和孝顺父母等，如祝寿、娶亲等家庭喜事和热闹的生活场景。美好回忆是闽南传统建筑价值观念的图像化体现。神仙人物题材装饰在门窗和撑栱上，雕工精细，如封神榜、道教的八仙、福禄寿三神，代表了福泰长寿等。天官是道教的神，与地官、水官合称为"三官"，天官代表着福禄寿，隐喻天官赐福、福从天降。寿星和禄神，代表着长寿与福禄。在木雕和石雕中，门簪常有天官的形象，天官头戴纱帽，手持如意，衣着华贵。门簪中间是天官，寓意"天官赐福"。西厢记、嫦娥奔月、牛郎织女、木兰从军、三国演义和封神榜的人物题材丰富细部内容。如泉州石狮的坑东村，塌寿用青石雕刻商周故事"姜太公垂钓渭水滨"，具有故事性。

闽南传统建筑装饰工艺精湛、人物装饰体现了主人的身份地位、价值观念、人生经历和中西文化交融等，题材与时俱进，反映当时的现实生活和地域特色。

四、古器宝物

古器宝物是人们喜爱的装饰题材，图案端正，包含吉祥美好的寓意。闽南传统建筑装饰常见的器物包含：宗教宝物、青铜器、玉器、瓷器、花瓶、琴棋书画等题材，如表4-1所示。宗教的法宝有佛教八大件：法轮、法螺、宝伞、白盖、莲花宝瓶、金鱼和盘长等；道教八大件：葫芦、渔鼓、花篮、阴阳板、宝剑、笛子、扇子和荷花等。宝物象征吉祥如意，如葫芦象征福气，法轮寓意生生不息，法螺象征吉祥和运气，宝伞隐喻保护平安，宝瓶象征成功与圆满，盘长象征长寿等。此外，宝珠、古钱、珊瑚、银子、如意、犀角、玉簪和方胜等象征财富和吉祥。古器宝物题材一般组合运用，如博古架与青铜器皿、酒具、香炉和花瓶等形象组成古玩摆饰。如意纹与云纹、琴棋和书画的组合，隐喻子孙天资聪慧和知书达理等。太极与八卦常挂在牌楼面匾额的上方，组成避邪宝物。灯的谐音是"丁"，表达人丁兴旺。器物宝物寓意平安幸福。如厦门海沧新垵村传统建筑对看堵的装饰，植物的纹样如梅花、牡丹与花瓶、宝剑和如意等组合，多种器物，元素丰富，综合材料和手法，寓意平安吉祥的内涵。山石、亭台楼阁和远山的题材增加装饰的空间感，营造场景氛围。太极与八卦暗含避邪、吉祥和平安。

闽南传统建筑古器宝物及内涵　　　　　　表4-1

类型	图像元素分析	内涵
铜器	炉、尊、方鼎	地位尊贵、生活品位
陶瓷	花瓶	平平安安、幸福美满
文房四宝	琴、棋、书、画	文人生活、知书达理
其他	铜镜、如意、果盘	高雅情趣、生活富足

明清时期的古器宝物，题材丰富、主次分明、比例协调、构图均衡、意境深远，体现平安吉祥。如金门地区的花杆博古图，将不同的吉祥宝物组合在一起，结合花卉和果物等。如图4-66、图4-67所示，厦门卢厝以灰塑和彩绘组成吉祥图。

图4-66 古器宝物题材（厦门卢厝）

图4-67 古器宝物组合（厦门卢厝）

五、文字装饰

传统建筑的空间和形体是抽象的几何体，表意上具有多义性和模糊性，需要借助建筑装饰，尤其是文字点明主题。文字装饰指运用匾额和楹联对建筑进行装饰。文字装饰能清晰地表达主题，提高美学价值。闽南传统建筑的文字装饰主要包含："长寿、富贵、好德、善终和康宁"等内涵，体现人们的美好理想和崇尚君子的作风。匾额文化早在魏晋南北朝就有了，最早的起源与建筑信仰相关。明清时期，书法和文字装饰渐渐成为时尚，常见楹联装饰于大门和厅堂。

文字装饰主要有三种形式（图4-68、图4-69），一种是单字作为装饰，如"福、禄、寿、囍、忠、孝、礼、义"等图案化的处理。通过变体的书法形式，强化装饰效果，表达对吉祥、富贵、喜庆的生活向往。"螭虎团字"的形态自由，结合不同的字体，在凹寿空间中常运用于裙堵。单字装饰的字体优美，有一定的图案特征，包含美好的祝福。螭虎纹组成的"禄"字，四角装饰蝙蝠纹，常出现在窗棂或石刻的裙堵。厦门地区传统建筑的花头和垂珠用烧制的陶件，常见"寿"和"囍"，表达福禄双全。第二种文字装饰形式是二到四个字的文字组合，通常装饰在匾额、门联和镜面墙等。装饰大门的称为"门额"，装饰厅堂的称为"牌匾"。匾额的形式多样，一般正中是长方形，福兴堂匾额的旁边增添神仙人物的雕刻，运用对比，突出匾额的高大，表达祈福的内涵。两个角门的匾额形态灵活、曲线优美。常见的有"手卷额"，又称为"书卷额"，形状如展开的书画。"叶形额"，如同树叶的形状，形式传承北方园林。凹寿对看堵中常见"诗礼传家"、"竹苞"和"松茂"等，表达对《诗经》、《礼记》等修身治家理念的认同和传承。第三种文字装饰的普遍形式是与对联相结合的书法装饰。装饰大门两侧的称为门联，装饰在柱子上的称为楹联。门联包含楷书、行书、隶书和草书等字体。闽南传统建筑凹寿常见石材刻

图4-68 文字装饰牌楼面（厦门卢厝）

图4-69 文字装饰对看堵（泉州杨阿苗故居）

画名言书法，通常出自地方名人之手，一般为阴刻。

名人题字可提升建筑的艺术价值，蕴含主人的审美情趣、价值观、人文素养、文化心理和家族发展等。如泉州福兴堂的石刻楹联，建造时特意邀请近代著名画家李霞[①]，书法家、诗人和末代举人郑翘松[②]题词造句，书写楹联，著名瓷画家陈尧民等在此留下墨迹和画卷。书法字体优美，依据部位施用，包含楷书、篆书和隶书。不少书法由当地的名人和书法家题写，如厦门卢厝主人当时邀请书法家题字。楹联受儒家文化的影响，体现中庸、忍让、谦和和自省等处世哲学。角门上方的"叶形额"刻画"国顺"、"家齐"，体现修身治国的儒家思想。与匾额楹联结合的书法装饰，美化建筑，增加内涵。楷书、行楷和大篆等字体优美，内容反映主人的品位、身份和价值观念。以红砖拼花的文字装饰，形成生动的图案与丰富的内涵，如蔡氏古建筑的后厅用红砖砌成"腾蛟起凤"、"文章华国"、"诗礼传家"等。蔡氏古建筑镜面墙的"锦亭衍派"和"锦亭传芳"等，增加立面的审美效果，暗含家族的迁移历史，体现家族文化。

文字装饰常与多种材料相结合，如石刻、砖雕、灰塑、贴金字、木刻和红纸书写等，形式多样（图4-70、图4-71）。闽南传统建筑装饰常结合福寿的装饰，如照壁上的福字，福寿与螭虎纹结合雕刻在石材和木板上（图4-72）。清末时期，建筑装饰流行运用书法的格言、楹联装饰在石材与木材上，分布在大门、隔墙和立柱上。文字装饰增加建筑的文化韵味，使得建筑意境深邃，具有一定的教化作用。闽南的传统建筑中运用匾额、对联等文字，增加美感，营造家族的文化氛围，体现儒家的传统文化（图4-73、图4-74）。厦门地区的瓦当和门簪上也常出现"寿"与"囍"。

图4-70 隔墙文字（蔡氏古建筑）

图4-71 镜面墙砖拼文字（蔡氏古建筑）

---

① 李霞（1871—1938）字云仙，号髓石子，莆田仙游县人。作品参加过世界博览会和纽约赛会等

② 郑翘松（1876—1955），一名庆荣，字奕向，号苍亭，福建永春人。二十八岁考中举人，著有《卧云诗草》

图4-73 组合文字（厦门思明区卢厝）

图4-72 单字装饰（晋江塘东村的"禄"）　　　图4-74 组合文字和人物装饰（泉州福兴堂）

六、几何纹样

　　几何纹样的装饰源自原始社会的图腾与符号。建筑的几何图案讲究虚实变化和对称均衡，具有现代的构成美和节奏感。康定斯基在著作《点、线、面》中提到"诗的节奏可以通过直线和曲线予以表现"。运用几何纹样构成多种视觉形式，形成朴实的审美符号，唤起人们的情感。闽南传统建筑凹寿空间和镜面墙常用红砖堆砌成各种几何图形，构成和谐统一的墙面。从视觉和触觉方面展示材质美，给人以庄重的、规则的、运动的和有韵律感的心理体验。从现代构成的角度看，闽南传统建筑的几何纹样具有构成美和韵律感，强调端正、规律、对称、轴线和均衡等构图。组合方式包括：重复、对比、近似、错视、集结、空间、发射、特异、分割和肌理等。重复是构成的普遍形式，即运用同一个纹样重复出现，体现整齐和秩序，形成四方连续的图案（图4-75）。如图4-76，砖砌图案具有错觉效果。八角形的龟背纹是常见的六角形的图样，寓意长寿延年（图4-77）。近似纹是将相似的形态组合起来，形成长短不同的形状，如福禄寿的文字纹（图4-78）。回纹组成近似的效果，如图4-79。万字纹与龟纹的疏密分布形成远近空间的对比（图4-80），对比的几何纹样极富构成美，内涵丰富（图4-81）。钱纹象征圆满和财富，如图4-82所示，钱纹作为四方连续的纹样，双环相扣，体现集结和运动感，寓意财源滚滚来。万字纹是古老的符号，源于佛教，四端延展的图案象征连续不断、生生不息、子孙永续和万代连绵。方胜纹由两个方形相扣或两个菱形相连，寓意爱情的幸福长久。风车纹类似风车的纹路，寓意生命与活力。几何纹样的装饰体现对称均衡和虚实变化，具有节奏感、整体感、构成美、视觉美、秩序美和抽象美等。锦纹图案有宋锦，包含连环纹、密环纹、方环纹、香印纹和

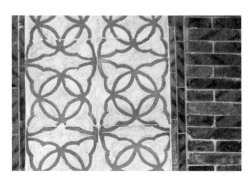

图4-75 重复（泉州晋江建筑）

图4-76 错觉（泉州民居）

图4-77 重复——六角纹（泉州蔡氏古建筑）

图4-78 近似（厦门院前新厝角）

图4-79 近似——回纹（厦门卢厝）

图4-80 对比（泉州福兴堂）

图4-81 对比（厦门卢厝）

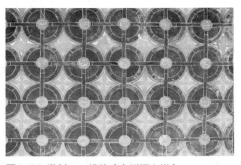

图4-82 发射——钱纹（泉州福兴堂）

罗地龟纹。还有清纹，包含回纹、汉纹、拐子纹、丁字纹、菊花纹、海棠纹、龟背纹和如意纹等，在边框和镜面墙中运用。几何纹组成严谨而有活力的平面，体现地域的审美。

七、山水题材

闽南地区山水形象特征明显，建筑装饰尤其喜欢表现与山水有关的装饰图案，形成浓厚的地方特色。水车堵表现山水题材，有彩绘和水墨画。当时的工匠模仿文人画，将山水画运用到建筑装饰，砖雕和石雕中。山水元素如石头和远山形象增加画面的空间感。山水题材体现地域内的山脉和水系的结构，隐含中华民族传统的儒家审美情趣。山水形象隐含道德规范和人格精神，如孔子在《论语》的《雍也》中也提到："智者乐水，仁者乐山，智者动，仁者静"。古人常把山水的形象人格化，比喻自我的道德品格。闽南的山水题材体现在水车堵的灰塑彩画中，表现主人热爱自然，借物抒情。

第四节　传统建筑装饰审美

图像学将符号分为三种形式，一种是图像，借助自身和对象酷似的特征作为符号或标志，作为事实或因果关系的符号作用。另一种是象征，作为符号起作用。闽南传统建筑装饰题材体现主题内涵，反映主人的愿望，传达内容和信息。装饰题材内容主题突出、主次分明。第三，装饰形成多元融合，如儒、道、释宗教影响，泛神崇拜，图像内容主次搭配，体现人们的精神追求。建筑装饰的艺术表现体现在自身形象的审美表达和装饰构件相联系的整体空间。

闽南传统建筑从材料到手法构成地域特色，从审美看，深受中国绘画的影响。南齐谢赫在著作《古画品录》中，提出了中国绘画最重要的理论之一"六法"。唐代美术理论家张彦远《历代名画记》记述："昔谢赫云：画有六法：一气韵生动是也，二骨法用笔是也，三应物象形是也，四随类赋彩是也，五经营位置是也，六传移模写是也。"闽南传统建筑的装饰和手法趋向独立的艺术表现。建筑装饰从建筑结构到细部，体现趣味生动、线条有力、题材丰富、色彩和谐、构图讲究、意境深远的画面。通过形态表现审美情趣和文化韵味，体现人与自然的关系、人与人的关系、人与神的关系，将形与神、材质与工艺、审美与功能进行统一。

一、装饰的趣味美

中国的诗词讲究节奏与韵律，意境与气韵作为中国传统美学体系的重要理念影响传统建筑装饰的美学意趣。以南齐谢赫的观点看，装饰的造型应有神韵，空间疏密有致、虚实得当、计白当黑、灵动活泼，追求神韵。装饰是建筑的重音符，充满生动的想象和形象的回味。建筑的"实"与装饰文化的"虚"形成交融，给空间予以节奏感和生动性。

闽南传统建筑装饰是形象化的修辞，运用色彩、材质、造型、体量、比例、线条和秩序等，追求"画龙点睛"的效果，形成传统建筑的叙述语言和美感。意境在闽南建筑装饰中通常是主题产生的联想。气韵存在于整体和局部中，尤其是雕刻的技法，需要结合材质的纹理与雕刻的纹样。在局部表现为装饰形象的生动传神，纹理和造型结合充满活力与生命感。气韵依靠生动造型，如《诗经·斯干》中描述的"如鸟斯革，如翚斯飞"的屋脊造型，强调生动活力。在装饰布局上，追求虚实搭配、步移景异，在空间中形成韵律与节奏。闽南传统建筑装饰造型脱离写实的束缚，结合写实和写意的手法，造型追求形似与生动神态，形成虚实变化。闽南传统建筑屋顶丰富的天际线，体现理想美好的精神指向（图4-83）。造型传达情感化的意向，丰富艺术表现力。在石雕的装饰中，人物纹和动物纹的形象较多。石雕人物注重比例、造型准确、动态优美，注重"神似"和人物的精神风貌，如福兴堂的门额表现祝寿场景，形态各异、栩栩如生。花草植物纹也强调吉祥内涵和造型的趣味性，如图4-84所示，竹节窗丰富了内外的空间。

从历史的发展看，原始社会时期，土层的渗水导致室内过于潮湿，可以推断如果不加修饰和装饰的房屋将影响人们的居住环境和生活质量。原始人在居住的墙壁上绘制彩画，用于防潮和纪念事件。唐宋以前佛教和道教兴盛，寺庙兴建较多，那个时代

图4-83 形态生动的龙（泉州开元寺屋顶）

图4-84 趣味的窗（厦门莲塘别墅）

图4-85 泉州博物馆馆藏唐代瓦当

保留下来的建筑比较少，从寺庙的装饰中可推断，当时流行以宗教题材为主的人物装饰。如泉州的东西塔，作为石塔保留很多石构件的雕刻，造型简洁概括，石材以浮雕为主，题材和内容与佛教息息相关。秦代流行动物纹、花草纹、几何纹的瓦当，汉代以文字纹为主，六朝流行兽面纹、莲花纹等。唐代的装饰题材相对比较单一，瓦当基本以莲花纹为主，由莲蓬、莲瓣和外形组成，外缘常装饰连珠纹和突棱，如图4-85所示。唐宋以宗教为代表，建筑装饰的题材与宗教相关，如佛教的狮子、莲花、佛像和神仙。随着文化的交融，宋代时期不同宗教相互运用其他宗教的装饰，如佛教建筑有使用印度教的大象，道教的龙也运用到佛教建筑上。不过从主要的装饰中依然可以看到各种宗教的影子。

　　每个时代都有独具特色的建筑装饰图案。装饰的流行纹样反映各个时期的审美。新石器时代常用几何纹、鱼纹、水纹和人面纹。商周时期流行饕餮纹、夔龙纹、云纹和鸟纹。汉代常用青龙、白虎、朱雀、玄武纹、麒麟和鹿等。南北朝流行牡丹纹、莲花纹。宋代流行锦纹等。以柱础为例，汉代就有圆形和覆斗形状的柱础，汉代末期到南北朝由于佛教的影响，开始出现莲瓣柱础和动物纹样装饰。唐代的柱础纹样较多，多为覆盆式。唐宋以前建筑装饰出现叙事性的石雕装饰，传达政治观念、道德理想和宗教故事。泉州开元寺的东西塔，以白色花岗石为主，束腰处运用辉绿岩。石塔仿木构造，台基运用大量的石雕，生动古朴，表现叙事性的佛传故事。唐代以后人物装饰的叙事性更明显，如表现神话故事、民间传说、文学形象等。中国传统建筑的柱子，上小下大的称为"梭柱"。梭柱出现在北齐时期，大概在唐宋时期流行，明代以后仅有南方少数地区使用。闽南地区对花岗石的使用较早，用于台阶和墙体等处。泉州唐代的伊斯兰圣墓，采用新月形的环廊。廊柱采用梭柱，是唐代中原地区流行的样式。宋代时期，北方移民的南迁，带来中原的建筑技术，促使闽南木作技术和彩绘的发展。宋代北方木构件运用彩画，建筑装饰的颜色多样，运用矿物质颜料绘制彩画，如宋代《营造法式》包含彩绘的研磨、调配和使用，彩画技术由北方移民带入闽地。宋代装饰造型简洁、纹样丰富，如龙、凤、鱼水、狮子、花草和仰覆莲花等。宋元时期开始流行雀替，造型简单，以线条雕刻为主，以后逐渐丰富起来。如漳州市大同路塔口庵经幢，建于北宋绍圣四年（1097年），高7米，底径1.2米，由24层浮雕块石叠成，纹样主要是佛像、莲花纹、龙纹和云纹，雕琢浑厚（图4-86、图4-87）。泉州的石桥常带有雕刻精美的扶栏和亭台，将精美的石雕和浑厚造型相互融合，便于观赏和交通。石塔的造型突出，碑石相互呼应，具有节奏感。泉州的洛阳桥，建于北宋时期（1053~1059年），是跨海的梁式石桥。桥墩装饰佛塔，层次较多，题材主要是佛像和文字，雕刻古朴，可见宋代的装饰风格（图4-88、图4-89）。此外，还有安平桥和石笋桥等具有形态丰富的石塔。闽南地区至今保留楼阁式的石塔，对于研究唐宋时期的装饰审美，有着重要意义。唐宋的石雕艺术，造型简洁、形象统一，富有节奏感（图4-90~图4-93）。唐宋时期石构仿造木构的技术初步发展，仿木的结构中雕刻出花头、滴水、下昂和华栱等。元代的柱础多为不加雕饰的素覆盆式或素平柱础。明清时期的装饰体现装饰的形态、趣味，以及追求和变迁。

图4-86 漳州塔口庵经幢

图4-87 漳州塔口庵经幢局部

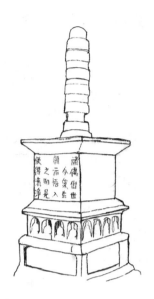

图4-88 泉州洛阳桥桥墩1

图4-89 泉州洛阳桥桥墩2

图4-90 唐代装饰风格1（开元寺东西塔）

图4-91 唐代装饰风格2（开元寺东西塔）

图4-92 泉州伊斯兰教圣墓的梭柱1（唐代）

图4-93 泉州伊斯兰教圣墓的梭柱2（唐代）

二、装饰的线条美

中国画的线条讲究刚劲、挺拔、圆润、稳健、流畅、典雅、庄严，收放有度。闽南传统建筑的建筑装饰中，利用石材的坚硬质地和木材纹理的特性，把握造型变化与构件，运用线雕作为线框，将构件做得纤细，使得木材与石材很好地结合。在木雕的构件，刀法圆润、疏密有致，线雕、浮雕较多运用线条，以流畅、简练、舒展有力的线纹，注重粗细、轻重、节奏、疏密的刻画手法。各种线条在粗细上形成丰富的变化，简洁流畅、圆润挺拔，线条材料及手法结合，带来丰富的变化。在建筑装饰中，装饰种类很多，材料丰富，线条是重要的表现手法，形成韵律美。从材料看，有彩绘的线条、木刻的线条、石刻线条、陶制的线条等，如开元寺东西塔用浮雕刻画释迦牟尼本生的故事，运用变化的线条表现故事情节。

漳州松洲书院建于唐景龙二年（708年），在造型和构成中体现装饰的线条美。书院由书舍、厅堂和跑马场组成，内部装饰采用唐代流行的梭柱，上大下小，柱础运用简洁的覆盆状，使用莲瓣纹，墙体用烟熏砖，墙基用"出砖入石"的堆砌，屋脊采用燕尾脊，脊部用灰塑装饰，如图4-94、图4-95所示。

闽南传统建筑常用书法雕刻装饰大门、门楣和牌楼面。石刻的书法体现笔画的万化，突出线条美。李泽厚在《美的历程》中论述："汉字书法的美也确乎建立在从象形基础上演化出来的线条章法和形体结构上，即它们的曲直适宜，纵横合度，结体自如，布局完满"。书法营造"有意味的装饰形式"，体现文化内涵、价值观念和线条的力量美。

闽南传统建筑的彩绘传承苏式彩画，设色与表现灵活。灰塑上的彩绘，笔法线条借鉴国画与壁画表现手法（图4-96）。彩绘的山水和花鸟题材，受中国传统绘画的影响，追求笔墨效果，对线条的要求也比较高，绘画上追求精湛细腻。苏式彩画中的"硬抹实开"指的是以颜色为主、水墨为辅，涂抹与勾勒并重的彩画技法，"硬抹"相

图4-94 漳州松洲书院

图4-95 漳州松洲书院

图4-96 彩绘（国画的用笔与审美）

图4-97 彩绘门神（莲塘别墅）

当于"作染"，"实开"相当于"清勾"，运用墨线和颜色线条勾勒。"硬抹实开"的彩画技法与传统绘画的写意画类似。建筑彩画中的兼工带写的风格源于工笔画和写意画相结合的绘画风格。祠堂的门神也体现装饰的线条美，如图4-97。

三、装饰的题材美

明代计成在《园冶·装折》中提出："凡造作难以装修，惟园屋异乎家宅，曲折有条，端方非额，如端方中须寻曲折，到曲折处须还定端方，相间得宜，错综为妙"。闽南传统建筑装饰追求布局均衡、形象整体、节奏韵律和协调统一。

闽南传统建筑的装饰具有一定的叙事特征。"叙事性"的词语来自文学和艺术，追求故事情节、观念内容、图像完整和象征意义等。建筑装饰的叙事性体现在装饰内容、装饰题材和空间。闽南传统建筑装饰以人物纹、楹联等为媒介，传递忠孝、仁、义、礼、智、信等，让家族成员受到教育。装饰的图像如"桃园结义"和"二十四孝"等题材体现人们的人生观和价值观等。闽南传统建筑的装饰纹样的选择受到建筑构件影响。构件部位比较狭窄，以几何纹样为主，如云纹和雷文等。装饰构件较大的部位，则运用动物纹、植物纹和器物纹等。

闽南传统建筑的装饰通过平面的图像表现，包含图像内容、构图布局和故事情节等。吉祥题材的装饰分布在水车堵、梁柱、屋顶、山墙和灯梁等，图像与题材巧妙结合。装饰题材主次分明、重点突出。视线的中心一般是核心区，中间以人物纹为主，表现戏剧性的故事。四边的螭虎围绕中心的香炉型。螭虎对称分布、布局均衡。人物题材包含故事情节，主次得当。人物题材的最高等级是神仙人物，一般以正面表现，瑞兽、花草的等级次之，瑞兽中的龙纹和螭虎的等级高于其他。观者的视线容易集中

图4-98 多种纹样的组合（厦门民居）

图4-99 石雕窗（泉州东岳村福德堂）

在雕刻精细的中心区，在整体中欣赏装饰内容。

　　闽南传统建筑的装饰运用艺术手法塑造体现题材美，形象追求"神似"。闽南传统建筑常用木雕表现吉祥的题材，雕刻人物比例均衡，概括男女老幼以及戏剧化形象。装饰的题材广泛，动物如蝙蝠、龙、凤及花卉，有一定的写实性。装饰的形象有内在联系，不同的形体组合在构件中（图4-98）。从造型上看，形象简洁、动态丰富，体现工匠对形象特征和动态的把握（图4-99）。石雕、木雕或交趾陶等表现的花鸟、山水、琴棋书画、历史故事和神话传说等，反映风景秀丽、家庭和睦和勤劳孝敬题材。文字装饰表达清晰，用于楹联、门联、窗楹等构件，点明主题。

　　闽南传统建筑的装饰题材和造型讲究以"和"为美。老子在《道德经》中提出："万物负阴而抱阳，冲气以为和。"古人认为"和"是美的根源，形式上追求中正，主张含蓄深刻的内涵。构件上通过方圆曲直的转换，多种题材和谐搭配，体现气韵生动、相互呼应，刚柔互济。镜面墙圆形的砖雕和方形砖形成对比，圆形的石雕窗与方形的墙框相互衬托，营造典雅庄严的氛围。

四、装饰的色彩美

　　色彩是造型的基本手段，营造空间的氛围，对人们的情绪和心理产生影响。中国传统色彩遵循的"五方正色"，即红、白、黑、黄、青[1]。不同民族和区域有各自的色彩喜好。传统建筑装饰的色彩有严格的规定，尤其是彩绘。闽南地区气候潮湿，油饰以朱漆和黑漆的大漆为主，装饰色彩沉稳。闽南传统建筑彩绘没有过多受法式的束缚，没有严格的色彩等级，受苏氏彩绘的影响，彩画风格活泼、色彩清新、表现灵活。闽南彩画整体风

① 高阳编著，中国传统建筑装饰，百花文艺出版社，2009：231

格比较华丽，主要与木雕构件相结合，如瓜筒、雀替和吊筒等构件。纹样以螭虎、瑞兽和写生花卉为主，色彩讲究随类赋彩。寺庙和宗祠建筑色彩运用较多，主要有红、黄、青绿、黑，一般以暖色为主，很少使用白色。斗栱运用红黑两色，底色刷红，表面刷黑。

　　闽南传统建筑的色彩营造主要有两个方面：一种是利用天然材料的淡雅色调，如红砖、花岗石、木材、牡蛎壳和瓦片等建筑材料呈现的自然色彩。蓝天红瓦，红砖白石和绿树形成色彩对比，给人鲜明的色彩感。人工装饰色彩，如彩绘、交趾陶、剪粘和油饰等，主要用于宗祠和庙宇。为了突出中堂或宗祠的建筑的重要性，常用油漆、矿物质颜色、金箔和彩绘装饰，营造空间氛围。闽南传统建筑梁架装饰比较稳重，以朱漆和黑漆为主要色调，在梁枋上绘制彩画。供奉祖先的神龛背景一般也用红色，上面用金箔点缀鹤纹，地域性特点鲜明。中堂的色彩烘托对祖先的崇敬。红瓦和红砖镜面墙象征吉祥富贵，暗含闽南人对宫殿式居所的向往和对富贵生活的追求。

　　彩画一般由图案和绘画构成，早期更多强调图案，含有吉庆的画意，后期追求时代感的绘画受到人们的喜爱，给人很多美好想象。苏式彩画的画风轻松，题材富有生活气息。闽南彩画受到苏式彩画的影响，清新淡雅、画法灵活，具有绘画感。彩画中的技法如"落墨搭色"，是以墨色为主、色彩为辅的"白活"绘画技法，以山水、人物和花鸟为题材，类似传统绘画的写意与工笔之间。彩画中的"拆垛"，毛笔直接蘸上两种颜色，在底色上运用笔尖的"按、捻、抹、转"形成运笔手法，使得色彩有晕染和深浅明暗的对比效果。彩画中的"攒退"是彩画纹饰晕色的绘画技法，常用于寺庙和祠堂的装饰构件。箍头、卡子、雀替和吊筒常运用晕色，用深色、浅色和白色表现纹饰，深色为内轮廓，白色为外轮廓，逐渐过渡，效果类似传统的工笔画。彩画中的"作染"是苏式彩画中表现花卉和瓜果的技法，常见"墨叶花"，像工笔画一样，先平涂投影造型，然后用色晕染花头和枝叶。作染运用硬质工具或小毛笔勾勒筋脉，使枝叶结构清晰。彩画中的"线法"是一种白活绘画工艺，绘制亭台楼阁的建筑突出"线"的技法，类似传统绘画的"界画"。色彩之间常用黑线道，使得层次分明，容易协调。宋元时期，彩绘贴金较少，清代民国时期逐渐流行繁琐的彩画和贴金装饰。

　　闽南传统建筑色彩装饰的主要特点：

　　（1）建筑大面积暖色与冷色调形成环境对比。闽南建筑的周围环境是青山绿水，四季常青，建筑为暖色，周围环境是冷色。建筑的檐下和室内运用暖色装饰，如红砖、木材和砖雕（图4-100）。

　　（2）局部装饰的色彩形成对比。闽南传统建筑檐下水车堵的装饰以青绿色为主，与建筑主体色彩形成对比。屋顶、裙堵、台基花岗石的绿灰色与屋身红砖形成对比，显出色彩层次和节奏（图4-101）。檐下彩绘细致精美，以灰塑为底，色彩素雅，很少用金色，群青色与赭色搭配形成对比。相邻的色彩如果是暖色，则以冷色的纹样衬

图4-100 彩画的雀替和吊筒（泉州开元寺）

图4-101 红砖与石雕的对比（泉州福兴堂）

托。檐下的纹样常用群青绘制的。在上下相邻的构件中，冷暖色的对比很常见，如赭色与群青、金色与蓝色的对比，突出色彩效果。

（3）材料固有色与装饰色形成对比。北方彩画通过层层的晕染，材质的色彩被多层灰壳与油漆包裹。闽南传统建筑装饰充分利用材质本身的色彩进行对比，如红砖与白石、青斗石与白灰色花岗石、红砖雕与白灰底等。

（4）人文影响色彩装饰。闽南传统建筑的彩画受风水影响，彩画的色彩与阴阳五行相对。尤其是寺庙和宗祠，油饰和彩绘的色彩丰富，如图4-102、图4-103所示。五行与五色相对应，主要是红、白、蓝、黄、黑。红色和黄色属于暖色，青绿属于寒色，黑白称"间色"。暖色为"阳"，如红色、黄色；冷色为"阴"，如绿色、蓝色。色彩理论在彩绘中运用，如厅堂以红色、黑色和金色为主，檐下的暖木色衬托冷色的彩画。

明清时期的装饰沿袭传统，走向程式化和规范化。清代的装饰材料更加丰富，拓展地方性的材料。闽南地区清代建筑装饰的构图、色彩、工艺等具有创新性，纹样增多、色彩丰富，体现时代美学。吊筒雕刻用花草、动物及人物装饰，并施加彩绘和贴

图4-102 窗棂彩绘（泉州开元寺）

图4-103 门簪彩绘（泉州开元寺）

金。柱础的造型繁复，由多层组成，以花岗石的白石和青斗石相互搭配，丰富局部的变化。清代时期流行复杂的装饰，装饰更加丰富，色彩趋向世俗化，运用红色、金色等暖色表达吉祥内涵。

清代的建筑装饰和彩绘的发展相对成熟。北方的建筑装饰集中在彩画和瓦作。彩画用于梁枋、斗栱、柱子和天花，以青绿色调为主，沥粉上贴金，纹样与工艺遵循法式规定，绘制花草纹、图案和人物题材等。闽南地区的彩绘主要集中在屋檐下方条形状的水车堵，继承苏式彩画风格，构图灵活、题材自由，没有严谨的规矩和程式化，偏向艺术化的表现。清末到近代的建筑，金漆木雕技法盛行，即在木雕的基础上贴金箔，庙宇和祠堂的装饰色彩艳丽，显示财力雄厚。清代建筑装饰善于运用材料、装饰题材、表现手法装饰立面，形成丰富的效果。装饰内容延续传统吉祥图案，以高浮雕和镂空雕刻为主，色彩与纹样趋向立体化和复杂化。乾隆时期，木刻趋向繁复风格，雕刻的造型和手法增多。清代雀替前紧后大，纹样越复杂。装饰组合具有多层含义，建筑色彩反映建筑的等级和主人地位。

清代中期以后雕刻趋向精美，题材丰富，增加龙纹、瑞兽纹样，色彩更加精致丰富。清末以后，受到装饰工艺、材料和造价的影响，剪粘的装饰手法更加流行，成为屋脊装饰的主要材料。清代后期，闽南地区富裕的商人对装饰色彩有较高要求，色彩丰富、风格华丽，推动建筑装饰的发展。清末和民国期间，色彩趋向复杂精细，油饰、彩绘和贴箔等工艺手法综合运用，装饰构件色彩华丽，趋向艺术化。清代建筑装饰的色彩手段增多，发展了灰塑和交趾陶。清代对建筑府邸的装饰限制不严格，使得闽南建筑的建筑装饰得到普及化。建筑装饰不仅限于庙宇和宫殿，在宗祠、富商、地主的建筑和私家园林，广泛运用交趾陶、彩绘、红砖等材料构件丰富建筑色彩。

五、装饰的布局美

闽南传统建筑装饰以多元题材结合，结合了平面和立体表现。在装饰面中，人们常先感知立体的装饰，并区分图形，立体的成为前景，接近平面效果的成为背景。立体装饰更容易被人们的视觉感知和吸引注意。闽南传统建筑中重要部位运用高浮雕或圆雕表现，如门簪、门额等。立体的装饰物成为视线焦点，装饰的叙事系统依附于立体空间中，形成整体的空间装饰。

闽南建筑装饰的叙事语言丰富，有的单幅表现，有的连续表达，并在三维的立体空间中表现传统建筑的叙事性。民居和祠堂在不同建筑部位的装饰体现整体的叙事空间。闽南传统建筑的建筑装饰综合运用多种手法，赋予装饰丰富的内涵。静态的建筑装饰图像有自身的叙事系统，隐含观念和精神。闽南建筑装饰的叙事性内容没有突出历史故事，更具有生活性，不同的装饰部位和题材有所关联。装饰用图画的手法表达抽象的道德观念，并基于儒家的价值观。

闽南传统建筑装饰就像音乐一样，具有重复、渐变、回旋和起伏等，在运用上有多个章节和主题。具有想象力的造型与自然各种装饰材料和谐结合，表现建筑的材料美、装饰美、节奏美和层次感。闽南传统建筑装饰综合运用木雕、砖雕、交趾陶、彩绘、石雕等材料，用不同材料绘制图画和浮雕，构成庞大的图像体系。各种艺术丰富了建筑装饰语言，图像组成建筑的叙事空间，装饰、建筑结构和内涵完美结合。闽南传统建筑装饰注重比例，遵循黄金分割比例的美学规律，整体体现和谐美。

闽南传统建筑装饰构图灵活、讲究气势，体现自然流畅、和谐生动的美感。闽南传统建筑装饰构图突出重点，将重要结构、视线中心、显眼位置作为装饰重点，如镜面墙和牌楼面。方形框内运用圆形的窗户，方圆结合体现虚实相生。建筑装饰依附结构本体，装饰的构图空间化，运用多维视点、各种形象表达内涵，形成整体的叙事系统。装饰构件中为凸出前景，镂空背景，强化虚实空间，形成"虚景"和"虚境"。闽南传统建筑装饰运用多种手段和形象组合构图，表达主题。装饰构件的装饰内容丰富、色彩相衬、中心突出，如表4-2所示：

装饰构图分类表　　　　　　　　　　　表4-2

主题位置	构图形式	吉祥物件	题材	装饰部位
对称结合均衡	左右对称，中心均衡	香炉、螭虎、如意	人物纹、动物纹	窗棂
主题在中心	结构均衡	花瓶、牡丹、如意	花草、器物等	窗棂、镜面墙、牌楼面
完全对称	四方连续	龟背纹、万字纹	几何纹样	镜面墙

（一）对称式与均衡式结合

对称式构图以中线为中心，装饰主体居于中心，两边的图案对称分布，引导观赏者将视线停留在中心部位。门的装饰以左右对称分布，次要装饰以上下和左右对称（图4-104）。镜面墙和窗棂两边纹样互衬，四周以花草或螭虎纹装饰，中心部位为人物图案，纹样比较精美，是视觉的焦点。中间运用疏密的线条、题材、材料色彩对比和精密的雕刻，空隙得当、虚实相间，强调中心。如图4-105所以对称的布局，中间纹样变化平窗，形成整体统一，局部丰富效果。的装饰内容通常突破常规，自由组合。山墙的楚花纹样与规带围绕中心构图，基本对称。螭虎窗在方形和圆形的窗框内雕刻多种纹样，中间有宝瓶，外面是螭虎。螭虎与文字、八卦和香炉等组合，纹样华丽。

图4-104 对称的构图

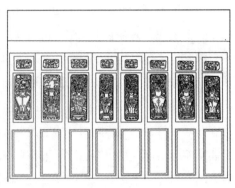

图4-105 对称结合均衡的构图

（二）完全对称

完全对称的构图主要以几何纹、花鸟纹为主，分布在镜面墙、匾额、楹联边框和窗棂。镜面墙用各种规格的红砖堆砌成几何纹。窗格中包含几何纹，如斜方格、井口字，以四方连续的纹样完全对称。

（三）结构均衡

结构以中轴线为中心，采用均衡的形象和题材构成。装饰的结构相同、数量相当、题材相近、形态相似，带有一定的情节性。如图4-106所示，四周采用对称的图

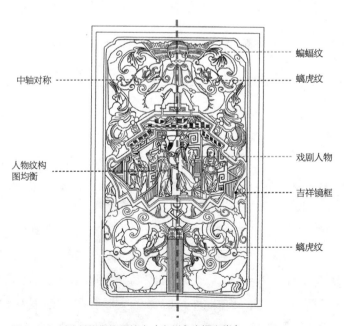

图4-106 对称与均衡构图结合（泉州永春福兴堂）

案，中心的构图以结构均衡。建筑装饰呈组合搭配，以形象要素组织视觉体系，营造空间的氛围。闽南传统彩绘传承苏式彩画，灵活生动、构图均衡、设色淡雅，内涵丰富。闽南传统建筑的细节和构件体现古代工匠的独具匠心。闽南地区的工匠运用鲁班尺，将适宜的尺寸刻在长杆上，均衡的比例大多与黄金分割的比例关系有所接近。如凹寿的大门与牌楼面的比例大概是1：3，长度与宽度的比值与黄金分割比接近，均衡的比例营造柔和的视觉美。

彩画以平涂彩画为主，梁枋彩绘常分为三段式构图，每个段由一堵仁或两堵仁组成。构图为枋心式，箍头和找头不明显，正中是"堵仁"，相当"枋心"。两端称为"堵头"，堵头常用卷草纹、螭虎纹、回纹和如意纹等弧形框，题材以写生花卉和人物故事为主，纹样对称分布。堵仁受苏氏彩绘的影响，包括山水、风景、亭台楼阁、人物故事和吉祥花鸟等题材。水车堵的装饰构图相比旋子彩画，结构上省略硬卡子、聚锦、烟云岔口和连珠带等，只留下两端的箍头和中间的堵仁。装饰内容借鉴了中国画的平铺式构图和散点式透视。

六、装饰的意境美

建筑装饰带来形象美、趣味美、工艺美和意境联想。意境偏重于情感，是古人营造的重要追求。装饰有助于营造诗情画意的景象。传统建筑大门的内凹空间，使得门框层次较多，以门框作为借景，使景色层次明显。建筑有限的空间和自然景观延伸和相通，体现"诗情画意"。建筑装饰的构件也具有意境美，如濮安国将木雕的创作归纳为："空、松、玲、洞、巧"。[1]指木雕形象若隐若无，松动、灵巧、天然、奇妙，趣味横生，体现审美趣味。建筑装饰表现题材包含动物、植物和山水题材，从自然和情景联想到人生的内涵，受宗教文化和道德理想等影响，装饰成为有意义的象征。

闽南传统建筑的外檐装饰带来诗意美。屋顶是装饰的重点，一般用灰塑和剪粘塑造生动的花草、动物和人物题材等。高翘的燕尾脊和弧形马背脊，使屋顶具有柔和的曲线，增加美感。正脊突出立体感，色彩对比明显，形象生动。脊身色彩艳丽，运用彩绘和剪粘。花窗脊运用红色或绿色的镂空花砖砌成，突出屋顶的形象，减少台风压力。燕尾脊模仿自然，给人们优美的想象。《诗经·小雅·斯干》记载："如跂斯翼，如矢斯棘，如鸟斯革，如翚斯飞。君子攸跻。"诗中描绘檐角像箭有方棱，像大鸟的双翼，像锦鸡在飞腾。燕尾脊的下端常有龙和狮子作为吻兽。丰富的细部装饰闽南建筑的屋面，增加色彩美，表达对大自然和山岳崇拜的精神指向和人们的理想。闽南传

---

① 牛晓霆. 明式硬木家具，黑龙江美术出版社，2013：144

统建筑山墙常见有马鞍山墙和燕尾山墙，丰富的山墙楚花点缀地域景观，带来诗意的想象。陆元鼎在《广东建筑》中提出马背山墙的五种形式与五行相对应："金形圆、木形直、水形曲、火形锐、土形方"[①]，墙体最突出的装饰是山尖部分，腰肚以下的图案称为浮楚。清代之后装饰的物件丰富，包含：元宝、书画、金钱、珍珠、灵芝、犀角、蕉叶、云纹和花篮等。建筑山墙楚花所用的材料各不相同，同组建筑的山墙规带和楚花也不同，多种形式能够丰富地域建筑形象。

传移模写指装饰意境的表现，李泽厚曾说，"意境"是意——情、理与境——形神的统一，是客观景物与主观情趣的统一。[②]人的精神与装饰构件的统一，将装饰的客观对象与人们的精神追求相统一。《周礼·考工记》中说："天地有时，地有气，材有美、工有巧。合此四者，然后可以为良"。意思是气候因素、地理条件、材料因素和人工技巧共同决定器物的质量。《园冶》中提到："虽为人作，宛如天成"，强调天然的趣味性，减弱人工性，是文人追求的审美。张彦远在《历代名画记》指出："夫画者，成教化，助人伦，穷神变，测幽微，与六籍同功，四时并运，发与天然，非由述作。"装饰以形象手法表达道德理念和精神榜样，营造空间的意境。空间的装饰采用象征的手法，传承古代绘画的空间表达，将不同的时空题材组合在一起。闽南建筑彩画表现浓郁的生活气息，装饰常融合婚嫁和寿喜，将生活场景融合装饰，风格自然清新，体现传统装饰的意境之美。彩画大师刘玉明提出彩画的修复需要："气运生动，古法入笔，随类附彩，精营位置"，意思是要重视笔墨、分类上色、不改变原样和精心绘制[③]。彩画的绘制原则源于南齐谢赫的绘画六法。

楹联以诗句为主，点名建筑与环境的意境。匾额和楹联的书法字体优美，内容源于文学作品，抒发主人高尚的道德、高雅的情调、含蓄婉约、意境深远，表达主人清远的志气，可谓"点睛"之笔，是建筑意境的凝练概括。

闽南传统建筑装饰的意境通过虚实相映体现。"实"指造型本身的可视形象。虚景和虚境是一个无载体的结构，运用象形、虚空和想象等手法营造"虚境"。虚空的部分用镂雕表现，形成时空的节奏与维度。装饰体现多层的意境，从物境、气境和情境上升到人格，映射人格的高尚。物境是装饰的表现、题材和形象感。气境通过虚实相应，超越生命体验。情境触发人们的思维，包含回忆和感受等，体现主人的刚毅、含蓄和平和。

闽南传统建筑装饰的意境美通过形体、色泽和纹理的统一，体现自然美、纹理美和色泽美。材质伴随着明暗的变化，具有空间性，将装饰和意境推向无限的时间感。装饰构件方中带圆、曲中求直、变化丰富，具有意境美。

① 陆元鼎，广东建筑［M］，北京：中国建筑工业出版社，1990
② 李泽厚，意境杂谈，光明日报，1957
③ 杨宝生，颐和园长廊苏式彩画［M］，北京：中国建筑工业出版社，2013：107

七、装饰的时代性

宋元时期闽南建筑装饰造型更加写实，以圆雕、浮雕和线刻相结合，突出线条美，趋向比较精细的装饰工艺。元代的建筑在闽南地区留存较少，主要延续唐宋的做法，装饰风格粗犷。宋元时期闽南地区大木建筑较多，虽经历代维修，但基本保留唐代、宋代和元代大木构的形式。如漳浦文庙兴建于南宋庆元四年（1198年），为重檐歇山顶，是以木构为主的抬梁式结构。漳浦文庙的构件线条清晰、结构粗大、造型简洁，基本没有油漆和彩绘。建于宋代末年的漳州林氏宗祠，供奉林氏始祖，始建于宋代，明清时期有修复，结合明清的风格。一些构件是遵循宋《营造法式》的规定制作的，比如"昂"，还有一些构件转向闽南建筑的做法，更强调秀美。宋元时期，闽南建筑开始脱离中原官式建筑，转向地方风格。

宋元时期，闽南的石雕构件风格出现演变，首先，比例和体型由闽中的修长秀丽向雄伟壮硕的泉州装饰风格演变。其次，装饰风格由闽中比较朴素的风格向华丽装饰风格演变，由唐代的古朴向宋代时期的繁复演变。最后，石雕仿木构件趋于精致化。石材仿木结构运用在寺塔中，仿木构件如斗栱、昂、阑额、幕枋，檐下有花头、垂珠、方形的椽子等。早期的石材采用摆放堆砌，缝隙较大，后来发展为结合灰浆，整体性较好。石构件的技术不断进步，雕刻技术越来越细致，密缝叠砌的技术提高。

明代建筑营建技术得以提升，装饰风格崇尚简洁。吊筒精致，莲花的柱头相对简洁。明代建筑有部分宗教建筑，屋架较低，梁架比较壮硕。元明时期，雕刻日月和卷云等。闽南明代时期的建筑多运用马蹄墩的柱础，柱础一般为浅浮雕，肚部为视觉焦点，纹饰包括人物、动物和吉祥花草等，体现简洁质朴的风格。雀替在元代以前主要用于北魏的云冈石窟，宋至元盛行蝉肚绰幕，明代以前的雀替施加彩绘，一般不雕饰。明清时期外檐阑额下方普遍使用雀替，并规定长度为面宽的四分之一。明代木雕雀替卷瓣均匀、纹样简练、以云纹和卷草纹为主，以后题材逐渐丰富。闽南地区的明代建筑彩绘，以花卉人物为题材，木构件开始使用金漆木雕装饰，如泉州寺明洪武二十二年（1389年）修建的开元寺紫云大殿。

清末到民国期间，建筑材料更加丰富，新材料扩展了装饰手法。结构上采用混合材料，如运用钢筋、混凝土和玻璃等辅助材料。技术手法的扩展带来新工艺，如水泥模板制作雕花板，具有一定的装饰性。民国时期装饰元素增多，在砖墙的纹样方面，追求丰富的砌法，如砖拼文字和特殊形状的砖雕。墙面常见砖拼文字，结合西洋透视的概念，砖砌墙面追求立体的手法，形成视觉交错的空间，为砖墙增加趣味性。富商的建筑运用国外进口的瓷砖装饰镜面墙、牌楼面和对看堵等部位。民国时期闽南沿海地区运用日本生产的瓷砖，用于对看堵的装饰。地砖也有从东南亚进口的方块瓷砖，以几何纹和花草为主，色彩鲜艳，如蔡氏古建筑的地砖，具有显著的时代特色。

清代时期，建筑融合了欧式外廊和门窗的形式，如巴洛克山花、西式狮子和天使等，结合中式的书卷额、匾额、书法装饰和对联等。如泉州永春的福兴堂运用西方的柱式、天使形象装饰门楣。晋江金井镇福全村的番仔楼，平面上保持古厝的类型，室内的布局传承中堂的形式，底层作为客厅，采用红砖砌成的外廊建筑，寿屏后的楼梯通往二层，二层供奉祖先和神龛，体现中西合璧的细部装饰。

民国时期建筑装饰技术渐趋成熟，匠艺人才众多，各司其职，受到商业的影响。装饰适应建筑的发展需要，传统建筑的凹寿空间和埕的关系演变成商业建筑的骑楼，装饰位于山花之上，底下是商业店面。清代到民国期间闽南地区增加许多华侨盖的建筑，融合中西方文化，装饰多元化。建筑装饰的题材内容表现华侨的生活和场景，如永春崇德堂的木雕装饰包含华侨的形象。民国时期，孙中山先生积极倡导海外华人支持中国。闽南地区的商人建筑中出现非传统色彩的蓝色与白色，可能就是受到青天白日旗色彩的影响。这种色彩在华侨住宅和海外的华人住宅也有运用，如马来西亚槟城的蓝屋。

解放初期的建筑受到政治和经济的影响，装饰简洁、注重功能，运用红砖的不同堆砌，在檐下和窗楣形成突出的线条装饰。新中国成立以后装饰题材如红旗、五角星等元素的运用，具有明显的政治性和时代性。20世纪60年代，为了吸引更多群众加入土地革命，引导农民争取自身的阶级利益，共产党采取多种方式启发农民的阶级意识。政治思潮的影响下，建筑装饰以传统建筑的红砖墙刷上白灰，上面写上宋体的毛主席语录、标语和口号，动员劳动人民。

"文化大革命"期间，优秀的传统建筑被作为公共空间，出现了装饰构件被损坏、结构受损、人物题材的石雕被打碎、彩画被涂抹等现象。有些村民为了保护彩绘和雕刻免受破坏，在古老的建筑上刷上白灰，闽南地区至今仍有不少红砖墙和彩绘上面被白灰覆盖着。

闽南建筑装饰随着时代发展，加工方式不断更新。惠安一带的木雕厂和石雕厂以规模化加工，在工厂完成制作，现场进行拼装。机械加工有利于仿古建筑的修建和传统建筑的修复。厦门与金门的小三通实现之后，闽南地区的石雕出口到金门和台湾等地，用于当地庙宇和宗祠的修建，传承建筑文化，也给当地传统装饰的传承带来影响。工厂定制的石雕构件和批量的生产方式，使得传统灰塑、交趾陶和砖雕等运用较少。传统彩画因工序繁琐、丙烯材料和油漆现代材料的冲击、技艺传承者较少，面临危机。

建筑装饰体现时代特色和审美，现代建筑装饰趋向抽象性和多元性。闽南传统建筑装饰由朴素转为奢华，由奢华转向现代的简约多元化。剪粘、泥塑、交趾陶、木雕、石雕主要运用在寺庙建筑上。庙宇和宗祠修建的剪粘成为屋顶的主要装饰手法。立面运用石雕壁堵，石雕纹样繁琐。乡村中富裕起来的农民极尽装饰手法，炫耀性地进行展示。现代建筑的传统装饰较少，趋向抽象地表达文化内涵。

第五节　传统建筑装饰与时空关系

建筑装饰与时空和人的行为体验相互关联。每个空间装饰都有主题，装饰的构件吸引人们的注意力，影响人的反应与心理体验，对人的行为有一定的导向作用。古代的匠人和主人基于心理和情感的需要，设计室内外环境，使装饰从形象到内涵更加适应相应的空间。

一、装饰的空间分布

装饰是社会阶层、文化背景、心理需要、生活经历和个人习惯等的反映，强化建筑的象征性、文化的变迁、价值观变迁和宗教信仰。闽南传统建筑的装饰暗示相互联系的装饰信息。图像根据主人的世界观而设计，空间暗示生命起起落落的节奏感，表现天界、仙界和人间的自然观，是多元素叠加的叙事空间。

闽南传统建筑装饰的材料、色彩、数据和比例沿着中轴线呈现"起、承、转、合"的体系。建筑的凹寿作为"起"，下厅和走廊作为空间的"承"，中堂为"转"，最后到后堂作为"合"。装饰和空间结构的内在关系借鉴传统绘画和文学的表达方式，反映古人的审美观。在建筑的布局和装饰的分布，体现"起、承、转、合"的节奏规律。"起"在立面装饰指地基、柜台脚和地牛，体现离地感，暗示建筑的坚固和耐用。一些建筑设置影壁，白色墙面上突出中间的"福"或"寿"，表达吉祥内涵。"承"是建筑装饰的重点，具有连接和过渡的含义，如立面的镜面墙的装饰，特殊花砖拼合各种几何纹样，还有榉头空间、天井周边的窗棂、连廊和下厅都是连接空间，丰富装饰内容。檐廊空间狭窄，檐下装饰的吊筒以重复的元素将视线导向中厅。中堂是建筑装饰重点和分布最密集的空间，承重构件斗栱、梁枋，窗棂等共同烘托装饰氛围。空间的"合"指的是后堂，背景墙衬托主题。

闽南建筑的装饰依据轴线在空间中分布，以轴线对称分布体现装饰的秩序与象征。柯布西耶曾说："轴线使建筑有秩序感。建筑物被固定在若干的轴线上，轴线是指向目的地的行动指南。在建筑中，轴线具有目的性。"[①]装饰依附在建筑的空间中，

---

① 柯布西耶，走向新建筑，商务印书馆，2016

具有秩序性，对称分布在轴线上，均等排列或均衡分布，具有指向意义。装饰的题材内容、手法具有序列性。闽南传统建筑装饰布局的每个空间围绕不同的主题和特点，装饰布局严谨、庄重和理性。序列感体现在装饰沿着轴线对称分布，装饰的位置与题材密切相关。凹寿的空间装饰强调主人的身份地位和经济状况等，下落的装饰强调内省、教育子孙，中堂的装饰强调歌颂祖德和彰显品行等。

闽南传统建筑的建筑装饰不仅是单幅的片段式，而且依附在空间的连续和完整的图像架构，隐喻价值观念。闽南传统建筑一般为单层，以中轴线为中心对称布局，多层进深，房屋中间有天井，设置厅堂，主要有前厅、中厅和后厅，每个厅的装饰特点有所不同，如表4-3。

装饰的空间特征比较　　　　　　　　　　表4-3

建筑空间	部位	工艺技法	题材组合	色彩	空间特点
大门厅	基础—柱础	石雕	花鸟、动物	红砖、花岗石	门厅作为建筑的门面，结合多种装饰手法表现
	墙体—墙檐	水车堵、彩绘、泥塑	山水、人物、花鸟	矿物质的冷色为主	
	匾额	石雕	人物、花草	描金	
	塌头	彩绘、泥塑	建筑形象	冷色为主	
	梁架（梁头、雀替、驼峰、檐梁枋）	木雕	花鸟、人物	一般不上漆	
	屋面	正脊起翘，有垂脊，以花砖或剪粘瓷片装饰	花鸟、文字	红瓦或灰瓦	
下厅	基础—柱础	石雕	花鸟	石材色	下厅作为过渡空间，装饰较少，空间停留时间短
	墙体—墙檐	木隔墙	书法	油漆	
	匾额	灰塑	花草、文字	冷色	
	梁架（梁头、雀替、驼峰、檐梁枋）	简单木雕		梁架一般为红色和黑色上漆	
	屋面	正脊起翘，有垂脊	花鸟、文字	红瓦或灰瓦	
中堂	基础——柱础	石雕	花草	花岗石色	中堂作为供奉祖先、接待宾客的空间，装饰集中，结合多种手法，体现家族文化，弘扬祖德
	墙体—墙檐	木隔墙	文字	红色、黑色	
	神龛	木雕、贴金	花草、人物、建筑	金色、红色、黑色	
	梁架（梁头、雀替、驼峰、檐梁枋）	木雕，结合油漆	多层木雕的梁架，彩绘灯梁和中梁	梁架以红漆和黑漆搭配	
	屋面	屋顶较高，正脊起翘，有垂脊	花鸟、文字	红瓦或灰瓦	

续表

建筑空间	部位	工艺技法	题材组合	色彩	空间特点
后厅	基础—柱础	素平	无雕刻	花岗石色	以生活起居为主
	墙体—墙檐	门额装饰	楹联文字	红砖	
	梁架（梁头、雀替、驼峰、檐梁枋）	简洁的木雕	结构为主	无上漆	
	屋面	屋顶较高，正脊起翘，有垂脊	花鸟、文字	红瓦或灰瓦	

装饰在空间中的分布形成序列感，由四个阶段组成：开始阶段、过渡阶段、高潮阶段和结束阶段（图4-107）。各个阶段的装饰主题不同，主次分明、虚实相衬、节奏明显。如同戏剧一样，简洁展开、曲曲折折，将装饰的形态和内涵推向高潮，使得空间饱满、充实和丰富。结尾部分回应主题，形成统一连贯的视觉体系。装饰的历史人物、故事题材基于主人的信念、文化和身份等。图像故事传达观念和道德理想，构成整体的价值观。如华侨形象的装饰题材，表明主人的文化身份、价值观念和自身经历。图像形成系统，将价值观念组成有机的整体。

建筑装饰偏向空间性的特征，与复杂的结构结合，适应不同构件形象和装饰内容。装饰遵循空间的线索，从单幅和整体的装饰，从题材到内容进行宏观把握。图像

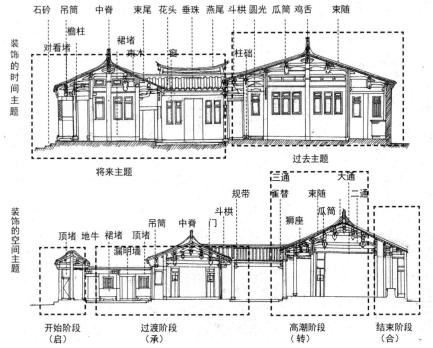

图4-107 室内装饰的时间主题和空间主题分布图（厦门卢厝为例）

的分布结构和叙事内容组成装饰的空间性，装饰的空间性体现闽南传统建筑的整体思维和宇宙观念。观看装饰的顺序与装饰的图像位置、内涵有内在联系，一般是先正面后侧面、由上到下、由左到右、由外到里的顺序。

二、装饰的时间表达

闽南传统建筑装饰具有时间性，空间分布体现节奏性与流动性。装饰与时间性结合，时间节奏控制整个建筑的叙事体系，便于观者感受生命的韵律感。有的学者认为："建筑是身体的艺术活动和眼睛的图像活动。"[1]宗白华说过中国人感到宇宙全体是大生命流动，其本身就是节奏与和谐。人类社会生活里的礼和乐是反映天地的节奏与和谐。一切艺术境界都根植于此。[2]

闽南传统建筑装饰的时间主题包含过去和未来（图4-106）。闽南传统建筑装饰增加人们对建筑的体验和感知。装饰伴随建筑体验的过程，当人们走进建筑，从装饰中获得形象信息、充实感和乐趣感。静态的象征空间所表达的意义和内涵具有一定的局限。当人们在行进中感知建筑装饰，能够体验建筑的时空性和整体的叙事系统。装饰是体验建筑的时间节奏，时间结构组成建筑装饰的主题，具有强烈的生命感，成为装饰的叙事特征。观赏者在装饰题材中感知时间性，将时间结构、空间形态和装饰主题结合在一起。如大门以外的装饰在思维中形成未来的时空印象，凹寿空间提供建筑认知的开始，体现未来。中堂的神龛是先人安居的地方，是灵魂的"住所"，作为微缩的建筑空间，以追溯先人和弘扬祖德为主题。中堂的装饰代表过去的辉煌。过去影响现在，现在影响未来。装饰是视觉语言，以时间因素布置的空间装饰，更是生命力量的体现。装饰的形意相依和形意合一将时间概念融合在空间实体中。

装饰信息吸引观赏者的注意，在表达上形成递进关系，增加观赏者对住宅文化的理解。中堂感受了过去和期望，空间布置丰富的装饰内容，如牌匾、楹联和隔墙直观地展示家族文化和精神理想。观者对建筑文化的认识随装饰的引导和时空的变化，形成由房子的外观到对主人身份、地位、品格等的印象。中轴线和两侧廊道一般是左进右出，行走路线上体验装饰的引导和表达（图4-108）。观看建筑与装饰的顺序与位置存在相互关系。建筑装饰构件与内涵相关，装饰构件的题材、手法相互关联，有利于整体叙事体系。

---

[1] 俞建章、叶舒宪，符号：语言与艺术 [M]，上海：上海人民出版社，1988：26

[2] 宗白华，艺术与中国社会，宗白华全集：第二卷 [C]，合肥：安徽教育出版社，1996.

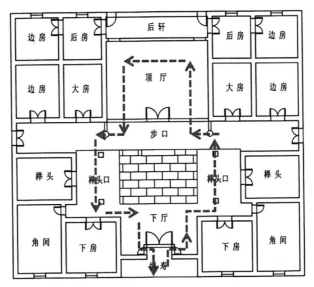

图4-108 装饰欣赏的流线分析图

三、装饰的价值观念

闽南传统建筑装饰包含生动的造型，体现微缩的精神世界，暗含主人的世界观。《吕氏春秋》中记载："上揆之天，下验之地，中审之人……无所遁矣。"《淮南子·原道》中称："覆天覆第，廓四方……高不可际，深不可测，包裹天地……生万物而不有，成化象而弗宰"。闽南传统建筑装饰尺度适宜、工艺精巧，构成人与建筑、建筑与自然、人与自然的和谐关系。装饰营造空间规范，调整人们的行为习惯和思维方式，与生活密切相关。地域文化通过物化的环境积累，潜移默化地影响人们的世界观和价值观。

闽南传统建筑装饰模仿自然，构件比喻自然，体现人与自然的和谐。建筑的柱子和墙壁等元素让人联想到人的结构，拟人化的名称象征建筑是有生命的实体。装饰按照人的身体部位命名，将房子与人的名称相对应。如"顶堵"象征头部、"身堵"象征人的"上身"，"腰堵"象征人的腰部，"裙堵"象征人的腿部，"柜台脚"和"地牛"相当人的脚部。装饰形象与寓意相结合。

祖先神龛的装饰斗栱重重，模仿宫殿建筑形态，用精细的雕刻塑造高大辉煌的理想空间。微缩的天地宇宙、美化灵魂居住的天堂，象征生命的无限与永恒，体现人们的美好愿望和想象。

闽南传统建筑的装饰图像有严密的图像组织，道教的阴阳理论和五行的学说对闽南建筑装饰产生一定影响。老子认为："天下万物生于有，二有生于无。""道生一，一生二,二生三,三生万物,万物负阴抱阳,冲气以为和"。如八卦符号,带有闽南文化的色彩,将天地作为大宇宙,住宅作为小宇宙的同构关系。建筑的四方柱、八角柱和规带形状等装饰也受到道教思想的影响。

文化观念对于闽南人具有影响。有学者将儒道合一称为天、地、人"三才"合一的世界观。古人认为宇宙有天、地、人"三才",用三才之道设计的建筑能达到"天人合一"。闽南人天、地、人"三才"合一的宇宙观与伦理思想、家族文化相结合,通过装饰的造型、题材和空间,化抽象为具象,比拟天、地、人"三才",表现文化理念。古人对神的敬仰和祈求体现在建筑上,如建筑分为三段:顶堵、身堵和裙堵,对应"天、地、人"的观念。三个台阶暗含天、地、人的概念。建筑将人们对自然生命力的认识与人生感悟加以融合,暗含"物我合一"和"物以载道"的思想,体现古人追求高雅和简约自然的生活。中堂正中檩条上的八卦,象征天,立面的"柜台脚"和"地牛"象征大地。这些都体现了古代"器以载道"的匠艺思想。

在闽南的建筑建造中,匠人充分考虑建筑的美观性和经济性,将工艺复杂、建筑精美的构件放置在明显的立面,次要的位置运用简易的构件。因而,在同一个建筑中,构件的元素相当丰富,体现建造者因地制宜的精神。

四、装饰的视觉导向

闽南传统建筑的装饰增加建筑的亮点,具有对称性、均衡性、导向性和向心性,用于吸引人们的注意,体验绚丽多姿的装饰形象。装饰元素连接空间,连接不同的装饰主题,逐步引人入胜,让观者体验更多的建筑内涵。闽南传统建筑的凹寿空间构建建筑的初步印象,装饰导向中厅,中厅是装饰的核心。装饰的时间感知和空间体验是搭建建筑叙事性和文化世界观的基础。一般以中轴线为中心,由外到内,沿着观赏路线,步移景异,每一处的装饰既有区别,又有主题的联系。中堂代表过去的时间主题,中轴线的中堂装饰在各个角度都能看到。在闽南传统建筑中,装饰引导观赏者进入中庭,在路线的选择上有两种。一种是穿过天井直接走向中堂的中轴线。另一种是从左侧的廊道通过,穿过廊道走向中堂,沿途欣赏吊筒和梁柱的雕刻。装饰的布局具有中心性和凝聚性,以目标为导向,时间的体验贯彻整个观赏过程。观赏点和终点可以相互转换,形成外游的路线。走进建筑,装饰导向大厅,大厅受下落空间的导向,从右端回到起点。装饰的题材、内容和材料形成文化空间。装饰的布局方式与礼的仪式性空间路线相吻合。观赏者充分感受到装饰形象,感官获得的装饰符号得到强化。按照预定的路线进行穿行,暗含儒家哲学的伦理道德观念和封建礼制,从人与神的关系推广到人与人的关系。沿着轴线方向进行导引,传统建筑的建筑叙事体系由未来追溯到古代，层层深入，最后将家族文化和崇高的道德精神展示给观者，令人赞叹和尊敬。如泉州晋江西溪寮蔡家娇宅院：中厅厅前的对联："东平王格言为善最乐，司马光家训绩德为先"，强调为善和积德。接着"理学绍渊万古山河独秀，忠臣德泽千秋日月同光"，体现对儒家理学和忠孝思想的尊重。中脊柱对子"堂构辉煌继达绵长喜见凤毛济美，规模高达创垂久远宜歌燕翼诒谋"。厅堂的主联写着："水抱山环地脉灵长同献瑞，蛟腾凤起家声丕振大生光"，"蛟腾"、"凤起"等词将主人的精神神化。[①]这些楹联对主人的歌颂递进表现，从主人为善积德的追求、崇尚儒家理学和忠孝、屋宇华美、风水理想，到家族兴盛和光宗耀祖等。

闽南传统建筑装饰分布具有连续性，在视觉上形成空间引导。装饰分布在建筑内部和行进的主要路线中，由建筑入口处延续到大厅，形成建筑装饰体系的时空连续性。路线组合形成空间流线，是建筑精神的表达。观赏的过程也是体验建筑内涵和空间主题的过程。闽南传统建筑装饰的导向性从凹寿空间开始，精致的吊筒围绕着廊道布置，引导人们从入口走到下厅。装饰元素不断重复，文字和图像配合，创造连续的空间，点明建筑的主题。装饰具有导向性，装饰符号分布在轴线中间，廊在空间中有线性特征，引导行进路线。装饰内容的视觉引导有利于形成有意义的、紧密相关的图像组合。装饰的空间引导、主题的体验和对形象的观赏转换成对建筑的感知。

闽南传统建筑的装饰不仅是给居住者欣赏的，也是主人身份地位的彰显。建筑入口的踏寿是迎宾送客的重要场所，是装饰的重点。形象的元素一般都集中在公共空间，装饰数量较多，类型丰富。如围绕天井周边的窗格、吊筒和隔墙，直至中央的厅堂，装饰密集、题材丰富、手法多样，内涵深刻。中堂的正厅每年要举行多次祭祀活动，是联系亲人、增进感情、密切关系和接待客人的重要公共空间。装饰对祭祀路线和宾客进行视觉引导，引导到中堂。闽南传统建筑的装饰强化交通路线和空间引导，装饰成为传统建筑空间导向的基本手段。

五、装饰的观赏引导

闽南传统建筑装饰主次分明，装饰构件强调空间的重要性，引导人们体验建筑。闽南传统建筑装饰布局与空间节点很好地联系起来，体现装饰的整体性。闽南传统建筑观赏体验受建筑装饰的影响。装饰程度越高、材料手法越丰富、视觉的刺激越大、观看的内容越多、人们停留的时间越长，行进速度越慢。如果装饰程度较低，视线越集中，停留时间较短，行进的速度便会加快。天井铺设简洁、装饰较少，人们的停留

---

① 许在全主编，泉州古厝［M］，福州：福建人民出版社，2006：40

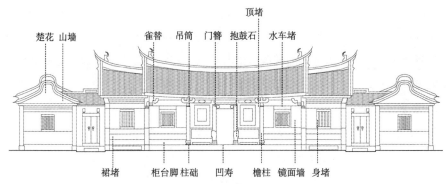

图4-109 传统建筑的装饰分布（厦门海沧区邱德魏宅）

时间较短。中堂的装饰精细、内容丰富，对观者的吸引力较大。从入口穿过天井走中轴线，行走的节奏会较快。路面的设计使得运动具有节奏感，台阶使观赏者视点产生变化，视线集中在中堂的装饰上。装饰的程度与视线高度、观赏距离有直接的关系。装饰密集的部位分布在视线45°的范围内，装饰密度适合观赏距离（图4-109）。竖向上的高差使人们的视点和体验产生变化。

　　闽南传统建筑装饰分布在空间中，以上、下、左、右多面分布营造空间氛围。计成在《园冶》的《借景》中描述："夫借景，林园之最要者。如远借、邻借、仰借、俯借、应时而借。然物情所逗，目寄心期，似意在笔先，庶几描写之尽哉。"古典造园借景通过远、邻、仰、俯的观景方式增加游览者的体验，加深意境。闽南传统建筑以吊筒为装饰元素，从入口到中堂，引导人们的路线，由入口走向中堂。厅堂是重要的空间，装饰充分考虑人的行为习惯、欣赏习惯和风俗等，统一到礼仪模式和建筑的整体叙事体系上。以中轴线为中心对称分布，通过装饰的引导，暗示每个空间的主题，形成独立而又统一的体系。装饰元素构成整体空间的布局。

第五章

闽南传统建筑装饰的
文化内涵

第一节　建筑装饰的表现手法

闽南传统建筑装饰包含丰富的文化内涵。门窗、斗栱、雀替、对看堵等部位结合装饰，暗含丰富的内涵。所谓的"图必有意，意必吉祥"是传统建筑装饰的内在动力，也是中国文化的基本精神[①]。闽南传统建筑装饰以谐音、寓意、象征和符号手法，表现建筑的吉祥文化、象征含义，体现地域特色。

一、谐音

闽南传统建筑装饰继承中原的传统，谐音的手法运用很广，主要用语音类比表现事物的特征。通过同音汉字将装饰题材与内涵联系起来，以动植物或器物题材表达吉祥文化。蝙蝠的谐音是"福"和"富"，寓意福气与富贵。方形窗棂四隅的三角部位，雕刻四只蝙蝠，谐音为"四福"和"赐福"。桃寓意福寿。狮子的谐音是"事"，隐含事事如意。鸡的谐音为"吉"，寓意鸡鸣富贵。灯的谐音是"丁"，表达人丁兴旺和丁财两旺。羊的谐音为"祥"，表达三羊开泰和喜气洋洋的内涵。鹿的谐音为"禄"，梅花鹿寓意福禄双全。"莲"的谐音是"连"，寓意年年有余和富贵平安。鱼的谐音是"余"，金鱼的谐音是"金玉"，表达金玉满堂和五谷丰登。马引申为"马上"，暗含马到成功。梅的谐音是"眉"，喜鹊与梅花构成"喜上眉梢"。民居的交趾陶对看堵采用多种纹样，隐含丰富内涵，如图5-1。

二、寓意

寓意指运用文学诗词的手法，通过人们的观察和思考后得到的隐含信息。装饰题材包括动植物图像、人物图像，以比兴和借物言志。寓意脱离真实形象的束缚，表达内心的情感、思想理念和文化内涵（表5-1）。动植物纹样蕴含丰富内涵，如兰花比喻君子；菊花比喻不畏权贵；竹子隐喻君子；鲤鱼化龙寓意事业成功；石榴寓意多子

---

① 周红，蔡氏红砖厝建筑艺术风格与装饰，装饰，2007-03

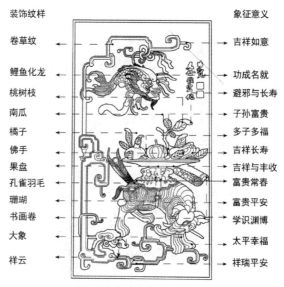

装饰纹样		象征意义
卷草纹	← →	吉祥如意
鲤鱼化龙	← →	功成名就
桃树枝	← →	避邪与长寿
南瓜	← →	子孙富贵
橘子	← →	多子多福
佛手	← →	吉祥长寿
果盘	← →	吉祥与丰收
孔雀羽毛	← →	富贵常春
珊瑚	← →	富贵平安
书画卷	← →	学识渊博
大象	← →	太平幸福
祥云	← →	祥瑞平安

图5-1 装饰的内涵（泉州民居）

多福；莲花寓意高洁；仙桃寓意长寿；蝴蝶寓意美好；凤纹寓意和平美好。狮子、花瓶、香炉和牡丹寓意平平安安和事事如意；老虎隐喻长寿与活力；鹤寓意祥瑞和长寿延年；松、竹、梅寓意高尚的道德；牡丹寓意富贵连绵；牡丹与凤寓意吉祥富贵；凤凰和梧桐树寓意福星高照。燕子寓意亲人回归；鱼纹寓意多子多福、灭火消灾。人物题材围绕儒家文化和美好理想，通过寓意体现福禄寿喜等内涵，如八仙过海隐喻神仙保佑、三国演义体现忠心仁义、二十四孝隐喻孝敬父母、麻姑献寿寓意吉祥长寿等。器物宝物寓于平平安安，文字装饰隐喻长寿富贵。入口处的对看堵通常蕴含丰富的寓意，如图5-2所示。

装饰题材元素与手法分析尊祖敬天　　　　　　　表5-1

装饰题材	图像元素	手法	寓意	象征价值
器物	香炉	引申	家和万事兴、尊天敬祖	禄
器物	果盘	寓意	丰收	财
器物	铜镜	寓意	辟邪、自省	福
器物	书画卷轴	引申	文人雅士，陶冶情操	乐
花卉	梅花	引申	坚忍的意志	君子品德
花卉	菊花	引申	坚韧无畏	寿、禄
动物	鸡	谐音	大吉大利	寿

图5-2 对看堵装饰寓意（厦门新垵民居）

装饰纹样　　象征意义
梅花 ← → 坚忍意志
牡丹 ← → 富贵平安
花瓶 ← → 平安、幸福
宝剑 ← → 辟邪平安
如意 ← → 平安吉祥
桃 ← → 长寿、禄
果盘 ← → 丰收吉庆
珊瑚 ← → 吉祥富贵
博古架 ← → 文人雅士

三、象征

象征是装饰艺术常见的手法。象征指运用具体的事物形象，表达抽象概念和思想感情，是传统艺术和文学的通用手法。贡布里希在《象征的图像》中认为：人物图像的一般功能包括再现、象征和表现。装饰的象征性是以文化为背景，满足实用功能，根据审美需要创造象征意趣。黑格尔曾经说过："建筑的基本类型是象征艺术的类型，建筑的目的在于用艺术的方式表现心灵所处的外在环境。建筑的目的并不在于它的本身，而是供人装饰和居住"。象征手法以感性的事物显示的形态、色彩或人格化的意义，使内涵丰富。闽南传统建筑的装饰形象唤起人们的经验、记忆、美感和想象。象征手法在装饰中运用较广，数量较多，借物抒情，表现抽象理念，如表5-2所示。

壁堵象征手法分析　　　　　　　　　　　表5-2

装饰题材分析	手法	内涵
卷草纹	象征	吉祥如意、富贵连绵
鲤鱼化龙	象征	地位提升、功成名就
橘子	象征	多子、富贵子孙
南瓜	象征	多子多福
桃树枝	象征	长寿、生命常青
佛手	象征	吉祥长寿、佛教
孔雀羽毛	象征	吉祥宝物、富贵长春

续表

装饰题材分析	手法	内涵
珊瑚	象征	富贵平安
果盘	象征	吉祥与丰收
书画卷	象征	书卷气、学识渊博
大象	象征	太平、幸福和安康
祥云	象征	祥瑞、平安

　　闽南传统建筑以象征的手法表现理想。农耕时代，植物纹象征丰收，体现人们对生活的热爱。苍松和寿桃象征长寿；牡丹象征富贵；花瓶象征平安；牡丹花与白头鸟象征白头偕老、富贵常春；莲花象征高贵清纯；梅兰竹菊和岁寒三友象征君子；荷花象征纯洁。动物纹是图腾的象征，龙象征吉祥神圣；凤象征吉祥；金鱼象征幸福；麒麟象征尊贵；狮子象征平安、吉祥；竹子象征常青、子孙众多和成才、发达等；螭虎象征祥瑞。如图5-3，蔡氏古民居的红砖雕装饰纹样包含丰富的象征意义。古器宝物象征着高雅的情趣、平安吉祥。道教"八大件"象征祈福避灾。如意象征吉祥；葫芦象征多子；宝剑象征平平安安；花篮象征美好；荷花象征纯洁。

　　材料与色彩具有象征性。材质的造型、质地和色彩成为传统建筑身份的象征，体现社会地位。闽南红砖象征吉祥喜气，花岗石象征着坚固耐用、质朴敦厚。木材源于自然，象征万物吉祥和繁茂兴旺。竹材象征真挚质朴的君子风范。交趾陶象征古朴生动；砖雕象征吉祥美好；剪粘象征轻巧艳丽；彩画贴金象征富贵辉煌。

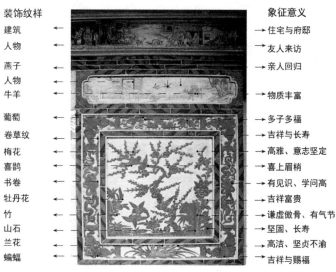

装饰纹样		象征意义
建筑	← →	住宅与府邸
人物	← →	友人来访
燕子	← →	亲人回归
人物	←	
牛羊	← →	物质丰富
葡萄	← →	多子多福
卷草纹	← →	吉祥与长寿
梅花	← →	高雅、意志坚定
喜鹊	← →	喜上眉梢
书卷	← →	有见识、学问高
牡丹花	← →	吉祥富贵
竹	← →	谦虚傲骨、有气节
山石	← →	坚固、长寿
兰花	← →	高洁、坚贞不渝
蝙蝠	← →	吉祥与赐福

图5-3 动物和植物装饰题材与象征（泉州蔡氏古建筑）

装饰形态和手法具有象征性，闽南传统建筑中强调装饰的立体效果和远观效果。石雕装饰多运用高浮雕和圆雕，很少运用线雕和浅浮雕，雕刻题材多选择花草、动物和人物纹样，生动浑厚，形象立体。

四、符号

装饰符号是指将事物形象特征进行的几何处理，是表达理念的符号系统。几何纹以简洁的组合形式，以抽象为符号，引起人们的联想，构成形式美，并表达吉祥意义。清代雍正以后，建筑装饰融入地方性的特点，符号营造吉祥文化。闽南传统建筑继承中原文化，以符号表达内涵。符号的形式多样，多用于传统民居立面的镜面墙，构成优美的建筑形象，如图5-4~图5-15所示。几何纹和符号化包含丰富的内涵，如八角形寓意吉祥；六角形隐喻长寿；圆形寓意圆满；菱形寓意长寿延年；万字形代表万事如意；钱纹寓意财富；葫芦寓意福气；法螺象征运气；法轮隐喻生生不息；宝瓶寓意圆满；琴棋书画隐喻子孙天资聪慧。如意、宝珠、葫芦、扇子和古钱等代表吉祥。福、寿和囍等文字符号常运用于屋顶、瓦当、镜面墙和牌楼，构成图案化的形象。

图5-4 万字斜纹

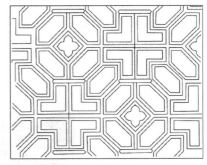

图5-5 六角花纹

图5-6 风车纹（厦门海沧新垵建筑）

图5-7 回纹（厦门思明区卢厝）

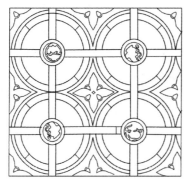

图5-8　钱纹（泉州永春福兴堂）

图5-9　万字纹与龟纹（厦门思明区卢厝）

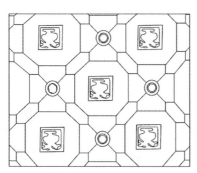

图5-10　组合纹1（泉州永春福兴堂）

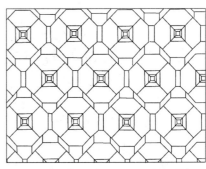

图5-11　组合纹2（泉州南安蔡氏古建筑）

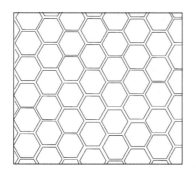

图5-12　六角纹

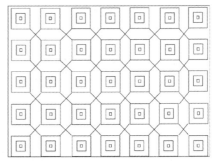

图5-13　回字纹

图5-14　福寿文字纹

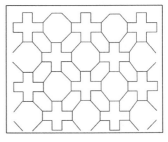

图5-15　十字纹和六角纹

闽南传统建筑装饰符号具有以下特征：装饰符号作为表达思想的载体，反映价值观念和文化内涵，赋予建筑精神内容。闽南传统建筑重视结构和装饰，细部体现主人的身份地位、价值观念和内涵，是实用、功能与人文因素的结合。闽南传统建筑装饰符号体现吉祥文化。装饰传承自中原文化，寓意幸福、长寿、人丁兴旺和祈福愿望等。人物纹、动物纹、植物纹和几何纹等构成装饰主题，跨越时空的限制，表达吉祥寓意，赋予建筑文化内涵。装饰通过吊筒、窗棂、立柱和柱础等构件串联不同的空间。相近的构图和表现装饰手法，在视觉上形成暗示、导引与联系，使得过渡空间与公共空间一体化。

第二节　装饰符号与文化心理

文化的核心是人的意识形态，艺术形式往往表现思想意识。建筑装饰是建筑文化内涵和地域文化的载体，运用形象化的"符号"反映建筑思想、文化观念、价值观念、情感寄托和建筑意向等。建筑装饰满足人的需要，体现传统建筑的物质功能和精神意义。陈凯峰在《建筑文化学》中认为："建筑文化的内涵，是建筑思想、建筑观念、建筑意识、建筑情感、建筑意念和建筑思潮等一类的心理层面的要素群。"[①]装饰是建筑象征意义的集中体现。行为科学家认为：衣着是一个人皮肤的延伸，宅第则为肢体的延伸，这个观念深刻地阐明人内在世界对外在环境的影响。[②]

闽南传统建筑装饰作为象征符号，包含人们的物质层面、生理层面、心理层面、精神层面和社会层面等多层次的心理需要，符合地域文化传统，反映人们的精神追求和深层的思想文化内涵。

建筑装饰是多层文化含义的叠加：第一，是功能需要，如通风、采光和防御等功能。第二，是美学需要，体现材质美、工艺美和图案美。第三，是精神意义，如宗教信仰、伦理道德、哲学意识、家族观念和价值观念等。建筑装饰充分运用材料和工艺，运用寓意、象征、谐音等手法，将审美趣味、地域特色和宗教信仰等内涵结合到地域文化的表达中。

---

① 陈凯峰，建筑文化学［M］，上海：同济大学出版社，1996
② 林会承，台湾传统建筑手册［M］，台北：艺术家出版社，1995：11

建筑装饰是物质和精神的产物，包含表层和深层文化。地域建筑装饰是从自然界和人类生活中演化出来的。建筑依据装饰形象获得人们的认可和尊重，传达建筑的精神。装饰适应社会、经济和技术的发展，满足人们多方面需求，体现文化特色。建筑装饰是隐喻性的符号，是信息的载体，是地域文化的表达。

闽南人在装饰上体现的精神需求大体可以分为福、寿、安、康、财、子、禄、喜、乐和宁等。装饰与文化心理相对应，包括装饰与适用需求、环境美化与审美需要、家族文化与情感归属、宗教崇拜与精神寄托、儒家文化与社会尊重、身份象征与个人理想等。建筑装饰由各种文化心理需要的单元组成"系统"，将宇宙观、审美需要、祖先崇拜、宗教崇拜、家族文化、社会交往、意识形态等融为一体。装饰与建筑结构、功能构件和心理需要相结合，形成分布空间的图像系统。

一、建筑装饰与适用需求

闽南传统建筑的装饰从实用的角度出发，满足结构功能，以优美的造型装饰。按照马斯洛的需求理论分析，闽南传统建筑装饰在一定程度上满足人们的安全、防护与卫生的需要。凹寿空间是建筑与外界的过渡空间，空间装饰暗示私人属地，增加安全感。凹寿牌楼面常用木栅门，满足保护儿童、防止盗贼和抵挡家禽的需要。木雕的花草装饰门框和顶堵，体现安全与审美的结合。外立面窗户运用镂雕石窗装饰，坚固耐用，能够通风采光、保护领域、避免私人空间受侵扰。门窗的装饰便于从室内观看室外环境，保护隐私、增加安全感。装饰满足建筑空间对于私密感的不同需要，创造内外空间的联系与提示，满足室内的安全需要。建筑装饰构成清晰的空间功能，暗含私密性和领域感的信息。如图5-16所示，私密性高的窗户用浮雕和线雕，孔隙小。如图5-17所示，私密性低的窗户运用镂雕花砖装饰，孔隙大。

图5-16 私密性高的窗户空隙小

图5-17 私密性低的窗户空隙大

二、环境美化与审美需要

建筑装饰能够满足人们对环境的审美需要，体现人们对于自然山水环境和室内环境的态度。人们离不开装饰的空间就像生活离不开水一样，过于简洁的空间容易使人们产生消极、郁闷和空虚等负面心理的影响。闽南传统建筑充分运用石雕、木雕、砖雕、交趾陶、泥塑和彩绘等多种材料和工艺手法装饰，增加建筑环境美感，满足人们的审美需要，体现审美思想。德国古典哲学家康德（I Kant，1724-1804），在《判断力批判》中曾说："在绘画、雕刻艺术以至一切造型艺术中，在建筑庭园艺术——对于鉴赏重要的不是感觉的快感，而是单纯经由它的形式给人的愉悦。"[1]大户建筑常以门为框，开门时从中堂可以观赏到成片开朗的田园景观，将户外的景色借入庭院，有"开门见山"之感。从大门外部看室内，视线穿过天井，能观赏到盆景和花卉掩映下大厅的场景。门框使得景色层次明显，建筑空间和自然景观相通、延伸，体现古典园林所追求的"诗情画意"。

闽南传统建筑的装饰有利于美化建筑的室内外环境，给人们带来形式的愉悦感。建筑的装饰美学与古典园林的美学根本上是相一致的。清代文学家沈复曾说："大中见小，小中见大，虚中有实，实中有虚，或藏或露，或深或浅……"[2]对闽南传统建筑来说，从建筑空间到装饰的欣赏，从装饰的内容到建筑的文化内涵，空间装饰布局体现虚实相衬和节奏变化的古典审美观。

经济条件对闽南建筑装饰程度影响很大。普通建筑多利用周边环境的自然美，通过地形、山水和植被衬托建筑。中原的移民和经商之家拥有雄厚的物质基础，在选择优美的环境基础上，重视室内装饰的美化。他们聘请当地优秀的工匠，运用精致的材料，结合多种建筑材料和装饰手法，营造优美的环境。如永春的沈家大院，据说主人用了三斤的黄金制成金箔和金粉装饰大厝的楹联和牌匾。

三、大厅装饰与祖先崇拜

闽南地区的祖先崇拜和祭祖传统源于中原，是住宅血缘文化的体现。古人云："大凡生于天地之间曰命，其万物死者皆曰折，人死曰鬼，此五代之所不变也。七代之所更立者，禘、郊、祖、宗、其余不变也。"[3]祖先崇拜源于人们相信灵魂的永生，以先辈的魂灵为祭祀对象，是血缘关系基础上的宗教行为，也是中华民族的传统习俗。

---

① 北京大学哲学系美学教研室 编，西方美学家论美和美感，商务印书馆，1980：159

② ［清］沈复，浮生六记，卷一

③ 礼记，月令第六，祭法第二十三

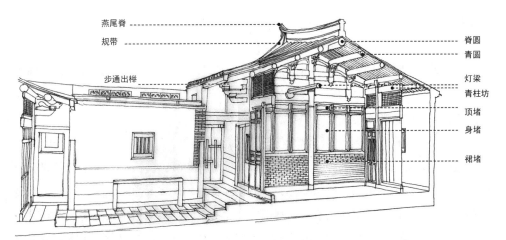

图5-18 厅堂的结构和装饰构件

　　闽南人敬天尊祖，中堂是祭祀的空间，是空间和文化的核心。中堂一般华丽高大，装饰显示主人的高贵地位、雄厚财力、对子孙的教育和对祖先的崇敬。如图5-18所示，中堂的梁枋、雀替、柱础、门窗格扇、家具和陈设等以木雕装饰为主，结合油漆彩绘，是建筑装饰的重点。普通建筑的厅堂是敬奉祖先最重要的公共空间和活动场所，也是传统文化的集中体现。厅堂是祭祀和礼仪的地方，布置在建筑的中轴线，大厅的立柱和两侧的隔墙装饰歌颂祖先的美名和功业。在大聚落群中，则有多个厅堂组成的多条轴线，形成院落的空间。泉州南安的蔡氏古建筑，以两落和三落的建筑组成建筑群，建筑有多条轴线，每个轴线上有独立的厅堂用于供奉祖先和神龛。

　　闽南传统建筑的敬祖空间主要是大厅。中堂面朝天井，光线充足、宽敞明亮，四周有檐廊与厅堂相连接，正中供奉着祖宗的神位。神龛内一般设置几个阶梯，代表不同的辈分和等级，如图5-19所示。祖先的灵位隐喻灵魂居住的地方，多重的木雕装饰隐喻理想的"天堂"，如图5-20所示。中堂作为敬奉神灵和接待客人的地方，一年

图5-19 祖先的神龛（永春崇德堂）

图5-20 祖先神龛装饰（厦门邱德魏宅）

要举行多次活动，如正月初一、初四、十五、二十九、清明节、端午节、鬼节、中秋节、冬至、腊八节、除夕、祖先祭日、结婚、庆生和寿辰等。一般在中堂八仙桌前烧香、点蜡烛、摆设各种贡品，举行祭拜活动。中堂装饰由牌匾、楹联、神龛、灵牌和肖像等组成，以木雕装饰为主，大部分保留木材的颜色。大厅立柱的柱头常用凤的图案装饰，富商之家的木雕和文字雕刻常结合油饰和贴金。

宗祠一般规模比较大，是经常举行祭祀活动的特殊建筑。宗祠和家庙从选址、规模、设计到装饰都非常用心。装饰综合建筑、雕刻与绘画，装饰程度高于普通建筑装饰。装饰表达主人的审美、教化子孙、营造家族文化和光宗耀祖的氛围。宗祠还是褒扬功名、品行的地方。宗族的家庙供奉祖先的灵牌有限，有资格永久放置的需要对家族的基金会贡献较大，获得举人或功名的也能在祠堂里享有永久权力。大厅一般挂上木质的荣誉牌匾，以忠孝节义为主题歌颂先人高尚的品德。如皇帝赐予的牌匾，一般都放置在最醒目的地方，有身份地位的死者灵牌常会从住宅迎接到宗祠中，并有隆重的迎接仪式。泉州晋江青阳的蔡氏家庙，外立面以精美的木雕和石雕装饰，中厅供奉祖先的神龛综合多种装饰工艺，营造庄严肃穆的氛围和生命的延续感。

闽南传统建筑装饰和家具的向心性和轴线感，能聚焦精神空间，营造祖先崇拜的氛围。中堂的建筑装饰表达祈求祖先保佑子孙后代幸福安康，对应长寿安康的心理和光宗耀祖的愿望。宗祠和家庙的装饰衬托家族的经济政治和权力，有利于维系家族内部的团结和凝聚力。

四、装饰题材与泛灵信仰

中国古代具有泛神论和多元的信仰，闽南泛灵信仰自原始社会就有了。泛神是认为自然万物都有生命。《礼记·祭法》中记载："山林川谷丘陵能出云，为风雨，见怪物，皆曰神。"动物崇拜是泛灵信仰的一方面，如虎、狮子、蛇、鱼和鹤等。闽南建筑的装饰题材常见龙、蝙蝠、马和牛等。龙、牛、虎是神门、家庭和祖先的守护者，保佑家族兴盛；蝙蝠是智慧的化身；狮子和麒麟等象征威武辟邪；鱼、石榴和葡萄等象征多子多福、人丁兴旺。

古越民族的信仰相对较多，北方移民南迁，特定的地理自然条件下结合图腾崇拜、宗教信仰、祈福辟邪等精神寄托。人们通过敬奉神灵追求功利，寄予升官发财、福寿双全的愿望。中堂的左边常供奉灶君神位，用于避灾和祈福。闽南人相信有神的保佑和庇护，子孙有强大的生命力。厌胜物代表神秘的力量，体现泛灵信仰，如图5-21，桌上摆放多个神仙塑像。闽南传统建筑的厌胜物主要有：风狮爷、剑狮、石敢当、八卦和门神等。

图5-21 泛神信仰（厦门邱得魏宅）

图5-22 风狮爷（厦门海沧霞阳建筑）

（1）风狮爷

闽南夏季多台风，厦门和金门的村落尚存一些风狮爷，隐含祈福避灾之意，成为独特的景观。风狮爷装饰有三种形式：一种是单纯的狮子，内部为空心，风经过时发出声响。另一种是将军骑着狮子，手握弓箭等武器（图5-22）。还有一种是放在村落入口处，面向东北方向。屋正脊的风狮爷大多是花岗石，也有少数陶制，一般在大厝可见。连横的《台湾通史》卷二十三"风俗志·宫室"："屋脊之上，或立土偶，骑马弯弓，状甚威猛，是为蚩尤，谓可压胜。"[1]随着信仰增多，风狮爷演化为镇风、辟邪、招财和求子等功能。如图5-23，金门的风狮爷作为镇风之神。

（2）石敢当

石敢当位于房屋的旁边或是巷子口，用于辟邪。石敢当以文字、符号、神兽和石碑形式，暗含远古时期的宗教崇拜（图5-24、图5-25）。连横的《台湾通史》中记载："隘巷之口，有石旁立，刻'石敢当'三字，是则古之勇士，可以杀鬼者也。"[2]

（3）剑狮

剑狮是闽南地区所特有的，一般由狮子头和剑组成。狮子的形态各异，有的咬着剑，有的露出牙齿，一般用于门楣与照壁上。剑狮具有辟邪之意，剑狮的材质可分为泥塑、木雕和彩绘，用于镇宅之物。

（4）八卦

八卦的名称为"乾、坤、震、巽、坎、离、艮、兑"，象征天、地、雷、风、水、火、山、沼泽八种自然现象，是万物产生的根源。《易经·系辞》曰："易有太极，始生两仪，两仪生四象，四象生八卦，八卦定吉凶，吉凶生大业。"八卦牌挂在

---

① 连横，台湾通史，卷二十三，风俗志·宫室：427
② 连横，台湾通史，卷二十三，风俗志·宫室：459

图5-35 金门风狮爷

图5-24 石敢当（1）

5-25 石敢当（2）

图5-26 八卦门环（泉州府门庙蔡氏宗祠）

图5-27 照壁上的八卦（泉州民居）

门楣、门楼、山墙、屋顶、石敢当和照墙，一般用绘制太极和八卦图的等边八角形木牌作为镇宅之用。建筑的门上常见八卦形门环，如图5-26所示。闽南建筑中正对大门的埕围略高，成为"照壁"，是为挡住"煞气"。墙上、门上、建筑和祠堂的脊檩正中通常绘制八卦图，如图5-27所示，体现古人的宇宙观。

（5）门神

闽南的道观门神大多用神荼和郁垒。神荼在左边执斧，郁垒在右边握金锤。寺庙用韦驮和伽蓝两个护法神，还有穿官服的门神。寺庙、宗祠和建筑的门神一般是秦叔宝和尉迟敬德，体现民间信仰的多元性。宗祠和家庙常见门神装饰，普通建筑一般粘贴纸质的门神。

（6）其他

烘炉以陶土烧成，里面装有炭火的炊具，作为辟邪物，常放置在屋正脊，寓意薪火相传和家族繁盛。闽南沿海多风，传说中风鸡能够镇风，屋脊正中和垂脊常用泥塑和陶制的鸡，称为风鸡。风鸡隐喻镇风和防白蚁，如泉州市开元寺大殿和文庙的屋顶有竖立的风鸡。祈福的动物如：蝙蝠、喜鹊、梅花鹿、鲤鱼和蝴蝶等。植物如：桃枝、柳枝、石榴、牡丹和仙人掌等。

传统建筑中堂的右侧常设置神龛，反映主人希望获得神佑的愿望，多个神仙体现人们的泛灵信仰。万字纹即"卍"字形纹饰，常用于建筑纹样，在古代作为符咒，具有护身作用，象征太阳、火和吉祥万福。

匾额、楹联和壁堵装饰体现敬奉神灵和追求功利等理想。如泉州永春丰山村14号的藏头诗："庆集门庭瑞微孝弟，星辉奎璧象现文明"和藏头诗："庆云爽气笼仁里，星斗祥光射德门"，体现祈福思想和精神寄托等。

闽南人的移民历史、自然和地理条件，形成多种宗教和多元信仰。古人为避免恐惧、焦虑和危险等负面心理影响，吉祥物装饰满足人们的平安稳定、幸福美好的心理需要。泛灵信仰与逢凶化吉、祈福避灾相一致。闽南传统建筑的装饰是人们创造的实体和精神文化，表达美好愿望。

五、楹联装饰与家族文化

闽南传统建筑装饰以形象、色彩唤起人们的美感和想象，表现家族文化和主人的品德。黑格尔曾说过："建筑的基本类型是象征艺术的类型，建筑的目的在于用艺术的方式表现心灵所处的外在环境。建筑的目的并不在于它的本身，而是供人装饰和居住"[①]。营建队伍专业化发展，当时的匠人依据社会流行的思想观念和使用者的愿望，以丰富的装饰元素象征建筑的意义。装饰隐含祈福避灾的愿望，体现使用者的家族文化、精神追求和人生经历等。

闽南传统建筑的建筑装饰蕴含强烈的家族认同感。农耕社会需要家族的凝聚力，提高生产能力，中原的移民聚族而居，相互团结，共同抵御外界侵袭，维护自身利益。如泉州南安的蔡氏古建筑，由23座主体建筑构成，同一祖先的子孙聚居在一起，相互帮助，构成大家族。闽南传统建筑传承先秦的儒家文化思想，以伦理为中心，仁爱为核心，强调礼的行为规范。装饰将审美与道德结合，如"敦孝悌、睦亲族、和乡邻、名礼让和务本业"等。泉州塘东村的1922年建造的建筑，牌楼面用花岗石刻着"留福与子孙未必，买黄金白镯种心，为产业由来，皆美宅良田。"文字体现主人重视建房置田，将美宅和良田作为留给子孙后代的最好礼物。凹寿的对

---

① 黑格尔，美学［M］，朱光潜译，北京：商务印书馆，1979

看堵常见"竹苞"和"松茂",出自诗经"如竹苞矣,如松茂矣"①。人们希望华屋落成,家族兴盛,家族如同竹子一般,根深蒂固、枝叶繁盛。对联源自诗句,一般对仗整齐,规范性较强,常包含房屋名称和家族理想的藏头诗,是家族文化的重要体现。如厦门芦塘举人第的隔墙装饰:"涉世有良方,规行矩步;传家无功法,兄友弟恭",体现循规蹈矩和家庭和睦的价值观念。有的楹联体现家族对封建礼制和旧规的尊重,如泉州永春崇德堂楹联:"来崇福禄增新庆,通德门庭守旧规"。有的楹联装饰体现对家族未来的期望,如泉州南安蔡氏建筑的凹寿刻写"家学有真源,蒙引一书承四字"。

北方移民南迁,同家族往往居住在一起。传统建筑受儒家思想的影响,具有包容性、多元性、祖根性、重商文化和务实精神等,体现家族文化传承和情感归属。宗族文化集中体现在祠堂的装饰,如尊祖敬天、纪念先人、彰显祖德和荫佑子孙的装饰内容。如厦门莲塘别墅的家庙楹联:"序孙子于一堂沧济列衣冠会见五百里德兴重聚,祀祖宗於百代春秋隆祭享定卜意万年廟貌长新"。装饰歌颂祖先的功德,团结族人,以礼义忠信为核心,强调伦理性,鼓励后辈团结和睦,继承和发扬祖先的业绩等。家庙和宗祠的装饰精美,是加强家族团结和凝聚血缘关系的依托。莲塘别墅宗祠大门门联:"洲号莲花堂名宛在,乡联柯井山插大观。"牌楼面的门额通常采用石刻的,暗含家族的姓氏、发源地、祖先和荣耀等,如"庙貌筆新圭海衣冠推雀起,家声丕振沧江科第更蝉联"。在闽南传统建筑中,以繁衍的郡望为名称,或以祖先的丰功伟绩作为郡望堂号,以彰显家族历史,增强家族的荣誉感和凝聚力。如黄姓挂"紫云衍派"牌匾、王姓挂上"开闽传芳"牌匾,郑姓挂上"荥阳衍派"牌匾,蔡姓多刻"济阳衍派"和"清河衍派"等。济阳衍派属于总属,莆阳衍派和青阳衍派是分支,据说蔡姓源于河南济阳府的固始县,后人移居福建、广东、台湾和南洋等。门匾暗示着历史上北方居民的南迁,带来了先进的文化,在宋代,儒学深入民间,程朱理学影响闽南文化,是中原文化在闽南发展的延伸。据说蔡襄写《荔枝谱》,是一本描写荔枝的书。他的后代自称"荔谱流芳"或"荔谱衍派"。南安蔡氏古建筑的镜面墙装饰"荔谱传芳",追认蔡襄为先祖。厦门卢厝匾额"范阳世泽",意为家族传承自古代北方大姓范阳卢氏家族。衍派与传芳体现纪念祖籍地、光大祖先荣耀和探寻家族渊源等。泉州的黄宗汉故居,属于紫云黄分支,家族从九世就辨出宗族辈分:"荣耀祖宗贻谋孙子用承家庆世受国恩"。②"大夫第"的匾额显示祖先荣誉,如图5-28所示,鼓浪屿的大夫第、厦门院前大夫第等。匾额装

① 诗经·小雅·斯干

② 许在全主编,泉州古厝,福建人民出版社,2006:24

图5-28 大夫第（鼓浪屿四落大厝）

图5-29 匾额装饰（泉州晋江塘东村）

饰强调家族源流的纪念和探寻，体现家族迁移的历史记忆和同宗的认同感，反映传统家族观念的价值取向和社会身份的象征。

　　闽南传统建筑注重祠堂和建筑的匾额和楹联装饰，以石雕和木雕的文字为依托，表达主人的世界观、人生观、道德观和伦理观等。闽南传统建筑的匾额、楹联、辟邪物和吉祥纹样体现家族文化。如图5-29所示，泉州晋江塘东村的蔡氏宗祠，匾额写上忠惠传芳。内部空间受到是地域文化和生活习俗的影响。中堂装饰增进家族的团结，表达对祖先的尊敬，传承家族文化，增加空间活力。建筑装饰能提升空间的品质，增加族群的共同价值观和归属感，营造空间氛围。

　　教育与儒家文化改变了闽南人的社会地位，尤其是获得功名的家族。闽南传统建筑装饰体现兴学重教，宣扬儒家文化以及以血缘关系为纽带的家族传统。中堂设立祭祀祖先的神主牌位，楹联和匾额蕴含儒家文化，彰显祖德，体现佑荫子孙的愿望。书法装饰暗含儒家文化、处世哲学、伦理纲常、家族和谐和尊祖敬天等。厦门芦塘举人第楹联"涉世有良方，规行矩步；传家无功法，兄友弟恭"，体现循规蹈矩与家庭和睦。蔡氏古建筑的楹联"必孝友乃可传家，兄弟式好感他，则外侮何由而入；唯诗书常能裕后，子孙见闻止此，虽中材不致为非"，体现家庭团聚与耕读结合。

　　闽南传统建筑的装饰体现"礼"的秩序和传统文化。秩序如：北为尊，南为卑，东为主，西为宾。建筑装饰题材中体现尊卑有序、忠信礼义的伦理观念，强调子孙对父母的孝顺。主体建筑分布在轴线上，北侧的后落比南侧的前落更高大，装饰级别高，东厢房为正屋，一般是父母和长子居住，建筑装饰比较尊贵。建筑装饰与家庭地位相关，室内装饰和陈设体现尊卑之分。闽南传统建筑装饰的布局体现中原建筑、儒家文化和家族文化的影响。吉祥图案在石雕、木雕和砖雕中大量使用，题材丰富、手法多样。人物装饰常见二十四孝图、桃园结义、忠孝节义和历史故事等。动物、花草和文字等题材，教育启迪后代尊老爱幼、和睦相处。蔡氏古建筑强调"立家庙以荐蒸尝，设家塾以课子弟，置义田以赡贫乏，修族谱以联疏远。"①这些敬宗授族、养老扶幼的思想在楹联和书法装饰中多有体现。泉州博物馆所藏的"龙纹家训碑"刻有："孝顺父母、尊敬长上、和睦乡里、教训子孙、谷安生业，莫作非为"，家训和家族文化通过装饰体现。

六、凹寿装饰与社会交往

闽南传统建筑装饰传承中原的礼教和儒家文化，表现政治理想和道德观念。名人的题字或题写楹联暗示主人的社会地位和社交圈。楹联书法装饰传递主人的价值观念、身份地位，蕴含儒家思想、循规蹈矩、崇尚读书、勤俭积德、无私自省和社会尊重等文化。闽南传统建筑凹寿的楹联和对看堵的书法，字体飘逸优雅，体现积德读书、修身自省、处世哲学、纲常伦理等，如举人第的"必孝友乃可传家，兄弟式好感他，则外侮何由而入"和"唯诗书常能裕后，子孙见闻止此，虽中材不致为非"。装饰体现处世之道、积德与读书的装饰内容，如泉州永春福兴堂的"人间千古年世家无非积德，天下第一件好事还是读书"。文字体现勤俭与耕读，如福兴堂的楹联"承先祖一脉相传克勤克俭，教子孙两行正路唯读唯耕"。楹联表达主人修身自省的思想观念，如厦门新垵西片276号的石雕门联："修省身心如执玉，德怡孙子胜遗金"。名人书法体现社会尊重，如图5-30所示，厦门卢厝运用明末四大书家之一张瑞图的书法装饰牌楼面。楹联也善于表达主人的道德理想，如泉州永春福兴堂楹联"福不唐捐处事毋达十善道，兴堪计日居心要奉三无私"。门联暗示主人知足感恩的内心情感，如泉州晋江塘东村的石雕楹联"茄苋助餐承宠誉，穀粱著说荷恩褒"。

图5-30 凹寿装饰（厦门新厝角）

图5-31 凹寿装饰（厦门院前红砖宅角）

---

① 周红，蔡氏红砖厝建筑艺术风格与装饰，装饰，2007-3

图5-32 凹寿装饰（泉州蔡氏古建筑）

图5-33 凹寿装饰（厦门大夫第）

　　建筑装饰体现个人对于社会交往的需要，体现与名人的交往和精神追求。1929年重修的泉州晋江陈清机故居，匾额"鳌头传芳"由书法家山农所书，正门对联由国学大师章太炎撰写，对看堵墙面镶嵌国民政府主席林森、国民党元老于右任、考试院长戴传贤和福建政府主席杨树庄等近代名人的手迹。大门左侧装饰于右任录赠唐诗："清机先生法家，新林二月孤舟还，水满清江花满山，借问故园隐君子，时时来往中人家。"大门墙头的装饰，绘有1931年十九路军入闽的壁画。名人题字和壁画足以表明主人在上流社会广泛的社交[①]。凹寿空间的装饰具有特别的意义，是建筑与临街面的社会交流空间，体现建筑与环境相互影响的因素（图5-31）。凹寿装饰满足人们的社会交往需要，标榜主人的身份和价值观念，有利于人们建立互信的社会关系，体现亲近社会。中堂的牌匾进一步体现主人高尚的道德情操。建筑装饰是主人交往的无声名片和社交基础，反映特定年代的社会意识（图5-32）。闽南传统建筑装饰包含主人的身份地位和中庸的价值观等，体现使用者的社会交往需要（图5-33）。

七、吉祥装饰与祈福心理

　　闽南传统建筑装饰包含吉祥如意和幸福美满的愿望。古人将人们的美好愿望归纳为"五福"，如《尚书·洪范》曰："一曰寿，二曰富，三曰康宁，四曰攸好德，五曰考命终"。闽南传统建筑装饰是微缩的世界观，如图5-34所示，"福禄寿三星"象征生活如意、财源滚滚和健康长寿，体现人们对五福的追求。四个如意相连，代表诸事如意；牡丹与凤凰象征光明幸福；松鹤搭配寓意延年益寿；蝙蝠象征长寿与福气，两只蝙蝠寓意双福，四只蝙蝠寓意"四福"，五只寓意"五福"。如意纹常与花瓶、牡丹等组合，蕴含富贵吉祥。装饰表现人们的美好愿望，门窗楣常有天官的形象，如图5-35所示，隐含天官赐福和平安吉庆等。牡丹与枝叶象征富贵连绵。凤凰和大象

① 许在全主编，泉州古厝［M］，福州：福建人民出版社，2006：47

图5-34　背面门楣（泉州蔡氏古建筑）

图5-35　吉祥装饰（厦门院前颜氏宗祠）

图5-36　吉祥题材（厦门民居）

图5-37　中梁装饰（厦门莲塘别墅）

隐喻平安吉祥。莲花与鱼寓意年年有余、家族兴旺、丁财两旺。龙凤寓意吉祥幸福。镜面墙的古钱纹，意为钱财滚滚。南瓜、石榴和柚子等蕴含多子多福和家族昌盛的美好愿望。如图5-36所示，桃、寿字、龟背纹、寿比南山和山水题材装饰，寓意长寿。如图5-37所示，花瓶、八卦纹等寓意平平安安。"加冠、进爵"的门联，体现人们对功名的追求。古钱纹和蝙蝠组合，寓意福在眼前。刘海戏金蟾象征财富取之不尽。白鹭与芙蓉花组合，象征荣华富贵。人物题材装饰表现美好生活的场景，如祝寿的喜庆场面。

八、匾联装饰与自我认同

建筑装饰在一定程度上是人们价值观的自我表达，体现自我认同的需要。马克思曾说过："人不仅通过思维，而且以全部感觉在对象世界中肯定自己，对象对他来说就是自身的对象化，成为确证和实现他的个性的对象，成为他的对象，对象也成了他自身。"按照马斯洛的需求理论，是人的最高需求，包括自我的宣扬、身份地位和价值观念的认可等。装饰的自我表现是人的最高需要。"门当户对"和"门第"等词语隐含装饰的重要性，体现主人以建筑装饰暗示经济状况、家族源流、道德理想、社会地位和价值观念等。宗祠是家族的自我宣扬，是用于褒扬功名、功业和品行的重要空间。门额常见"状元第"和"大夫第"等匾额装饰物，体现家族荣誉。如厦门海沧区院前的"大夫第"，以木刻黑漆为底，上贴金箔，将祖先的功名作为对子孙后代的勉励。石狮百年老屋"贻谋堂"取自古文"贻厥孙谋，以燕翼子"，表达子孙兴旺的美好祝愿。泉州钱头村的"状元第"，大门挂着朱漆金字"状元第"的匾额，厅堂横楣有"状元"、"学政"、"历任安徽云南学政山西云南主考吉林提学使丞参翰林院修撰"，下厅挂着"光绪癸卯廷试二等授广东州判经济特科"和"副魁"等匾额。[①]匾额暗含主人吴鲁和四子吴锺的荣耀和自我表现。楹联和书法体现个人理想，如泉州永春福兴堂的门楹"国顺、齐家"，隐含主人修身、齐家、治国的理想。此外琴棋书画的装饰题材和楹联体现主人对功名的追求、对读书的热爱、追求高雅的生活情趣和品位。楹联体现主人高尚的精神品格，如泉州南安蔡氏建筑对看堵"家给屋宇华喜，能施德，行仁不类俗，留夸阀问"。厦门邱新样厝石刻门联"克俭克勤美人美富，美轮美奂君子之居"，体现主人勤俭节约的作风，如图5-38所示。泉州晋江塘东村建筑石雕体现读书人的理想："古今来有许多世家无非积德，天地间称第一人品还是读书"。泉州永春福兴堂楹联体现主人的胸襟，如"游目骋怀此地有崇山峻岭，仰观俯察是日也天朗气清"；又如图5-39所示，福兴堂房门的楹联"福地钟灵怡燕翼，兴居叶吉奠鸿基"。厦门莲塘别墅书院的楹联"莲不染尘君子比德，塘以鉴景学士知方"和"合百家众说而衷以经，致知格物谁云大学不传"，体现主人的价值观念，如莲塘别墅的"松鹤延年"、"朝阳牡丹"，窗楹上的"鱼跃"和"奋飞"，还镌刻朱子治家格言等。装饰是身份地位和价值取向的表达，暗含主人的自我肯定、处世之道和道德理想等。

图5-38 楹联装饰（厦门新坂建筑）

图5-39 门联装饰（泉州永春福兴堂）

① 许在全主编，泉州古厝，福州：福建人民出版社，2006：50

闽南传统建筑装饰的材料和题材结合建筑、雕塑和绘画，是主人在潜移默化中表达的人生观和价值观。明代计成在《园冶》的"兴造论"中提到："世之兴造，专主鸠匠，独不闻三分匠七分主人之谚乎？非主之人，能主之人也。"意思是造园和建筑三成靠工匠，七成依靠主人，即使不是产业主人，也是主持规划设计的人。装饰设计受房屋主人的指导，如莲塘别墅的对联"大丈夫为人处世芝兰正气，好男儿志在四方鲲鹏展翅"，窗上也有一联"此地半山半水，其人不愚不夷"。宗祠和建筑装饰体现经济实力、社会地位和家族文化等。

装饰营造建筑的文化氛围，影响后代价值观和思想根基。建筑装饰体现主人的文化修养和宗教信仰等，将个人价值与外部世界相互联系。

九、装饰内涵与文化传承

闽南地区传承中原的宗法伦理、三纲五常和前朝后寝的建筑布局。闽南传统建筑一般坐北朝南，沿海的建筑依据地形而建，朝向不固定。居住文化遵循"左尊右卑"和"长幼有序"的秩序。以中轴线为基准，左边设置神像，右边设置祖先牌位，体现"神为大，祖为小"的原则。正厅左边的大房由父母居住，左大房住长子，右大房住次子，其他房间按照"左大右小"的顺序由晚辈居住。装饰集中在尊贵的地方，如朝南的屋子、祖先的神龛和正厅左右的房间等。宗祠与家庙的对看堵左边装饰青龙，右边装饰白虎，体现"左龙右虎"的顺序。

中原汉人移民到闽南地区，儒家思想通过文字装饰在建筑空间中。闽南传统建筑的楹联受到儒家文化的影响，体现中庸、谦和、忍让和自省等思想和处世哲学，讲究"礼制"和等级。楹联具有包容性、多元性、传承性和祖根性。莲塘别墅的房前，刻着对联"立教兴材凡在吾徒有责，致知格物谁云大学不传"。

闽南传统建筑的建筑装饰是居住空间的精神表达。建筑装饰包含文化理念和价值观，具有教化作用。唐代的张彦远在《历代名画记》中提到："夫画者，成教化、助人伦，穷神变，测幽微，与六籍同功。"孝顺作为建筑装饰的常用题材，是儒家伦理道德的核心，也是中国道德文化的核心。闽南传统建筑中常见以木雕装饰的"二十四孝图"，线条流畅、形态丰富，具有浓厚的教化色彩。装饰形象表达伦理道德，给居住者和观者潜移默化的影响，有利于传承孝顺的传统价值观念。泉州吴氏大宗祠的左门匾上书"至德留芳"，强调德的重要。忠诚和结义是常见的装饰表达，如杨门女将和桃园结义的装饰题材，体现忠义的美德。榜头玉津堂联句"亲近德邻遵循义路，栽培新地开辟福门"，体现崇尚道德和遵守道义。

闽南传统建筑装饰受地域的重商文化和务实精神的影响。装饰的形象和内在思想与当时流行的情趣和思想相吻合。联句"律神严如秋气，处事和若春风"，强调严于对己、宽厚待人和教育子孙的价值观。明清时期，闽南地区的文人崇尚耕读结合的生活方式，通过有意味的装饰形式传递给后代。如永春福兴堂的楹联"守东平王格言为善最乐，遵司马公家训读书便佳"，强调尊重家训，崇尚读书。有的通过楹联教育子孙传承美德，如厦门莲塘别墅边房楹联"行善天地宽，积德世泽长"和"饭粟来之不易，丝缕物维艰"，联句体现行善积德与勤俭节约。一些富裕的商人具有公益之心，他们常将府邸的护厝作为学堂，招收家乡和邻居儿童入塾启蒙，传承文化，如泉州石狮的蔡枢南和厦门的莲塘别墅等。

第三节　闽南建筑装饰与中原的比较

建筑是构成地域文化的重要组成部分，闽南传统建筑传承和发展中原的建筑材料、构造方式、装饰题材和工艺手法，成为具有地域色彩的建筑文化。闽南传统建筑采用穿斗式、抬梁式和混合式的结构，以厅堂为中心，左右对称，空间上多层进深，保留传统建筑格局。闽南传统建筑在外观运用红砖和花岗石，运用坡屋顶和庭院的组合，装饰的题材和内容传承中原文化，结合地域特色。

一、中国传统建筑文化的影响

（1）传承中原建筑的布局

闽南传统建筑大多是坐北朝南，以中轴线左右对称、前低后高、主次鲜明，向心性较明显。闽南建筑传承中原建筑以轴线为基准布置建筑，建筑的外围朴素，内部空间装饰丰富。闽南传统建筑的室内布置传承中原文化，装饰集中向阳朝南的方位。《释名·释宫室》记载："古者为堂……谓正当向阳之屋"。向阳是古人追究的建筑舒适度。厅堂在中轴线上，设有祖宗神位和神灵，神灵布置在靠东边的位置，祖先的牌位布置在西侧，体现以东为尊的价值观。中堂设置神龛、长案桌、八仙桌、太师椅和焚香处。正壁高悬匾额，两边刻制楹联，中堂两侧墙壁以文字作为主要装饰，表现主人的高尚道德。中堂和庭院高差不同，走廊连接空间，建筑装饰增加空间美观，护厝分布在两侧，组成布局严整、节奏有序和安静舒适的院落空间，如图5-40所示。

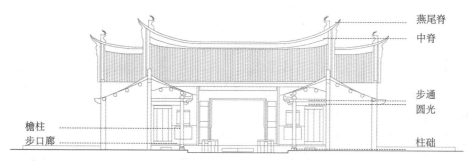

燕尾脊
中脊
步通
圆光
檐柱
步口廊
柱础

图5-40 对称布局

（2）装饰的题材和内涵传承中原文化

闽南传统建筑传承中原的传统思想和文化精神。中原文化崇尚道德，体现宗法制度的影响。传统思想还包括儒家、道教和佛教。闽南传统建筑体现以血缘关系为基础的道德体系，如"仁、义、礼、信、忠、孝"等，作为做人与做事的准则。闽南传统建筑装饰与中原建筑装饰语义同源，装饰原型类似、内涵相近，注重礼俗文化。装饰体现神话、礼仪、图腾和秩序，场所精神与装饰图像相互照应。

闽南传统建筑装饰有鲜明的地域特征和美学价值。装饰体现主次尊卑的思想，如厅分为前厅、中厅和后厅。前厅作为入口的过渡空间，中厅用于接客和祭祀，后厅用于生活空间。建筑前低后高，装饰集中在中厅。闽南传统建筑的装饰推崇儒家思想，如忠孝礼义、三纲五常等，用楹联、牌匾和装饰形象表现。植物题材如梅、兰、竹、菊等宣扬高尚的道德，如图5-41所示。神龛装饰体现尊祖敬天的传统，如图5-42所示。建筑装饰成为宣扬礼教文化的工具，对后人起到潜移默化的作用。

闽南传统建筑的装饰传承中原的建筑文化风格，体现地区的文化交流。建筑装饰兼收并蓄，风格多元。闽南地区的石雕柱础，传承中原地区多种形状的柱础形式等。对看堵装饰的器物古玩彩绘，题材源于中原，结合了砖雕和交趾陶等手法。

图5-41 传统题材的装饰（厦门邱得魏宅）

图5-42 神龛装饰（厦门邱得魏宅）

二、继承中原传统的地域表达

闽南的传统建筑继承中国传统建筑的严谨、对称、封闭的空间格局，在细部上追求艳丽活泼、精致雕饰的特征，区别于其他建筑，呈现独特性。闽南文化与中原文化分属不同的文化区域，有各自的血脉，文化类型有一定的差异。斯图尔德认为：经济、技术和宗教的特征有利于区分文化类型，社会的和政治的特征更明显，中原文化的政治道义性，以政治论和道义论的价值观。道义论源于西周的礼乐文化，以孝、友、恭、信、惠等道德规范。闽南文化倾向经济功利性，以功利论为价值取向，关注经济领域。[①]

（1）装饰色彩的不同审美

中原建筑的建筑色彩比较朴素淡雅。徽州的传统建筑，以白墙和青瓦进行色彩搭配，风格质朴。闽南传统建筑的色彩喜好与中原有较大差异，闽南地区运用红砖、红瓦、红漆、交趾陶和彩绘等，喜欢用红色装饰，色彩鲜艳、对比强烈，如表5-3所示。红砖成了地域特色的装饰材料，不同形状的红砖堆砌成丰富的墙面。闽南传统建筑室内的色彩分别用朱漆、黑漆、白石和原木色，主要是红色、黑色、白色和棕色。搭配色用矿物质颜料和金箔表现，如粉绿、群青和金色。建筑的装饰色彩庄重古朴、冷暖互补，充分体现古人在营造建筑空间时对色彩装饰的独具匠心。

闽南建筑装饰与北方建筑装饰的比较　　　　　表5-3

类型	闽南建筑装饰	北方建筑装饰
材料	红砖	灰砖
装饰工艺	石雕、木雕、砖雕、交趾陶、剪粘	砖雕、木雕和彩绘
地域材料	牡蛎墙、出砖入石、花岗石	灰砖
室内色彩	朱漆、黑漆	灰色、木色
建筑等级	翘屋顶，石雕、贴金木雕等	彩绘
特色装饰	金漆画、木雕安金	沥粉贴金彩画

（2）装饰材料和工艺创新

中原的建筑受建筑法式的影响较深，官式建筑装饰华丽。北方建筑善于运用砖雕，山西建筑、徽州建筑中砖雕在门楼、门罩中广泛运用，题材包含神仙人物、飞禽走兽和亭台楼阁等，很少运用石雕。北方建筑砖雕主要分布在墙面和屋脊，造型质朴，以彩画体现建筑等级。北方传统建筑以彩画装饰木构件，突出彩绘的手法。北方的土壤烧制的

---

① 朱志勇，越文化精神论，人民出版社，2010年，第180页

砖工艺与南方不同，北方的灰砖质地坚硬，色彩朴素。闽南传统建筑所用的砖常有黑纹，也称为烟熏砖。闽南传统建筑发展地域性的建筑材料和工艺，如红砖、牡蛎墙、出砖入石、穿瓦衫和石头屋等。在重商文化影响下，富商之家的装饰类型丰富，包含石雕、木雕、砖雕、交趾陶和泥塑，室内的金漆画和木雕安金等体现地域特色。

闽南地区在继承中原传统建筑的基础上，对建筑装饰进行创新，主要包含装饰色彩、材料和工艺。乾隆以后，西方的建筑装饰影响闽南传统建筑装饰，如三角形的山花装饰在洋楼和骑楼的立面上，瓶式栏杆、巴洛克装饰和券洞式拱门运用在建筑中。闽南建筑立面的漏明墙结合瓶式栏杆，在院门、花园有券洞式的拱门等，体现闽南地区的建筑文化受外来影响。近代洋楼运用三角形山花、古典柱式、瓶状栏杆和拱门等，装饰题材也加入西方的花草样式。清代的建筑装饰增强建筑艺术的表现力，纹样传递文化信息，风格繁琐，暗含炫耀财富和社会地位。

闽南传统建筑装饰对称分布，风格轻巧，高翘的燕尾脊、色彩丰富的红砖白墙、华丽鲜艳的剪粘和交趾陶等具有海洋文化的特征。劳动人民按照美的形式规律和愿望，创造出形象自由、具有地方特色的建筑装饰。

三、区域内装饰细节的差异性

闽南地区受中央政权的影响较小，建筑装饰具有地域特征。区域内的地理环境、经济发展、家族文化和风俗习惯等，造成建筑装饰材料、表现题材、形式手法、细节运用和平面布局的微差，如表5-4所示。闽南传统建筑装饰是地域文化的反映，建筑装饰的题材和形式体现区域内的思想观念、审美趣味、风俗习惯、工艺技法和文化背景等，具有微差。

闽南各地区装饰差异性   表5-4

地区	体量	屋顶	镜面墙	吊筒	装饰特色
厦门	体量较小	红瓦	红砖勾白边，对比明显	风格纤细多层镂雕	木雕作为点缀，凹寿多用剪粘
漳州	体量较小	红瓦	灰塑仿砖效果	木料厚重	木料比较大，古朴感
泉州	体量较大	沿海红瓦，内陆黑瓦	红砖类型丰富，工艺精湛	层次较强，注重立体感	木雕石雕工艺精湛，细节精细
潮汕	高度较高	屋顶装饰丰富	运用交趾陶和砖装饰	纹样繁琐	喜欢用交趾陶和剪粘装饰屋顶，风格奢华
金门	体量较小	红瓦	瓷砖、红砖		装饰精致

闽南沿海地区传统建筑的屋檐比较缓和，两端微微起翘，常运用红砖和红瓦，色彩鲜艳，木料比较修长，加工成瘦长形，束随较少，造型典雅。泉州地区的吊筒风格粗犷、造型生动、层次感较强。厦门地区的吊筒雕刻风格纤细，为多层镂雕。漳州传统建筑木料比较厚重，吊筒粗细得当，鬃饰工艺丰富。瓜筒较短，整体粗壮敦厚。

以镜面墙为例，漳州和厦门地区的镜面墙灰缝较大，纹理明显，常见六角纹和龟背纹，适合远观。泉州和晋江地区盛产红砖，色彩优美、形状多样、品质较高。泉州建筑采用红砖砌成"镜面墙"，称为"封砖壁"，砖缝较小、工艺精细，适合近观。转角处以砖叠砌，以顺丁搭配，用于美化墙角。广东地区发扬交趾陶和彩陶手法，木雕工艺纹样繁复，雕刻精细，圆雕和透雕运用较多，题材多样。潮汕的木雕常结合金漆画（擂金画）、彩漆画、嵌瓷、灰塑等装饰。

闽南传统建筑装饰依托地域性的材料，泉州沿海地区常见"出砖入石"的手法，泉州的小岛和近海地区运用牡蛎壳墙和石头房。泉州商业发达的地域用色泽鲜艳的红砖等，泉州的内陆地区常见穿瓦衫、夯土墙，红砖的色泽较暗。厦门的红砖多运用于镜面墙，牌楼面常用灰塑仿效砖纹，色彩常见褐色、紫色和群青色。漳州地区常用厚重的红瓦、红砖，灰塑仿砖纹较多，漳州南部的建筑红砖运用减少。闽南地区以乡土材料为主，遵循"就地取材"原则，运用红砖、交趾陶和彩绘等构筑建筑。

闽南地区地形复杂，受到外来文化的影响程度不一，固有的传统建筑势力存在强弱关系。地域环境下的土壤、地形、水利、植被、地貌环境有微妙的不同，区域内文化和风俗有不同程度的差异性。闽南地区作为东南沿海的重要侨乡，传统的建筑及装饰见证了中西建筑的文化冲突和融合的过程，具有历史价值和文化价值。西方建筑及装饰多运用在沿海地域。传统村落较多受传统文化影响。近代闽南地区的城市和乡村，越接近城市，受到西方建筑影响越大，如厦门地区受近代欧式建筑影响较多。泉州地区开放时间最早，较早受到多元宗教文化的影响。泉州的传统建筑以"宫殿式大厝"为典型，沿中轴线对称布置，以厅堂为中心组织空间，通廊、厅堂贯穿整个建筑，将前后左右衔接起来，建筑装饰分布在视线集中的地方和公共空间周围。泉州官式大厝建筑体量较大，装饰类型丰富，受宗教影响较多。漳州、厦门和金门的传统建筑受到家族规模的影响，建筑体量相对较小。

闽南地区的人口和经济影响建筑的规模和形制。厦门、漳州、泉州地区，资本主义工商业发展程度不同，经济条件影响人口的变化。沿海地区的人们较早脱离耕种的土地，转向海外贸易，四海为家、流动性强。厦门和金门地区的小型合院较多，以小家庭为主，很少有四世同堂的大家庭。经济的发展要求新的建筑类型，如清代以前的戏台建在聚落的公共空间，厦门莲塘别墅的学堂内设置戏台，作为私人建筑的娱乐空间。海上贸易的发展，新兴的富商在住宅建造中注重装饰，而且包含一定的炫耀财富的意图，装饰成为经济状况的表现形式。

四、台湾传统建筑的传承与发扬

宋代时期台湾称为"流求"，自宋代开始大陆人迁居台湾。经过三次较大规模的移民，中原文化渐渐传入台湾。元代时期1361年澎湖设置巡检司，隶属于泉州同安。明末期间，1624年，荷兰人占据台湾，直到1661年郑成功收复台湾，开始推行屯垦，引进大陆的制度，闽粤的汉人陆续移民到台湾。据政府部门统计，"台湾现有四大族群中，闽南人为首位（占80%，其次为客家人、外省人和原住民）"。台湾的闽南人主要是由厦门、漳州和泉州籍的移民组成。大规模迁徙自明朝天启年间，迁移到台湾的民众以县籍聚居，更多以同姓者居住。台湾的村庄有"永春村"和"安溪厝"等，这些地名暗含闽南地区的移民地。台湾的文化之根在于闽南，闽台风俗相同、血缘相关、语言相通、文化同源，台湾的文化是闽南文化的一部分。在闽南文化的影响下，台湾的传统建筑模仿厦门、漳州和泉州的建筑，早期的建筑材料也来自福建的漳州和泉州。大型的住宅和庙宇的建设也聘请福建师傅入台设计和施工。比如光绪五年（1879年），泉州安海寺龙山寺重修，石雕在装饰中所占比重很大，尤其是中殿前廊的石柱，栩栩如生。台湾的龙山寺有49座之多，寺庙的龙柱、石雕采用闽南的青草石和花岗石，是由惠安工匠雕刻后运去的。[①]连横的《台湾通史》中提到台湾虽产材木，架屋之杉却多取自福建上游，砖瓦亦自漳、泉而来，南北各处间有自烧，其色多赤。工匠不少是从大陆聘请。[②]

台湾建筑继承闽南传统建筑的风格及装饰，除了一小部分高山族以外。台湾建筑以平房为主，中间是正房，外围加建护厝，人口较多的建两三层的厅房，鹿港和安平等地有不少翘屋脊和五间张的大厝。住宅前建造门屋或照壁，围合一个庭院，称为"埕"。台湾地区的彩绘也用大漆，称为"生漆"、"国漆"或"土漆"，主要产地是中国的贵州西北部、陕西、四川和湖南等地。

台湾的寺庙建筑和装饰传承自闽南传统建筑。闽南的交趾陶工艺影响台湾的寺庙、宗祠的屋顶，大量运用交趾陶装饰。台湾传统建筑装饰采用双燕尾，结合木雕、石雕、交趾陶、匾额和门联等，装饰题材传承中原的人物故事、花草和瑞兽等。传统建筑和装饰成为海外侨胞思念家乡、寻祖归根的精神寄托。闽南大陆与台

---

① 曾闽，惠安石工与闽南石文化[A]，惠安民俗研讨会论文集，1992：10

② 连横，台湾通史 [M]，北京：九州出版社，2008

湾的宗教信仰相同，台湾信仰的大多数神灵来自于福建。闽台的龙山寺，寺中主祀都为观世音菩萨。明末的龙山寺香火随着泉州移民传入台湾，在台湾的各地建设龙山寺，皆以安海的龙山寺为祖庙。台湾的淡水清水祖师庙、台北的三峡清水祖师庙都证明了闽台两地的佛教信仰中有紧密的联系。清水祖师和三平祖师的香火也比较旺盛。创建于康熙元年（1662年）的台南永华宫和始建于清雍正元年（1723年）的台南的震兴宫，供奉着三平祖师的神像，与福建漳州平和的三平寺供奉三平祖师神像相同。台湾和大陆都有天后宫，妈祖是台湾最广泛的民间信仰，闽台共同信奉妈祖。泉州天后宫始建于宋朝，明末期间，随着福建移民传入台湾。台湾的天后宫如鹿港天后宫建于清顺治四年（1647年），所奉的妈祖神像是从莆田湄洲天后宫恭请入台。台湾嘉义新港奉天宫，始建于清嘉庆十六年（1811年）。在道教方面，闽台道教信奉元始天尊，玉皇大帝、太上老君和真武大帝等，还有闽台特有的俗神法主公。

　　文化本身是不断形成发展、动态延续和创新的过程，建筑文化亦复如此[①]。闽南人迁往台湾的居民较多，台湾的传统建筑和闽南建筑外观相似，文化内涵和民俗信仰相同。发展的过程中有一定的嬗变。

　　（1）时代背景影响

　　明末时期郑成功经略台湾，清代有大批闽南人迁移台湾。光绪二十年期间，即1894年的甲午战争，中国将台湾割让给日本。台湾开始受日本的殖民统治，台湾建筑也受到了日本建筑的影响。日本侵占期间，很多台湾建筑吸收日本建筑的做法，具有日式的建筑风格。金门的传统建筑继承闽南建筑的传统式样，建筑和布局比较严谨，民国时期，融合了南洋的建筑风格，空间和装饰呈现多元化。台湾建筑匠师来源多样。以彩绘为例，日占时期艋舺龙山寺的油饰彩绘出自台北的吴氏（来自福建唐山的师傅吴乌棕及弟子），祖籍是泉州晋江的新竹李氏，来自台湾彰化、祖籍是泉州的郭氏匠师，祖籍是福建东山的澎湖黄氏、朱氏，还有来自广东省大浦县横溪乡的邱玉坡和邱镇帮等师傅之手[②]。台湾传统建筑装饰常采用分工模式，即分别聘请匠师，有的请两组不同的匠师对场施工，使得建筑装饰形式融合了闽粤风格。

　　（2）建筑特征比较

　　台湾北部地区受到海洋气候的影响，降水较多，建筑以砖石构筑较多，如图5-43的金门传统建筑。台湾南部地区有丰富的森林资源，多运用竹子构造房屋。台湾建筑的主次明显，中堂的开间、进深和高度都是全宅之首。护厝也是主要的房屋，低于

---

① 吴良镛，广义建筑学[M]，清华大学出版社，1989：48-140

② 蔡雅蕙，艺彩风华，以客籍邱氏彩绘家族为主探讨日治时期台湾传统彩绘之源流，新竹县政府文化局，2015：45-50

图5-43 金门传统建筑

正屋，再长的护厝也设计由后向前逐间递落的形式，与闽南传统建筑相同。宅院主要有两合院和三合院，护厝以横向扩展。如果是兄弟分支的家族，由两院式住宅并列数座，中间留出防火巷。台湾建筑的朝向没有严格的坐北朝南，朝东西的方向也有。宅院一般有庭园，布置廊桥和亭榭，点缀植物、假山、池塘和小品，空间紧凑、密度较高。清代中期以后，一般建筑运用竹材做隔墙，尤其是台南。富商住宅趋向精雕细刻的木构件。城市的住宅发展成街面房屋，进深很长，中间有小天井，临街是店面，后面是厅堂和住宅。这种布局在东南沿海的商业街和东南亚的建筑都有分布，称为"手巾寮"或"骑楼"。泉州的西街、厦门的中山路和漳州的台湾街，都有类似的建筑。

（3）装饰内容比较

台湾建筑大体上显示出闽南的建筑特色。富商建筑的装饰趋向细木雕饰，瓜柱发展成复杂的瓜筒、雀替、斗抱和吊筒等。透雕的纹饰复杂、装饰细腻，也出现了吸收其他装饰风格的混合特征。民国初年受到南洋建筑的影响，台湾建筑的空间和装饰更加灵活多样。20世纪日本侵占台湾时期，建筑装饰运用了闽南区域内的多样形式。如建于1926年的金门水头63号建筑，营建之时，聘请前清秀才参与设计，融合了蔡开国在南洋经商致富中所看到的英国与荷兰殖民地的建筑样式，打造成中西合璧的建筑。1949年以后，随着国民党政府迁移台湾，带来各省移民，北方的建筑形式及装饰融入台湾建筑，出现大融合的现象。台湾金门地区的传统建筑装饰的砖雕、彩绘、墙面处理与厦门民居有一定的相似，手法上更多结合西方建筑装饰。

（4）工匠的派别特征

在清代，台湾的建筑材料与技术都是从大陆运输和引进的，很多工匠也是在大陆聘请的，如来自泉州、漳州、客家及广东的匠师。"如日占时期前后来自福建的台北吴氏，新竹李氏，鹿港郭氏，澎湖黄氏、朱氏和广东的苗栗邱氏、苏氏等匠师"[1]。这些工匠的原籍往往带有建筑装饰的微差，于是就有泉州派、漳州派和客家派的闽南建筑风格。

第四节　多元文化融合的特色

建筑装饰成为人们认识建筑的中介，启发人们的思考，是人与环境的纽带，装饰形象传达主人的价值观和理念。宗教传播过程中，影响建筑装饰的题材、主题和内涵。闽南传统建筑装饰常结合宗教的纹样体现多元性特征。永春传统建筑——福兴堂的建筑装饰体现了多元宗教的结合，以及印度佛教、基督教、伊斯兰教、南洋文化和华侨文化在装饰艺术上的融合，反映出民国后期闽南传统建筑受到多元文化的影响。

一、佛教文化的融合

闽南传统建筑的装饰体现佛教的信仰。佛教自东汉传入中国，自宋元时期到近代，佛教在闽南地区一直盛行，宋末元初时期，仅福州府管辖范围佛教寺院已经1500多所[2]。佛教对于人们价值观的改善、对孝道的扩展，具有影响。在人生观上，佛教强化主体意识，将自己的解脱与拯救人类联系起来，启迪人们的思想。闽南传统建筑装饰的题材与内容体现佛教元素，如：狮子、莲花、火焰、万字纹和卷草等，主要用在吊筒、窗棂、斗栱和柱础等部位。莲花象征洁净、高雅和再生，吊筒中常用莲花纹和莲花瓣造型。卷草纹又称为忍冬卷草纹，象征坚韧不拔的意志。屋顶上的龙和鱼的装饰，隐含灭火消灾的吉祥寓意。泉州福兴堂建筑的石雕柱头四角有四个飞天形象，隐含仙人赐福之意，如图5-44所示。门联上方雕刻狮子的头像，不同于中原的狮子造型，气势威武，面孔类似印度教的"阿育王狮子柱头"。梁枋上雕刻狮座和大象的斗抱，象征佛教题材。石雕窗的雕刻可能受印度早期佛教雕刻的影响，如桑奇大塔塔门一般构图饱满、形象较多和层次丰富。福兴堂室内的石雕中有不少佛的形象，莲花

① 蔡雅蕙，艺彩风华——以客籍邱氏彩绘家族为主探讨日治时期台湾传统彩绘之源流，新竹县政府文化局，2015：40

② 马可·波罗，马可·波罗游记[M]，福州：福建科学技术出版社，1982

图5-44 龙纹柱头（泉州永春福兴堂）

图5-45 狮座（泉州民居）

图5-46 落款表现佛教题材（厦门院前颜氏宗祠）

图5-47 楹联体现佛家思想（泉州永春福兴堂）

和忍冬草隐含佛教寓意。一些传统建筑的柱头运用佛教的雕刻题材，如图5-45所示的狮座。斗栱的"憨番抬厝角"和飞天的雀替等，体现印度佛教的装饰影响。

闽南传统建筑装饰的本质是人们心中的世界观符号化。用佛教形象装饰空间，表达人们对于世界的认识。各种装饰元素的组合反映佛教文化的影响。闽南地区的佛教装饰具有地域化的体现，寺庙内部有较多的油饰，常见"红金搭配"，即朱漆和金箔装饰木雕，并结合透雕和高浮雕等手法。屋顶采用跌落式，层次感分明，大量运用剪粘和交趾陶，阳光下闪闪发亮，装饰效果良好。有的用楹联和对看堵的诗句和落款体现主人佛教的处世态度和价值观，如图5-46、图5-47所示。

二、华侨文化的影响

明清期间，大量闽南人到马来西亚、印尼、新加坡、菲律宾、中国台湾和香港等地打工谋生，受到东南亚文化的影响。泉州是著名侨乡，一些华侨回国后，将西方的建筑形式、建筑装饰、技术和审美观念带到家乡的住宅建设中。很多华侨认为在家乡盖大厝能够佑荫在外的子孙，回乡买田建房的华侨比比皆是。华侨的经历使西方文化得到不同程度的接受。工匠和民众对于西方建筑处于基本认同的态度。受到东南亚建筑的影响，华侨建筑的审美观也发生了变化，有了对于柔和曲线的追求和精巧的装饰美的欣赏。屋脊装饰丰富，起翘柔和、色彩艳丽、装饰细腻繁复。柱式、拱廊和窗棂等西方装饰符号与闽南传统建筑结合，创造出一批中西合璧的建筑，为闽南建筑文化带来活力与生机，成为建筑的风尚。20世纪初，闽南新建住宅仍以传统大厝为主，洋楼零星分布其间。闽南和潮汕地区的侨乡建筑受到华侨文化的影响，尤其是骑楼和洋楼。骑楼和洋楼的装饰受新艺术风格和西方建筑的影响，传统建筑的装饰构件融合西方的建筑文化，西式的洋楼有的也运用传统的建筑装饰构件，共同形成中西方融合的建筑文化。

民国时期流行西洋的画像，除了匠师自己所见到的西洋人物和大船洋房等，有些可能与当时所发行的画册和画报有关系。"1884年上海创刊的《点石斋画报》介绍新闻、新事物，如高楼、洋炮、火车和轮船等，1890年吴友如创办的《飞影阁画报》题材具有古典气息。"①中西方的建筑装饰相互融合，如泉州永春传统建筑福兴堂的木雕题材，有的用圆光的木雕板刻画汽车、自行车和穿着西服的华侨等。两边以花草和宝扇的形象收尾，表现华侨迎亲的热闹场景，落款为"鸳鸯自有双飞日"。装饰内容传承传统的题材，又有创新性的表现，是建筑装饰随时代的变化发展。装饰题材贴近生活，体现特定时代下闽南华侨的民俗风情，具有长久的生命力。

华侨对西式建筑形式和内涵的理解有限，西方建筑的影响主要体现在装饰上。闽南华侨多居住在东南亚，当地以外廊式建筑风格为主，华侨受到殖民建筑的影响较多。闽南的华侨建筑吸收和借鉴西方建筑和装饰风格，使番仔楼呈现活泼有趣的风格。外部有西式的院门和装饰，内部空间以传统结构为主。晋江福全村的番仔楼，传统的中堂布置在二层，内部空间传承传统建筑文化。西式的装饰风格多出现在面积较小的柱头和窗棂等构件上。传统的祠堂和建筑的主要空间的建筑装饰和内涵以传承传统建筑为主。中堂和祖堂是传统建筑中受西式影响最小的。厦门莲塘别墅的塀头有印度卫兵和保姆形象，如图5-48所示，显示华侨的经历与价值观。番仔楼的山花拱券、鱼漏、瓶装栏杆等与传统装饰题材相互结合。华侨是沟通中外建筑文化的重要媒介，很多海外建筑风格和构造经过华侨带入中国，如图5-49所示。

---

① 蔡雅蕙. 艺彩风华——以客籍邱氏彩绘家族为主探讨日治时期台湾传统彩绘之源流 [M], 新竹县：新竹县政府文化局，2012：169

图5-48 印度士兵的塀头（厦门莲塘别墅）

图5-49 中西融合的窗楣（厦门莲塘别墅）

图5-50 鼓浪屿建筑

图5-51 吉隆坡别墅建筑

华侨在东南亚受到当地建筑的影响，一定程度上影响华侨的审美观，运用艳丽的红砖。尤其是鼓浪屿岛于20世纪初建造的别墅建筑，如图5-50所示，与马来西亚吉隆坡山地上的别墅建筑具有惊人的相似性，如图5-51所示。

三、伊斯兰教文化的影响

伊斯兰教是世界的三大宗教之一，由阿拉伯人穆罕默德在7世纪初创立。闽南的泉州地区宗教文化丰富，被称为"世界宗教博物馆"。伊斯兰教在唐永徽二年（651年）传入中国①。随着海上贸易的发展，宋元时期阿拉伯人云集泉州，建造清真寺，并留下圣墓，伊斯兰教开始在泉州扎根。伊斯兰教的建筑大厅用高高的穹隆顶，入口和石墙用浅浅的尖拱。泉州伊斯兰教清净寺的石墙上，用石材堆砌浅

① 楼庆西，中国古代建筑［M］，北京：中国国际广播出版社，2009：60

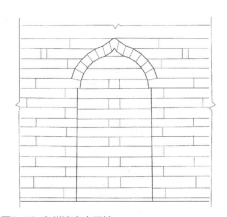

图5-52 泉州清净寺石墙

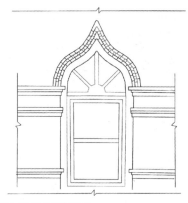

图5-53 泉州骑楼的窗户

纹的尖拱造型，装饰简洁，如图5-52所示。伊斯兰教的装饰元素用于闽南传统建筑，主要体现在植物、几何和图腾的运用方面。大水形的规带反映伊斯兰艺术的影响，厦门中山路、大同路常见花草等装饰，与厦门处于沿海城市且长期以来接触外来文化的积淀相关。如福兴堂门框装饰大量运用弯顶，直角的侧壁与弧线的弯顶巧妙衔接，营造富丽堂皇的形象。伊斯兰教常用文字装饰，一般以石膏雕刻和灰泥浮雕作为装饰材料，具有立体效果。福兴堂的门楣文字装饰运用灰塑和彩绘装饰，可能是受伊斯兰审美趣味的启发。伊斯兰建筑强调建筑的几何纹饰美，一定程度上影响红砖墙的装饰。如图5-53所示，伊斯兰教拱门装饰影响周边居民的窗户造型。泉州清源山弥陀岩立面采用圆形拱，上面凸尖，形状与泉州涂门街的元代清净寺的拱券门形状相似。闽南传统建筑和宗教的建筑装饰受到伊斯兰建筑文化的影响。

　　伊斯兰教装饰的特点：装饰的图案以几何纹、植物纹和文字图案为主，没有动物纹样，很少运用立体的高浮雕装饰，多为平面化的装饰表现。闽南地区的伊斯兰建筑融合地方性的传统工艺，具有中国特色，运用红砖、木建筑、几何纹装饰，构图均衡。伊斯兰教建筑装饰清新明快，生活气息强烈，色彩强化了装饰效果，拱券结构形式明显。

四、基督教文化的影响

　　基督教文化的影响主要体现在装饰细节上。如泉州永春的福兴堂，图5-54所示，室内的门楣运用书卷式展开，两侧的人物装饰为基督教的丘比特和小天使，带着翅膀的裸体形态左右环绕，具有典型的基督教文化特征。

图5-54 天使题材的装饰（永春福兴堂）

图5-55 戏剧题材的装饰

五、道教文化的影响

　　道教为本土宗教，宋代发展兴盛，兴建许多道观，清代开始衰退。闽南传统建筑的装饰题材受道教的影响，装饰元素常见神仙人物和八仙法器的运用，称为"八大件"，如图5-55，中间的框子暗含宝镜、香炉等。宝物如葫芦、仙鹤和八卦等，体现道教元素。装饰人物题材包含道教的八仙和八仙法器等装饰，如图5-56所示。楼阁象征道教祀神的"观"，隐喻"天宫楼阁"，体现仙人楼居和登天得道的理想。

　　闽南传统建筑的选址讲究建筑与自然的和谐。风水上追求负阴抱阳的环境，形成人与自然的呼应。建筑布局有利于冬季获得良好的日照，夏季通风排水较好，营造良好的小气候环境。"道法自然"认为道是宇宙的本源，是宇宙的运动法则。老子曾说："万物得一以生，道生一，一生二，二生三，三生万物"。传统建筑的中檩绘制八卦，象征古代朴素的宇宙观。花园和天井体现尊重自然、顺应自然规律与自然和谐。

　　道教是一种多神宗教，奉老子为教主，在供奉的神仙中包含玉清元始天尊、上清灵宝天尊、太清道德天尊，还有城隍、灶君、文昌、八仙、关帝、吕祖、三清、玉皇等。闽南人习惯将崇拜的神纳入道教的神，充实道教的神仙系统。道教的教义认为人可以修炼成为神仙，一些神仙来自民间，与人们的生活相关，成为楷模。通常神仙多居住在仙境，道教宫观一般建立在市镇内或近郊地环境优美的地方，便于人们朝拜求福。明清以来，道教更加世俗化，与广大平民密切联系。闽南传统建筑装饰的人物题材中体现出道教的神仙人物，如图5-56的建筑形象，象征道教的理想殿堂。如图5-57所示，雨篷的楼阁暗含神仙的居所。

图5-56 石雕窗中的楼阁形象（福兴堂）

图5-57 雨篷中楼阁形象（福兴堂）

　　道教文化注重运用建筑装饰在撑栱、吊筒、牌坊、脊饰、柱础和墙门上，可以见到雕刻的动物、花卉的撑栱、挂落，狮兽型的柱础，装饰内容繁密，雕饰层次丰富。闽南的道教建筑多注重脊饰，结合丰富的表现手法，以雕刻人物、神话和动植物题材为特色。瓦脊的陶塑包含故事、人物和花鸟等题材，题材广泛、技法细腻、装饰华丽、手法多样，浪漫传神。灰塑包含人物、花卉和鸟兽，表现细腻、装饰繁琐，具有浪漫色彩。道观建筑中龙的题材较多，石柱、外檐和屋顶龙纹生动，翼角装饰体现闽南建筑翘起的屋顶和轻扬的线条。道教的建筑小巧、自由、灵活细腻的装饰风格对闽南传统民居的装饰产生一定的影响，如图5-58、图5-59所示。

图5-58 道教装饰题材（永春福兴堂）

图5-59 道教装饰题材（永春福兴堂）

六、儒家与商业文化

　　闽南地区受儒学的影响较深，长期以来建筑装饰表示等级名分，成为维护等级制度的手段。儒家的思想强调等级严格的礼制，以中轴对称布局建筑，住宅符合主人的身份和地位。建筑是社会地位的标志和象征，建筑的尺度、色彩、造型和装饰符合礼制的规定，体现普遍的宏观影响。中堂装饰营造礼仪空间，体现家族文化和精神的"境"。儒家对于宇宙、自然和生命有独特的见解，注重伦理道德观念，在建筑中强调社会功能。儒家文化的表现比较直接，伦理价值观上崇尚"仁"，政治目标和社会行为准则崇尚"礼"，在处理关系和哲学方法上推崇"中庸"。宗祠建筑装饰与家族文化相联系，营造传统文化氛围。明清时期中原迁入闽地的人口较多，带来儒家文化，再加上朱熹等在福建的影响，闽南传统建筑装饰受儒家文化的影响较多。儒家思想影响装饰的等级和程度，如斗栱、色彩、基座和屋顶的样式。闽南商人追求克制私欲和追求大义，建筑装饰常以"德"为堂号，如福德堂、崇德堂和德兴堂等。匾额和楹联的价值观暗含克制商人以经济利益为目的的商业行为和行为习惯。大厅装饰常见"乐善好施"的匾额，体现儒家文化与商业文化的结合。

闽南传统建筑受儒家文化的影响，重情知礼。装饰中注重功能、结构和审美相统一。木雕和石雕等成为家庭教化的工具和儒家思想的传播媒介，表现题材反映儒家文化，如忠孝礼义成为建筑与祠堂装饰的主题。

闽南商人也很向往耕读结合的田园生活，这种思想常通过楹联和雕刻装饰表达。闽南传统建筑融合中原的文化和海洋文化，大量的华侨资金用来营建住宅，住宅的装饰一定程度上表现华侨文化的装饰和中西交融的装饰文化。泉州一带的压檐山花运用了传统的红砖嵌绿釉窗花，结合巴洛克艺术。漳州东坂后天主堂、台湾路与始兴南北路口交叉，受国外装饰的影响，如漳州台湾路天益寿药店。建筑装饰常常体现华侨的身份与文化，如图5-60所示，建筑的对看堵运用进口的瓷砖，体现主人经商致富的经历，是受西方文化影响的体现。如图5-61所示，建筑装饰丰富多彩，体现闽南文化开放的价值观和多元的文化体系。

图5-60 晋江五店传统建筑

图5-61 晋江五店的传统建筑

文化的包容性和建筑装饰是一体的。闽南传统建筑受多元文化的影响，文化之间相互包容和融合，形成建筑装饰的多样性和丰富性的特点，如图5-62、图5-63所示，闽南地区的伊斯兰教建筑和天主教建筑体现多元文化的影响。漳州天宝镇的基督教堂，运用到伊斯兰符号的装饰窗户。从装饰的题材分为吉祥图案、文学小说、神话故事和诗词楹联等，反映装饰的文化心理，折射主人的身份地位和文化品位。建筑装饰通过雕刻、绘画、楹联和牌匾等反映文化内涵，是文化表达的重要手段。闽南传统建筑装饰多样统一，动物纹、植物结合，木雕、砖雕、石雕、彩画和书法等结合。装饰将闽南建筑的内外空间连成有机的整体，融合主人审美、地域特色、自然环境和文化背景，激发观者的想象，形成体验式的故事线索，体现建筑的文化美。

闽南传统建筑及装饰对其他宗教建筑造成影响，促进各种建筑装饰的相互借鉴。泉州伊斯兰教的清净寺，创新地运用了中国传统建筑形式。如图5-64、图5-65所示，附属建筑用木构式，立面用红砖构成，窗户为木雕，建筑彩画、吊筒、门楣和门额等的装饰体现伊斯兰教的形式和色彩。泉州灵山圣墓的伊斯兰教墓地，1962年兴建花岗石的石亭，圣墓以石头仿木的结构，设置了阑额、栌斗、梁栿和檐柱等，融合

图5-62 泉州伊斯兰教清净寺大门

图5-63 天主教堂的伊斯兰装饰符号

图5-64 结合闽南装饰的清净寺建筑

图5-65 运用色彩体现伊斯兰教文化

图5-66 融合西方装饰的水车堵（塘东村）

图5-67 仿木斗拱装饰（塘东村）

中国传统建筑形式。伊斯兰拱券形状影响了闽南传统建筑，也影响其他宗教建筑。闽南印度教的寺庙中出现狮子戏球、荷叶、牡丹、梅花和方胜纹。近代的民居建筑出现西方的装饰图样和混凝土仿木斗栱装饰，如图5-66、图5-67所示，体现装饰文化的相互影响。

闽南建筑装饰的整合与变异是由文化的多元性和复合性决定的。闽南文化特征决定多元的装饰文化类型、装饰形式与内容。闽南传统文化的主体性决定装饰所体现的中心文化的特征。

第六章

闽南传统建筑装饰的
文化根基

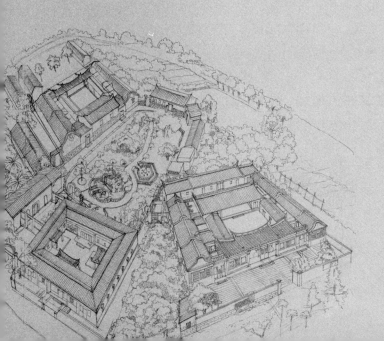

闽南传统建筑装饰是在地理环境、气候条件、历史因素、民俗习惯、人口迁移、生产技术、经济基础和文化特性等多因素共同影响下形成的。本章从闽南传统建筑装饰与自然环境、历史渊源和经济条件，分析闽南传统建筑的文化根基。

第一节　地理环境因素

20世纪70年代，伯纳德·鲁道夫斯基（Bernard Rudolfsky）写的《没有建筑师的建筑》中认为乡土建筑特色与特定的气候、工艺技术和地域文化等密切相关。"环境决定论"学派的艾伦·塞普洱（Ellen Semple）认为："文化的形式是各领域的人们适应不同环境的行为决定的"。

闽南传统建筑的地域性立足于自然地理条件的适应性调整。闽南传统建筑继承中原的建筑传统，《吕氏春秋·为欲》中记载："蛮夷反舌殊俗异习之国，其衣服冠带、富室居处、舟车器械、声色滋味皆异"[1]。"富室居处"指闽南人注重建筑和装饰的文化习惯。地理环境、气候条件、营建材料和环境色彩等因素影响了闽南传统建筑文化的形成。

一、地理环境

福建省的山地和丘陵比较多，地形复杂，为群山环绕的格局。山地占全省的80%。福建省境内有两列由北向东的山脉，一列为武夷山脉，位于福建与江西的交界处。另一列山脉为鹫峰山—戴云山—博平岭。河流与山脉的走向相垂直，境内支流错综复杂，主要有闽江、九龙江和晋江等，大部分溪流直接从福建入海。河流的流程较短，水流较急，流域面积较小，出海口的晋江等有小平原，水体较多。海拔呈阶梯状下降，河流源于高山，地势由山地丘陵过渡到平原地区，形成福州、泉州、漳州等平原地区。自古有"东南山国"、"八山一水一分田"之称号。[2]沿海地区以平原和台地为主，交错分布了一些冲积平原。历史上交通不发达，地域的交流比较少，尤其是内陆地区。

---

① （战国）吕不韦等，吕氏春秋，卷十九，离俗览第七——为欲
② 戴志坚，福建建筑［M］，北京：中国建筑工业出版社，2009

    闽南位于福建省的东南沿海，三面环山，一面靠海，河谷和盆地相互交错。闽南地区包括厦门市思明区、湖里区、同安区、集美区、海沧区和翔安区，辖6区。泉州市：丰泽区、鲤城区、洛江区、泉港区、晋江市、石狮市、南安市、惠安县、安溪县、永春县、德化县、金门县，辖4区3市5县。漳州市：芗城区、龙文区、龙海市、云霄县、漳浦县、诏安县、长泰县、东山县、南靖县、平和县、华安县，辖2区1市8县①。广义上大闽南地区还包括金门和台湾等使用闽南语的地区。

    闽南地区的海岸线蜿蜒曲折，延伸1000多公里，优良港湾星罗棋布，海上交通发达。地理位置和交通条件有利于海外文化的影响。泉州的后渚港、厦门港、漳州月港和福州马尾港是省内的四大港口。泉州港早在三国两晋时期就有船只来往，元代时期成为世界著名的海上丝绸之路的起点。厦门地区的农耕田较少，土地不宜耕种。鸦片战争后，厦门成为"五口通商"口岸。明清以来，出海谋生和发展海外贸易成为当地人的生存出路。漳州月港相继兴起对外贸易，外商定居和海外华侨归乡促进了闽南地区经济的发展。

    乡土聚落是传统建筑和地域文化的载体。传统建筑、建筑形式、乡土材料是人与自然环境相互适应的结果，反映周边环境和地域文化。如图6-1和图6-2所示，体现古人营造建筑时注重与周边山水和谐统一。吴良镛在《广义建筑学》中认为"聚居在一个地区的人们，对本地特殊的自然条件不断认识，因生活需要钻研建筑技术等，总结独特经验，形成地区的建筑文化与特有的风格和场所精神。"②地形地貌影响建筑的造型，环境的复杂性使得传统建筑出现各种适应变化。闽南地区的山、河流和森林阻隔地区人们的往来，农业生产和文化交流受到局限，造成文化、风俗、生活习惯、语

图6-1 永春古地图体现的建筑与周边关系

图6-2 建筑与景观融合一起

---

① 戴志坚，福建民居［M］，北京：中国建筑工业出版社，2009.10：31
② 吴良镛，广义建筑学［M］，北京：清华大学出版社，1989：51

言及建筑风格之间的差异。闽南地区靠山临海的地理位置，受农业文化和海洋文化的双重影响。地理环境影响人们的价值观念，形成敢于冒险和开放进取的精神。

　　闽南地区多山地和丘陵，山势和水系营造丰富的局部环境。在山区、盆地和滨水区，朝向依据地势而定，适应自然环境和地形。传统建筑与农田共同形成山水环境，建筑的体量较实，色彩较深，作为前景嵌入山水环境中。自然景观纳入建筑的空间系统，是建筑的背景，层次感明显。水系呈带状，水渠相互贯穿，池塘散点分布。闽南传统建筑注重植被和绿化，房前屋后常有荔枝树、龙眼树、木瓜树和竹林等，绿树成荫。房屋群落与周围环境和谐一体，创造出宜人的居住环境，注重人与自然和谐的生态观。

　　闽南传统建筑经长时间的演化与环境相互适应。从建筑的选址、方位、朝向和周边环境呼应、协调。大多坐北朝南，负阴抱阳，以山为背景和依托，可以避风，获得较好的日照和通风。面水建造有利于生活用水、排水系统和保护建筑物，获得心理上和视觉上的安全感。有些传统建筑前设置"月形池"，背靠"山"和月形池，围绕成圆形，符合理想的风水模式。沿海地区的建筑朝向根据周边的环境，如莲塘别墅的四周原是水塘，建筑面水而建，学堂朝南，住宅朝东南，祠堂朝西，如图6-3所示。有学者认为闽南民居的朝向受风水观念的影响。如图6-4所示，邱德魏住宅，建筑朝向北。建筑与自然环境和谐，实质上是根据周围的环境要素来考虑建筑的位置、方位和设计，营造较好的人居环境。

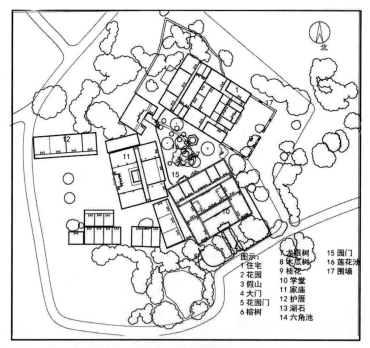

图6-3　闽南传统建筑的生存环境（厦门莲塘别墅）

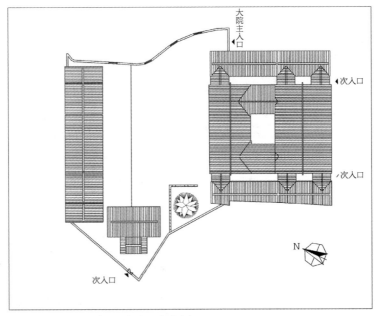

图6-4 灵活的朝向（厦门海沧邱德魏宅）

二、气候条件

（1）气候概况

闽南地区靠近台湾，纬度较低，气候温暖湿润，全年气温较高，平均在18~20℃左右。冬季平均气温9~12℃，夏天平均气温26~29℃，全年无霜期长达310天左右。季风性气候明显，冬季盛行东北风，夏季盛行东南风，受台风影响大，每年5~8月有台风，最大风力高达12级。雨水丰沛，全年降雨较多，平均约1600mm，春季和夏季雨水量较大，为植物生长提供良好的条件。日照充足、四季常青，属于亚热带季风湿润气候。闽南传统建筑分布在地势平坦的盆地、台地和丘陵地区，建筑呈聚落分布，有利于农耕生活。山区聚落比较分散、不同聚集区相隔较远，交通闭塞，大小不一，形成以血缘关系为特征的聚落，适应环境因素。

建筑受自然条件、技术条件和民俗文化等的影响和制约。气候条件影响建筑的建筑形式、布局和装饰。闽南地区出产较多木材，优质的杉木为建筑提供材料。闽南地区纬度较低，太阳高度角大，全年日晒多达200多天。民居的屋檐较宽，出檐较深，有利于防晒。日照范围内的材料容易剥落，天井周边和外立面木构件很少油饰。闽南传统建筑采用防晒、防热、通风、防暴雨、防台风和防潮的设计。

（2）闽南传统建筑应对气候的适应方式

第一，适应隔热、防潮和遮阳。

闽南夏季长，冬季较短，传统建筑多以南北方向为纵深，横向以东西布局展开，用于通风和遮阳。一些传统建筑的朝向偏东，如蔡氏古建筑群偏东15度，冬季避免北风，夏日能抵挡阳光，冬暖夏凉。建筑采用外封闭、内宽敞的格局，开敞的天井有利于降低室内的温度，获得通风和采光。墙体的砖石结构满足隔热防潮和耐久性。建筑通常选用石柱、石墙、石阶、石铺装和牡蛎墙等防止地面潮湿。如图6-5所示，内凹的门廊能够遮风避雨，适应多变的气候。屋顶采用较厚的黑瓦和红瓦，具有隔热性和防水性。门窗的漏窗满足遮阳、通风和一定的私密性。近代中西结合的外廊式建筑适应温暖湿润和阳光明媚的气候，外廊能够遮阳、避雨，感受室外的自然环境，体现建筑对气候的适应性调整（图6-6）。

图6-5 内凹门廊能够遮阳避雨

图6-6 近代外廊式建筑能够防潮、避雨和通风

第二，结构适合抗地震和排水。

闽南传统建筑采用穿斗式结构，柱网结构增加支撑力。穿斗式结构加强承受力，有利于抵抗地震，如图6-7所示。民居建筑材料体现对自然和气候条件的适应性。建筑的花头和垂珠能够减少檐口和檩头受到的雨水侵蚀。地面的竖向有高度差，主厅最高，厢房较低，天井最低，方便庭院内的排水。

第三，有利于消减风力和避雷。

闽南内陆的传统建筑多是双坡的屋面，屋顶坡度降低，出檐较长。硬山屋顶多分布在沿海地区，有利于消减风力、避雷和抵抗台风侵袭。花岗石的条石构件增加抗风能力，沿海的晋江和惠安等地建筑较多运用石构件和石构建筑（图6-8）。

三、营建材料

传统建筑的营建材料是依附于地理环境和气候条件下衍生的。古代匠人尊重自然

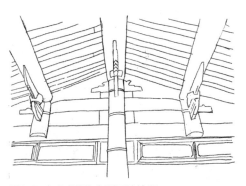

图6-7 穿斗式结构有利于防地震　　　　　　图6-8 厚重的瓦顶有利于防风

和环境，因材施艺体现建筑与环境和谐共生的现象。地域建筑特色依靠材料实现，材料是建筑的物质基础。自然材料的用量较大，经济、易取，是人们对自然适应和选择的结果。闽南传统建筑利用自然资源，乡土材料和加工方式体现地域性。建筑因地制宜、就地取材、灵活运用乡土材料和工艺。传统建筑以木材为主，砖瓦石为辅助，开发地方建筑材料，折射当地环境和近代化的过程。闽南传统建筑的色彩源于特色材料，砖石混砌的"出砖入石"色彩丰富，红砖砌墙，形成精致的墙面，构成地域的风貌。屋顶有红瓦、黑瓦和红瓦筒，墙体有土墙、石墙、砖墙和木墙等，体现地域建筑文化。

材料反映地理气候特点、区域内部的文化差异。文化环境和对外交流促进装饰的发展和变化。闽南地区厦门、漳州和泉州区域由于环境的微差和文化交流的不同，装饰材料的喜好有所差别。材料的独特性和装饰美感体现因地制宜、地方性和经济性的结合。

（1）木材

福建省的森林覆盖率居于全国第二，木材资源丰富，为建筑提供可靠的建筑材料，如柏树、松树、杨树、楠木和槐树等。闽南地区处于亚热带，有较好的森林植被。闽南地区传统木雕工艺发达，大木作雕刻较少，小木作精雕细刻，屋檐、门窗和隔扇布满木雕装饰。

（2）砖瓦

红砖和青砖都是用泥土制成的，只是制作方法不同而已。自然冷却的是红砖，用水冷却的是青砖。青砖含有氧化亚铁，红砖则是氧化铁。闽南地区的"烟熏砖"在烧制过程中，砖坯之间没有压住的位置经松木烟熏而形成灰色或黑色斜纹。闽南地区常用红壤和黄壤泥土烧制成砖，闽南人偏爱红砖，沿海地区常见红砖墙、红瓦顶和红砖铺装。沿海地区运用的红瓦比较厚，便于抵挡台风，如图6-9所示。随着闽南人的迁移，红砖用于金门和台湾的传统建筑成为当地建筑的特色。闽南的红砖墙主要有两种做法：红砖与石头混搭、内泥外红砖等。工匠善于将红砖加工成特别的形状，泉州地区用红砖砌成各种几何图案，形成优美的镜面墙。内陆地区多烧制较薄的黑瓦，上面加盖石头，防水性较好，便于散热（图6-10）。

（3）石材

闽南地区盛产花岗石，硬度较高，质地均匀。石材用于地基、门窗、石柱、台阶、柱础和铺装，能够防潮，是应对台风暴雨的良好建筑材料。石材与红砖的搭配，形成红砖白石的优美效果。泉州地区"出砖入石"的做法是将砖石与灰浆混合砌墙，相互错搭，色彩艳丽（图6-11）。在泉州和惠安一带，常运用整块的石条水平叠砌，通过上下的错缝稳固墙体（图6-12）。青斗石质地细密，适合精细雕刻的装饰，富商之家在建筑的塌寿和天井周围大量运用石雕构件。

（4）黏土

黏土是人们最早运用的建筑材料，新石器时代就有用夯土做的居住墙面。闽南地区以红壤和黄壤为主，泥土坚固耐久，能够吸水防潮，适合做各种夯土墙和土坯砖等。闽南地区的夯土房是源于古代的夯土技术，由黏土加上沙、石灰、泥土、砂糖和稻草等构成。夯土墙体能防潮保温，外墙下方是泥土、石头和砖等混合搭配，有利于

图6-9 厚重的红瓦有利于防风

图6-10 内陆的黑瓦有利于排水

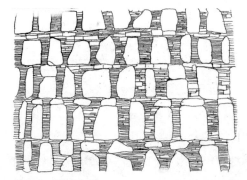

图6-11 出砖入石

图6-12 红砖与石材

防潮。夯土墙常见于闽南的内陆地区，在乡土建筑中普及。

（5）牡蛎墙

闽南的海岸线较长，沿海地区牡蛎产量比较大、分布较广，是便于获取的材料。当地利用牡蛎壳砌墙，结合灰泥浆、红糖、糯米和稻草等，能防潮、挡雨和防风。材料形态厚重、质地具有金属感，体现肌理美。据说大牡蛎壳与海上丝绸贸易相关，出海的船一般有压仓石，去东南亚进行贸易时顺便出售压仓石。回船时，闽南商人在当地找一些牡蛎壳带回。泉州蟳埔建筑和法师真武庙山门运用牡蛎壳墙。

（6）陶瓷

闽南地区濒临海洋，空气潮湿、高温多雨、日照强，受台风影响较大。陶瓷的装饰色彩艳丽、表现丰富、施工较快、维护方便，适应闽南的气候条件，成为传统建筑装饰的重要材料。泉州古时候有陶瓷的生产基地，如泉州窑和德化瓷窑等。陶瓷厂常有破损的产品，附近地区利用这些碎陶瓷片剪粘成各种造型，称为"剪粘"。剪粘装饰屋顶和水车堵，形成色彩艳丽的装饰效果。交趾陶是低温烧制的陶件，广泛运用于建筑的屋顶、水车堵和山墙等外檐装饰。交趾陶色彩鲜艳，能够耐酸、耐高温、耐雨淋，适合闽南地区的气候环境。

（7）灰塑

灰塑是闽南地区传统建筑装饰工艺。灰塑以石灰为主，形象依附于建筑墙壁上沿、屋脊或其他建筑工艺上。明清两代灰塑工艺非常盛行，主要在祠堂、寺庙和豪门大宅用得最多。灰塑的材料由生石灰、纸筋、稻草、矿物质颜料、钢钉和钢线组成。灰塑的骨架用钢钉、铜线投捆绑成，用纸筋灰在草根灰表面进行造型与形态批灰，使灰塑平滑、细腻、传神。从批灰至上彩绘，必须在当天同时完成。灰塑有一定的湿度，颜料才能渗到灰塑里。灰塑与颜料同步氧化，保持时间长、颜色鲜艳、不褪色。

自然地理条件影响建筑的营建材料。地域性的材料和技术反映资源优势，构成地域特征，形成建筑文化，如表6-1所示。闽南传统建筑以乡土材料为主，因材施艺、就地施工、经济适用，充分利用材料、色彩、肌理和质感，具有典型特色和成功经验。

材料、技术影响和构成传统风格　　　　　　　　　　表6-1

材料	黏土	木材	砖	石
技术	泥塑、陶件	大木作、小木作	出砖入石、花砖	石雕
建筑要素	屋顶、水车堵	梁、柱、门窗、窗	墙壁、屋顶的中脊	石础、石外窗、门框、门钉、石基
题材	神仙人物、花鸟、山水	蝙蝠、螭虎、牛、松树、牡丹等图案与民间传说、戏剧相关	以红砖拼合的图案，如万字堵	花鸟、植物图案装饰

四、环境色彩

闽南传统建筑的色彩源自乡土建筑的材料，红砖是建筑的主要材料，形成地域的建筑色彩。环境色彩影响建筑色彩、地域色彩和审美喜好。闽南传统建筑色彩依附于地理环境和气候条件。闽南地区土壤类型多样，主要是红壤、水稻土和砖红壤[①]。泉州沿海地区环境对比明显，建筑色彩鲜明，如图6-13所示。山区青山绿水、雨水充沛，建筑常采用黑瓦、暗色红砖和夯土构成，如图6-14所示。红砖与石材相互衬托，泥塑和剪粘装饰色彩鲜艳，成为地域建筑色彩，满足人们的心理需要。装饰强化建筑形象，使建筑成为乡村聚落重要的标志物。

传统建筑的色彩是经过与环境长时间的磨合的，构成地域特色。如图6-15所示，闽南的内陆和沿海地区在色彩上有一定的差别，沿海地区更加鲜艳，内陆地区则色彩比较沉稳，如厦门的莲塘别墅丰富外立面装饰，形成显著的色彩效果。闽南传统建筑红砖鲜艳古朴，搭配花岗石的白灰色、青斗石的绿灰色。木雕保持原有的色彩，建筑内部运用木材的原色。沿海地区常见厚重的红瓦。灰塑、彩绘色彩鲜亮，富裕的家族用黑漆和朱漆，是传统的代表色彩。俗语"红宫乌祖厝"，"宫"指庙宇，多用红漆，家庙和宗祠的梁架以黑漆为主，局部有红色，或以红色为主调，搭配黑色。俗话说"见底就红"，底色为红，侧面涂黑。[②]闽南传统建筑盛行金漆画，富贵之家在木雕的基础上贴金箔，显得金碧辉煌。

环境色彩影响人们对色彩的审美和喜好。色彩使闽南传统建筑发挥建筑的审美功能。人们的喜好影响建筑色彩的营造，并形成地域特色。闽南地区的建筑色彩丰富，

图6-13 闽南沿海地区红屋顶与环境互衬

图6-14 闽南内陆地区黑色屋顶与环境和谐

① 泉州市城乡规划局、同济大学建筑与城市规划学院编著，闽南传统建筑文化砖当代建筑设计中的延续与发展［M］，上海：同济大学出版社，2009：6
② 曹春平，闽南传统建筑彩画艺术［J］，福建建筑，2006，（01）：43

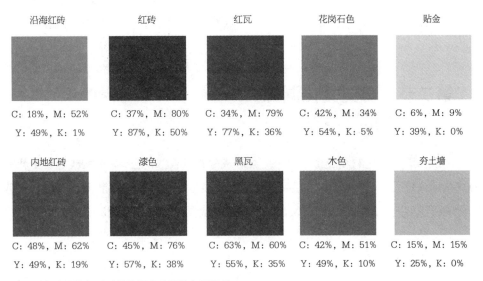

沿海红砖	红砖	红瓦	花岗石色	贴金
C: 18%, M: 52% Y: 49%, K: 1%	C: 37%, M: 80% Y: 87%, K: 50%	C: 34%, M: 79% Y: 77%, K: 36%	C: 42%, M: 34% Y: 54%, K: 5%	C: 6%, M: 9% Y: 39%, K: 0%
内地红砖	漆色	黑瓦	木色	夯土墙
C: 48%, M: 62% Y: 49%, K: 19%	C: 45%, M: 76% Y: 57%, K: 38%	C: 63%, M: 60% Y: 55%, K: 35%	C: 42%, M: 51% Y: 49%, K: 10%	C: 15%, M: 15% Y: 25%, K: 0%

图6-15 闽南沿海红砖建筑与闽南内陆的色彩微差

还能引起色彩的联想，如表6-2所示。人们喜欢艳丽的红色，表达吉祥、喜庆和辟邪的文化心理。鲜艳的色彩如交趾陶、剪粘和红砖墙面等高处的建筑装饰，色彩对比强、轮廓明显，适合远观。红砖白墙、屋顶上色彩艳丽的泥塑和剪粘，体现文化内涵与环境相协调。屋顶上的剪粘与蓝天相互衬托。传统建筑色彩庄重、古朴，体现古人对色彩运用的独具匠心，成为地域建筑的审美特色。

闽南传统建筑色彩及联想　　　　　　　　　　表6-2

色彩	建筑色彩	色彩物像	色彩联想
红色	红砖墙、春联、朱漆	红花、夕阳、火	热情、吉庆
褐色	山花、彩绘、木构件	泥土、大地、木材	吉祥、温暖
青色	水车堵、屋脊、彩绘	绿树、农田、小草	生命、活力
蓝色	水车堵、山花、彩绘	蓝天、大海、远山	沉静、理智
黑色	梁柱的油漆	黑夜、大地、煤	严肃、神秘
白色	壁堵、柱础、台阶运用的花岗石	白云、雾	神圣、质朴
金色	窗棂、梁枋和隔墙上贴的金箔	光、黄金	尊贵、辉煌

第二节　历史文化渊源

建筑与历史文化的发展密不可分。梁思成曾说过："历史上每个民族都产生特有的建筑，伴随文化而兴盛衰亡"。闽南地区的发展伴随中原人的不断南迁，融合土著文化的移民历史。闽南传统建筑装饰的发展受社会文化和时代背景的影响。

一、历史沿革

传统建筑的发展反映历史文化背景。新石器时代，古越族人开始在闽南少数地带生息繁衍。东汉末年，魏国、蜀汉和吴国形成三国格局，孙吴在闽地建立了建安郡，管辖建安和南平等7个县，当朝重视发展经济，造船业迅速发展，闽地人口快速增加。[1]闽南文化源于中原氏族和历史地缘，晋唐以来随着中原汉人的迁入，经过漫长岁月和劳动实践，融合了闽越文化。北方不同时期的移民带来先进的生产工具、营建技术和风俗文化，与闽越文化融合。近代西方文化、阿拉伯文化和华侨文化等对闽南建筑文化产生影响，成为特色鲜明的地域文化。

依据文献的记载，历史上闽南地区的移民有以下几种来源：

北方汉人入闽分成两大线路，第一条是东线，从浙东和浙南通过海路迁移到闽地定居，建立行政单位，主要沿着河流向内陆地区推进，如闽江和九龙江。东北方南迁的移民是逐渐移动和分站进行的。南迁的移民促使经济文化的交流。

第二条是西线，从浙江和江西两个交界省和武夷山等地进入福建，在上游地区建立县市。西线与东线移民形成不同的方言区。福建地形复杂，有区域阻隔，两条路线的人口没有较多的接触和交流，靠自给自足的生产方式，孕育着地域文化。乾隆《福州府志》卷七五《外记》："晋永嘉二年（308年），中州板荡，衣冠始入闽者八族：林、黄、陈、郑、詹、丘、何、胡是也"[2]。入闽的汉人带来北方的上古汉语，也有东吴汉人的吴楚方言，逐渐形成闽南方言区。今天的闽南话可以从语言和词汇找到古汉语的特点。

---

① 周长楫，闽南话概说［M］，福州：福建人民出版社，2010：7

② 乾隆，福州府志，卷七五，外记

二、人口迁移

中原移民持续了漫长的历史过程，从西晋末年永嘉之乱到两宋，大量北方贵族和平民南迁，前后经历了八百多年。第一次是西晋末年，当时闽南人口较少，北方汉人为躲避永嘉之乱，史称"八姓入闽"。移民多为中州世代的官宦家庭，有较高的文化素质和社会地位，迁移后为福建增加大量的人口。第二次是唐代时期河南固始人陈元光开发漳州，提升社会经济水平。第三次是唐代末年河南光州固始人王潮参加王绪领导的起义军，率领中原军队定都福州，治理福建和转战南安，杀害泉州刺史廖彦若。福建观察史陈岩接受事实向朝廷推荐王潮，朝廷命王潮为福建观察史。王潮治闽期间促进经济发展，死后弟弟王审知继位。

唐朝的初唐和中唐时期北方汉人大批南下入闽，是闽南人口剧增的一个高峰，促进经济的发展。管辖区增设州县，农业、制茶、矿业、造船、陶瓷和建筑有很大进步。唐朝的天宝年间（742~755年），福建的5个州已经有9万多户，43万多人[①]。安史之乱后又有大批移民入闽，带来语言、生产技术等，闽籍学子开始在科举中获得登科入第的机会，对闽南文化的形成了产生积极影响。如表6-3，反映唐宋时期泉州人口的增加。

唐宋时期泉州地区的人口增长情况　　　　　　　　　　表6-3

朝代	时间	管辖地	住户	人口
唐代	开元间（713~741年）	辖晋江、南安、莆田、清源、龙溪	37054户	249500人
	元和间（806~820年）	辖晋江、南安、莆田、仙游	35571户	238400人
宋代	太平兴国间（976~984年）	辖晋江、南安、惠安、安溪、永春、德化、同安	96581户	521500人
	崇宁间（1102~1106年）		201406户	1067400人
	淳祐间（1241~1252年）		255758户	1329900人

（数据来源：泉州博物馆）

第四次南迁是北宋迁都后，宋代靖康之乱以后，大批中原人入闽，造成人口急剧增加。北方的皇族和平民通过江西和浙江入闽，带来中古汉语、文化、生产技术和先进文化，为闽南地区的开发和文化的形成发展注入生机和活力。

中原人口的迁移，使闽南地区人口的压力增大，一些人继续南迁到潮汕地区。潮

---

① 周长楫，闽南话概说 [M]，福州：福建人民出版社，2010：19

汕闽南人很早就向台湾和东南亚移民。潮汕地区属于广义上的闽南文化区，大量运用剪粘和交趾陶装饰建筑的屋脊、檐下和镜面墙等，木雕繁琐，体量较大。

　　闽南地区人口增加，耕地不足，众多的优良港湾促使闽南人较早发展海上贸易。南朝时期闽南人就开始对外贸易，至唐朝，泉州已经成为海上丝绸之路的终始点之一。宋元时期经济中心移向南方，贸易和人员的往来，促使中西方文化的交流。泉州对外开放较早，成为宋元时期世界著名的东方港口。许多阿拉伯人到泉州定居和通商，建造清真寺，不少闽南人到东南亚国家谋生。近代厦门是清政府开放的四个海关之一，便于西方各国来中国。1902年厦门鼓浪屿成为租界，兴建领事馆和私人别墅。公共建筑包括领事馆、教堂、医院和学校，风格包括罗马式、哥特式和拜占庭式，也有闽南传统建筑与西洋风格融合的形式。这些建筑一般体量较小，采用砖木石的结构形式。西方的建筑风格和装饰细部影响闽南地区的建筑，形成中西融合建筑装饰风格的"番仔楼"。

　　鸦片战争之后，厦门成为通商口岸，人多地少、灾荒战乱、生活困难，不少村民抓住机会去南洋谋生，成为华侨出国的第一个高峰期。20世纪20~40年代，是出国的第二次高峰，主要去往新加坡、马来西亚、菲律宾、越南和印度尼西亚等。以泉州亭店村为例，侨户占总户数的95%。[1]据闽南的《泉州华侨志》介绍，"泉州籍的华侨有90%居住在东南亚各国。归侨和侨眷300多万人，占全市总人口的53.9%。这些人白手起家，开荒种地，勤俭奋斗，到东南亚种橡胶或做生意。一部人富裕后为了光宗耀祖，回乡后置地建房"[2]。泉州亭店的杨阿苗故居是杨阿苗在菲律宾发迹后回家乡盖的大厝，面积1349m²，三进五开间，大小房间30多间，当年设计费相当于800块银圆，石雕加工费高达3000块银圆。[3]

三、文化渊源

　　建筑是地域文化的产物，建筑装饰与社会经济、地域文脉紧密相连。梁思成曾说："建筑与民族文化相互联系，互为因果。"[4]哈佛大学迈克尔·赫茨菲尔德认为："文化不是一个又一个的东西，而是一个又一个的过程"。闽南文化对闽南传统建筑及装饰产生深刻的影响。美国学者马文·哈里斯认为："文化是思想行为和情感模式，主要通过习得的文化，体现民族整体特征"。

① 许在全主编，泉州古厝［M］，福州：福建人民出版社，2006：30
② 泉州市华侨志编纂委员会主编，泉州华侨志［M］，中国社会出版社，1996
③ 许在全主编，泉州古厝［M］，福州：福建人民出版社，2006：30
④ ［美］马文·哈里斯，文化·人·自然［M］，杭州：浙江人民出版社，1992：136

先秦时期到五代是闽南文化的形成期，五代到宋元时期是闽南文化的发展期，明清以后是闽南文化的传播期。闽南地区是"海上丝绸之路"的起点，受土著文化、中原文化、佛教、伊斯兰教和印度教等文化的影响。经过长时间的发展，逐渐形成继承汉文化传统，具有独特方言和地域文化特色的闽南文化。它兼收并蓄、多元融合，成为区域文化和民族文明的组成部分，形成主要受以下因素的影响。

（1）古越文化

福建的土著居民是古越族的分支，中原人四次较大的南迁后，与古越人融合。古越人的泛神信仰结合中原的佛教和道教，形成多神信仰的文化传统。

（2）闽南语与闽南文化

闽南语的形成以中原的语言为基础，闽南语法源于黄河洛水一带，融合闽越语言，称为"河洛话"。闽南语区域包括泉州、漳州大部分、厦门、龙岩市的新罗、漳平市、福建的福清部分地区、尤溪的小部分地区和大田县的部分地区，东北部的福鼎、霞浦的部分地区，及台湾岛的大部分地区。农耕文化和商儒文化的发展使得闽南语地区与闽南文化区大体相当。闽南地区的生产生活、祭祀活动、建筑特色和民俗文化是闽南文化的组成。闽南文化区不仅限于闽南语地区，随着闽南人迁移到其他地区，保留闽南文化的也属于闽南文化区。闽南一些地区有客家人的迁入和聚居，保留客家的语言和习俗，属于客家文化区。

（3）中原文化

闽南文化源于中原的汉文化。西汉时期中原的建筑技术和风格开始传入闽越地区。闽南的村落在唐代以前形成，五代时期以茅舍和瓦粘屋为主。秦汉、三国两晋南北朝和隋唐期间，战乱导致中原人大规模进入闽南。迁徙的中原人以家族聚居一起，建寨垦田、生活自给，带来中原的建筑风格，逐渐形成村落文化。宋元时期红砖瓦大量运用在建筑上。泉州作为世界大港，吸引了很多国家的商人来居住。元代时期有伊斯兰教寺院、天主教堂和印度教寺院等。明清时期由于战乱与地震，生土建筑开始流行，出现砖石混搭的"出砖入石"，坚固美观。闽南文化源于汉晋时期，成熟于两宋，发展于明清。闽南的村落是闽南文化的载体，以血缘为纽带的村落具有宗族性、集团性和地域性，在这个过程中闽南文化逐渐形成。

闽南文化的形成受到三个主要因素的影响，第一是方言，方言是文化交流的首要条件。其次是外界乔迁，中原人的迁移和海外商人的交流加速闽南多元文化的形成。第三是地理自然条件，闽南地区与中原地区的联系受阻隔，逐渐形成差异化和地域性的文化。

传统建筑结合色彩、形式，依据装饰传递文化意蕴。石雕和红砖具有视觉冲击力。泉州南安在清代建立的蔡氏古建筑群，由16座红砖建筑组成，成片的红砖建筑强化建筑特色和色彩印象，构成地域景观。

闽南地区人们比较喜欢红色，鲜艳的色彩代表吉祥和喜庆。建筑的色彩和装饰色彩鲜艳，重视材料的表现，强化立面的效果。红砖白石构成建筑的主体色彩，局部色彩丰富，形成衬托。青斗石偏向绿灰色，木材为褐色，搭配矿物质颜料彩绘的赭色、黑色、白色、粉绿、群青和金箔色。冷暖色如白色墙面与屋檐下过渡部位的冷色形成对比。灰色的屋顶运用鲜艳的交趾陶、嵌瓷，山墙以蓝色的花纹加强效果。闽南建筑色彩具有象征性，受历史、地理、气候、宗教、风俗和制度等因素影响，体现文化和景观环境对建筑色彩和装饰的影响，是一种文化现象。

四、宗法礼制

礼制规范人们的生活、行为和人际关系，如宗法礼制和纲常伦理等载体。费孝通曾说："文化的自觉性引导人们从无意识到有意识的层面，去选择、创造和构建"。建筑的文化符号反映人们的精神追求和在宗法礼制的影响下创造的形象。

闽南传统建筑空间和装饰传承礼乐秩序和纲常伦理，反映人们的理想、需求、文化认知、社会交往和行为特征等，如表6-4所示。古代的闽南地区以农业社会为主，生产资料与财富依靠祖先的积累。子孙后代享用父辈留下的财产，形成追思先祖的传统，维护尊卑之礼、长幼之别、男女之别和家族利益。建筑的楹联体现宗法礼制的思想，厅堂作为闽南建筑的核心场所，用于祭祀、庆典和节日等，体现礼制的影响。供奉的祖宗牌位营造庄重的氛围，影响和约束人们的行为。

闽南传统建筑与官式建筑、宗教建筑装饰的比较　　　　　表6-4

类型	传统建筑装饰	官式建筑装饰	宗教建筑装饰	宗祠和家庙
风格	装饰式样多	体量高大，威严庄重，构件较粗	装饰繁琐、造型丰富、色彩艳丽	介于宗教建筑和建筑之间
分布	在门面、外立面、中堂	外立面、屋顶、结构	硬山为主的屋顶，剪粘丰富、造型夸张	硬山为主的屋顶，比建筑装饰丰富
油漆	一般不刷漆或黑色油漆	木构件刷暗红色油漆	木构件刷大红油漆，木雕基础上贴金	木构件以黑色油漆为主，少量暗红色

第三节 经济与手工艺

一、灵活经济和多元生产

古代中原地区气候温暖、土壤肥沃，适合精耕细作。由于战乱和自然灾害，导致历史上人口的数次大规模迁移，带来了中原的建筑技术和装饰风格。

闽南文化与中原文化相比比较重商，相对灵活和多元。福建地区山地多、平原少、土壤肥沃，宋元以来北方大量移民，明清时期闽南地区人口稠密、耕地不足、农民的生存成为问题。人们不得不采取多种经营方式，向山地开发，开发后，仍然不能满足人们的需要，只能依靠海洋谋求生存机会，发展渔业、养殖和海外贸易。闽南人热衷经商，早在唐代，泉州人就有积极经商的。据《泉州府志》载："民无所证贵贱，惟滨海为岛夷之贩。"海外贸易最早可追溯到汉朝的官民出国。宋元时期泉州成为世界第一大港。宋代洪迈《夷坚志》载："泉州杨客，为海贾十余年，致资二万万。"明清时期政府实行海禁政策，航运中心转向漳州月港。清代闽南对外贸易比较发达，厦门港成为海外贸易中心。

商业的发展带来文化交流，海外贸易的发展对闽南的区域文化产生影响，闽南文化成为东西文化交流的窗口和桥梁。宋元时期不少阿拉伯商人来泉州定居。明清时期闽南商人到海外也接触不少西方人。西方传教士在五口通商之后，来福建传播圣经，有些用闽南话的译本。闽南的文化交流为思想解放和近代维新运动做出贡献。闽粤人如林则徐、严复、康有为和梁启超等为改革的先锋。

闽南地区通过兴修水利工程，精耕细作、发展农业，促进经济的发展。其次沿着海岸发展移民，陆续搬迁到海岸其他新地区，发展航海业，出海进行贸易。据史料记载，早在北宋时期，元祐二年（1087年）泉州开始设立市舶司，宋元时期，泉州的农业、造船业、手工业、纺织、陶瓷、商业和冶铸等行业迅速发展。泉州顺应了海外贸易发展的需要，在生产过程中出现了适当的规模和商品化的趋势，成为东方大港。农业、工业和商业相结合的经济结构，是泉州成为当时的"东方第一大港"的重要支撑。

海外贸易和商业的发展对闽南商人的价值观念和居住理念产生影响，为大规模的建筑及建筑装饰奠定物质基础。1840年的鸦片战争以后，闽南地区掀起了大规模的移民热潮，大批量到海外充当劳工，经过几代人的努力，涌现了不少的企业家。在闽南人看来，人生有三件大事：娶妻、生子、建厝。有学者认为："发家致富或是升官之后，必建大厝，用于光宗耀祖，一般百姓也需要建厝，用于生活和告慰先人"。①海外移民形成了大量的华侨，侨汇大部分支持家乡经济的发展，一部分作为赡养家人的生活费用并支持家乡的住宅建设。大部分侨汇用于建房和置田，建造起住宅、祖祠和寺庙等。不少在外的华人认为在家乡盖大厝能够惠及在外的子孙。清末到民国期间有不少致富的华侨回国。华侨归国后，对盖红砖厝非常重视，修建房屋、购买田地、兴建学堂、家庙和坟墓等以光宗耀祖。闽南地区历史上遗留不少规模宏大的古厝，以厝为地名的比比皆是，如厦门的曾厝垵、内厝沃、黄厝和陈厝等，是闽南人积累财富的主要支出和人生大事的见证。

商业活动影响区域文化的发展，对商人产生潜移默化的影响，进而影响住宅的建造设计。厦门新阳有500多座红砖大厝，多数是华侨回国建立的，这些建筑传承地域的特色，带有一定的西式风格。传统建筑的装饰象征着主人的地位、身份、审美和精神追求。民居、庙宇和祠堂，体现传统文化和西洋文化的多元影响。

华侨从国外带回了经验、技术和图纸，并参与建造施工，发展多种结构类型。装饰体现多元文化内涵和整体的建造观念。屋顶、檐口、门窗、铺装、柱础和地板等，是中西文化的表现。厦门莲塘别墅的主人是越南华侨陈炳猷，在东南亚从事茶、丝和瓷器等商业活动。受经营区域的文化影响，在莲塘别墅的建造中以中国传统建筑为主，在墀头、窗楣、门拱和园林布局等融合西方建筑文化。建筑的墀头，运用阿拉伯卫兵的形象装饰。晋江金井的福全村，宋元时期开始是商贸古镇，2007年成为国家历史文化名村，村内有不少明清时期建造的番仔楼，融合闽南的传统建筑和西式洋楼的特色②。

闽南传统建筑的材料、工艺与经济状况相关。闽南建筑分为经济富裕的建筑与经济普通的建筑，装饰的材料、内容和繁简程度受造价的影响，差别加大。朱良文先生将建筑的层次分为四类：原始建筑、普通层次建筑、富裕层次建筑和特殊层次建筑。③

人们对于传统建筑的观念是需要有足够的装饰。北方建筑的装饰构件较少，南方建筑的较多。清代开始，闽南建筑的装饰越来越繁复，造价越来越高。宗法制度下，生产生活和经济状况的条件决定了闽南建筑的规模、装饰的材料和程度。经济实力地位较高、家境殷实的商儒有条件运用各种装饰材料和技艺，如表6-5所示。富裕之家居住空间较大，"行叫式"大门由中间的主大门和两边的左扣门组成，凹寿入口、天

---

① 许在全主编，泉州古厝，福建人民出版社，2006
② 张杰，古厝落文化景观特色的演绎与解析——以闽南福泉国家历史文化名村为例，设计艺术研究，2013
③ 朱良文，中国传统建筑与文化，第七辑，中国建筑第七届学术会议论文集，1996年

井周边和中堂装饰材料多样，雕刻精美。富商之家甚至愿意花费两三年的时间建造房子。海外经商和侨汇的支持也使得闽南地区能够建造较多装饰精致的传统建筑。富商之家一定程度上促进了闽南建筑装饰工艺的传承与发展。普通民居受到经济的影响，规模不大，往往采用廉价的材料，形成造型简洁、装饰适度的风格和方便操作的工艺装饰。

富裕民居建筑和普通民居建筑的装饰差异　　　　　　表6-5

装饰构件	普通民居建筑装饰	富裕民居建筑装饰
门	简单实用的板门	牌楼面富丽堂皇的石雕、木雕
窗户	灵活的板窗、简洁的花砖窗	雕刻精细的木雕、石雕窗户
屋顶	青灰塑造屋顶，板瓦	中堆、屋脊有剪粘，脊端起翘
梁架	木雕和油彩很少	有木雕、油彩
瓦片	青灰的板瓦或红瓦	带纹样的花头和垂珠
柱础	简单造型，无装饰	造型丰富，上面有浮雕装饰
斗栱	简洁的丁头栱	层次较多，带油饰
油彩	普通建筑装饰	室内的雕花隔墙上油饰，贴金箔
吊筒	简单实用的板门	精细的镂雕，包含人物花鸟等内容
檐边	灵活的板窗、简洁的花砖窗	泥塑、彩绘的浮雕

经济与文化影响闽南建筑装饰符号的传播运用。文化作为地区和民族的灵魂，在建筑的装饰和符号上，是社会发展的内在动力，具有持续性的影响。装饰的产生与发展是以文化为基础的，从某种意义上说文化是生产力，不同层次的人会阐释不同的文化元素。闽南传统的建筑装饰是闽南文化的表达，其基础与经济发展相关。曾经繁荣的经济与文化提升了闽南传统建筑装饰的地位。近代经济文化的滞后也是闽南传统建筑装饰受到忽视的原因，大量建筑模仿国际化和欧美风格。明清时期闽南地区人口众多、经济发达，商业经营和海外贸易带来更多的文化交流，使得传统建筑及装饰有发展的基础。现在保留的闽南建筑和聚落，多数是在明清时期形成的。近年来闽南地区迎来良好的发展机会，文化遗产的保护和乡村建设促使闽南传统建筑的传承与发扬，推动地域建筑的发展。

二、经济因素与建筑装饰

建筑以物质为载体，源于生产生活，依赖自然环境资源。自然环境决定建筑的材料，经济和技术决定传统建筑的材料、装饰工艺、建筑规模和装饰程度等，影响价值观念和社会交往等。

　　闽南传统建筑装饰的形成与经济发展和技术环境相适应。明代开始闽南地区人口剧增，严重缺粮，不少人外出谋生，艰苦创业，致富后携财返乡，建寺庙、修祠堂、置田地、建豪宅，如表6-6所示。区域内的农业、手工业和海外贸易崛起，为大批量建设奠定了经济基础。富裕起来的闽南商人数量较多、经济实力强。他们注重住宅和宗祠的营建，对建筑装饰有较高的要求，将建房造屋作为人生中一件大事，愿意花费大量财力打造精雕细刻的官式大厝。闽南地区除农耕以外，狩猎、捕鱼、商业和手工艺发展很快[①]。闽南商人与海上丝绸之路的贸易、外国商人在闽南地区的居住和文化交流，给传统建筑及装饰带来多元化的特征。闽南地区有很多大厝和宗祠是由近代华侨出资兴建的，间接促使了建筑的发达，装饰工艺越渐精细。如宋元时期，泉州陶瓷发达，产品外销东南亚的多个国家和地区，为闽南地区的发展带来财富。

闽南泉州地区与古代海外贸易的国家和地区　　　　　　　表6-6

国别	今所在地	国别	今所在地
占城	越南南部	西龙宫	印度尼西亚加里曼丹附近
真腊	柬埔寨	什庙	印度尼西亚加里曼丹附近
三佛齐	印度尼西亚苏门答腊	日丽	印度尼西亚加里曼丹附近
兰无里	印度尼西亚亚齐	胡芦	印度苏门答腊岛西北角亚齐河下游
曼头	印度尼西亚加里曼丹附近	高丽	朝鲜、韩国

三、闽南民俗与宗教信仰

（1）民俗

　　民俗是人们长期的生活方式和社会习惯共同形成的文化。闽南地区传承中原丰富的民俗文化传统，如表6-7所示，每年在传统民居内举行的民俗活动较多。闽粤台自古以来信巫术、尚鬼、重祭祀的观念根深蒂固。《汉书》曾记载：楚地"信巫鬼，重淫祀"。"吴粤与楚接比，数相兼并，故民俗略同"。[②]闽南传统建筑装饰作为形式的表现，反映文化心理、民俗风情和民众理想。闽南传统建筑营造前一般会请风水先生相地，根据屋主的生辰八字确定建筑的坐山，再确定"寸白"。"寸白"其实是吉祥

---

① 朱志勇，越文化精神论［M］，北京：人民出版社，2010：182

② 汉书，卷28下，地理志下［M］，北京：中华书局点校本，1962：668

数字，具体就是建筑的各尺度合乎"鲁班尺"的吉数。闽南人的生产生活中产生与建筑相关的民俗活动，如丧葬、结婚、节日和建造等。传统建筑是民俗特色的一部分，祠堂是闽南传统民俗的集中体现和载体，体现地域文化。

与建筑相关的民俗活动列举　　　　　　　　　　表6-7

名称	内容	建筑相关活动
春节	祭祀、贴春联、门神	祭祀祖先
正月十五	挂花灯、赏灯、猜谜	在建筑上高挂红灯
端午节	辟邪	门上挂菖蒲、艾草
七月初一	普度	在门口进行拜祭
十二月二十四	送灶君	陈列贡品、点蜡烛，放鞭炮
丧葬	灵堂	纪念告别亲人
结婚	婚庆、拜祖先	上香告知祖先

（2）信仰

民间信仰是闽南文化的重要部分。闽南地区山地多、平原少、交通不便、开发较晚，降雨较多，每年多次受到台风的影响，不利于民众的生活。自古以来，闽越地区就有崇拜鬼神和巫术的传统。北方战乱造成的移民多，在闽南地区开拓的初期，遇到气候变化、野生猛兽、疾病瘟疫和人满为患的新环境。陌生的自然环境和多变人生，使民众祈福避灾、多种神灵和相应的民俗活动应运而生，如表6-8所示。

闽南寺庙、供奉佛像列举　　　　　　　　　　表6-8

寺庙名称	供奉神像	年代	地址
延福寺	海神通远王	西晋太康九年（288年）	泉州南安九日山
凤山寺	广泽尊王	五代	南安诗山
慈济宫	保生大帝	宋绍兴二十一年（1151年）建庙	厦门、泉州花轿
关帝庙	关公、土地公、张飞	明嘉靖年间（1522~1566年）重修	泉州有100多座关帝庙
玄妙观	道教三清、玉皇大帝、灵官大帝	晋太康三年（282年）	泉州最早道教宫观
龙山寺	千手观音菩萨	隋唐年间（618~619年）	安海，台湾有200多座分灵
天后宫	妈祖林默娘	宋庆元二年（1196年）	泉州市天后路一号

续表

寺庙名称	供奉神像	年代	地址
开元寺	如来、阿閦佛、宝生佛、阿弥陀佛、成就佛、文殊、普贤、阿难、迦叶、观音、势至、韦驮、关羽、梵王、帝释等、菩萨、护法神、善才、龙女和、十八罗汉	唐初垂栱二年（686年）	泉州市鲤城区西街
承天寺	三世佛、迦叶、阿难、护法诸天、十八罗汉、四大菩萨、开山祖师、阿弥陀佛	后周显德年间（954~960年）改建为佛寺	泉州市区崇阳门外东南
文庙	孔子	建于唐开元末年	闽南地区各地都有
威惠庙	开漳圣王陈元光	唐开元四年（716年）	漳浦西门外
三平寺	三平祖师公（义中法师）	唐会昌五年（845）	漳州平和县文峰镇
崇福寺		北宋	泉州东北城外
清水岩	清水祖师	北宋年间	泉州安溪蓬莱镇
天下第一庙	解放军神像	新中国成立后	崇武
草庵寺	摩尼教摩尼光佛	宋绍兴年间（1130~1162年）	泉州晋江华表山南麓
慈济宫	保生大帝吴夲	宋（1150年）	漳州角美和厦门海沧
番佛寺园	古印度婆罗门教寺庙	1281	泉州城南（已毁）
城隍庙	城隍爷、判官、十二司官		闽南各县市

　　闽南的民间信仰多数与地方的神有关，多神并存现象显著。民间戏剧和祭祀仪式应运而生。人们借助神灵寄托平安消灾的愿望和理想，构成精神生活。闽南地区的信仰本身比较复杂，加上中原人口的迁移，崇拜的神灵较多，多神并存使得民间的信仰得到丰富和传播，如图6-16、图6-17所示。闽南的庙宇建筑比较讲究环境的营造，佛像、壁画、石雕、木雕、砖雕和瓷雕等装饰烘托宗教文化。

　　闽南地区常将有功于乡里的历史人物作为地方的神加以信仰和崇拜，体现造神习俗的传统。自宋代开始掀起一场"造神运动"，各类寺庙供奉的神灵不一样。乡土神崇拜如保生大帝（吴夲）、清水祖师（陈普足）、妈祖（林默）、灵安尊王、光泽尊王（郭忠福）、开漳圣王（开基祖陈元光）、圣母、魁星、福神、弥勒佛、观音和临水夫人等。妈祖原本是莆田的渔家女，名林默，曾救护渔民，受到水师官兵的敬重，建立天后宫供奉（图6-18）。自宋以来，历代皇帝封号天妃、天后、妈祖、天上圣母等。随着闽南人移居台湾，台湾等地建立许多妈祖庙，台湾具有分庙3000多座，信

图6-16 泉州崇福寺（奉祀弥勒佛、释迦、药师、弥陀和千手观音）

图6-17 泉州关帝庙（供奉关公、土地公、张飞）

图6-18 供奉妈祖的天后宫（泉州）

图6-19 清净寺（伊斯兰教）

众1600多万，占台湾人口的70%。

　　自然崇拜如天公和土地公。器物崇拜如灶神、门神。历史人物崇拜如关公、城隍爷等。闽南地区喜欢供奉多个神仙，每个神灵各司其职，源于多一分保佑、多一分安全的观念，规模较小，香火旺盛。多元宗教文化增添闽南文化多元融合的特质。道教是多神系统，有天神、地神和人神，并呈现儒、道释三教的合一。临水夫人陈靖姑在闽南和台湾地区都很流行。保生大帝影响广东的潮汕地区和台湾的大部分县市，仅台湾就有142座寺庙供奉保生大帝。随着闽南人的迁移，民间的神灵被带到台湾，成为台湾民间信仰的主角。据不完整的统计："在台湾各寺庙所供奉的主神达到249种，一年中相关的祭祀日达到218天。"

　　宋元以来闽南对外开放，经济繁荣与精神信仰自由相联系。泉州地区曾经伊斯兰教、天主教、基督教、印度教、佛教、道教、儒教、犹太教和摩尼教等多种宗教并存。宋代伊斯兰教在泉州地区比较活跃，当时就有一定规模的宗教运动（图6-19）。元代穆斯林在泉州有更大发展，建立清真寺，不少汉人皈依伊斯兰教。历史上，佛、道、儒相互影响和渗透，呈现三教合一的现象。明代同安的关帝庙，将代表儒家的关公与代表佛教的观音像并列，成为三教混合的场所。多种宗教建筑及装饰元素互相借鉴，丰富了宗教文化（图6-20、图6-21）。佛教自唐五代传入福建后，各地发展不平衡，至今经久不衰。近代闽南佛学兴旺，省外高僧与闽南佛寺联系密切，海外僧人来闽游学求法，闽南僧人也到海外讲学化缘。佛教在传播过程中吸收巫术和道教的方法，将法术作为传教的手段，扩大影响。如定光佛、三平祖师、清水祖师在广泛传播中形成民间信仰。佛教吸收儒家忠孝仁义的观点，将宗教伦理定为"垂世八宝"，即忠、孝、廉、谨、宽、裕、容、忍。《净明大道说》记载："忠孝大道之本也。"佛教与儒家思想的融合在建筑装饰中体现为不同题材的结合。基督教作为世界性的宗教，派别众多、影响较广、传播方式灵活，修建不少教堂建筑。

　　闽南地区民间信仰呈现实用主义的倾向，各种民间信仰相互融合。在神的社会功能上，趋向"一专多能"的神。各种神灵依据信仰者的愿望和需求，不受原先的职业限制，神灵的特点和个性变得模糊。外来的宗教建筑在一定程度上受到本土化影响，如图6-22、图6-23所示。

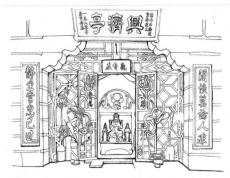

图6-20 晋江的兴济亭供奉着印度教的石刻——湿婆舞王

图6-21 晋江草庵供奉着摩尼光佛

图6-22 泉州清真寺的本土化装饰

图6-23 泉州清真寺的本土化建筑

四、民间艺术和工艺美术

　　建筑装饰和人们的生活息息相关，建筑装饰工艺影响人们的价值观念、审美习惯和生活环境。工艺美术体现的价值观影响传统建筑的装饰发展和居住环境的提升，闽南传统建筑的建筑装饰与当地的工艺文化环境密切联系。闽南地区工艺美术繁荣、类型多样、人才聚集，奠定建筑装饰的技术背景。寿山石雕、青石雕、木雕、砖雕、彩塑、漆器和陶瓷等工艺美术的繁荣影响了建筑装饰，如砖雕、木雕、石雕、陶瓷、漆艺工艺对建筑影响较大。清代的建筑装饰和工艺美术相互影响，如家具、纺织纹样、瓷器、金属和竹工艺等。闽南传统建筑装饰深受建筑艺术和工艺美术的影响。明清以来，闽南传统建筑的吊筒、木雕、狮子、门簪和对看堵等日益精细。大户建筑运用油饰贴金装饰，具有地域特色，为增添建筑的精美细节。清代的装饰匠师人才众多，装饰施工中常采取"对场"的方式。建筑主人分别聘请两班师傅以中轴线为中心，两班对称竞赛，这种激烈的竞争下，刺激匠师的进取心，有助于创新和工艺的提升。

图6-24 古代编钟（藏于闽台缘博物馆）

图6-25 提线木偶（藏于闽台缘博物馆）

　　闽南地区拥有独特的民间曲艺，包括南音、梨园戏、高甲戏、歌仔戏和布袋戏等。如图6-24是古代编钟，图6-25泉州流行的提线木偶，有学者认为："民间艺术方面，保留晋唐时期的艺术风韵。"[①]闽南人继承古汉语和音乐的传统，传承至今，南音源于隋唐时期，南音随北方移民流行于闽南各地及台湾，甚至南洋地区。梨

---

① 林华东，闽南文化：闽南族群的精神家园［M］，厦门：厦门大学出版社，2013：4

园戏是宋元南戏,是与地方结合的戏曲。高甲戏是明末清初的独特地方戏种。歌仔戏流行于闽南和台湾地区,是吸收民歌和山歌的改良戏。明清到民国时期,闽南地区人们的文化娱乐主要是民间的戏剧,戏曲人物受到人们的喜爱。民间艺术影响人们对居住环境的装饰审美。戏剧对传统建筑装饰产生影响,戏剧人物装饰通过灰塑、木雕和石雕等手法将其凝固在建筑上。戏曲人物造型与民间戏剧息息相关。建筑装饰的人物场景刻画细致,亭台楼阁、花草树木,反映闽南地区人们的居住、生活、民俗和艺术,如木雕和石雕装饰体现婚嫁祝寿等民俗文化,营造艺术化、形象化的建筑装饰。

闽南地区的非物质文化遗产丰富,主要包括:南音、李尧宝刻纸、漳浦剪纸、闽南传统建筑的营造技艺、晋江和宁德的中国水密隔舱福船制造技术和木偶戏等。这些为闽南的装饰文化形成产生潜在的文化影响。

第四节 传统建筑装饰的审美特性

文化的英文为culture,是英国人类学家泰勒1871年定义的概念,他认为:"文化包括知识、信仰、艺术、道德、法律、习俗,以及作为社会成员的人获得的其他一切能力"。社会文化环境包括社会组织、家庭结构、风俗习惯、宗教信仰、价值观念和文化心理等,对传统建筑有重要的影响。

中华文化是在交流和融合基础上的多元发展。闽南文化是中华文化的延伸,由中原的汉人带入,吸收原住民和外来文化的基础上,形成具有自身特点和地域特色的文化。[①]

闽南传统建筑是社会生活和居住文化的载体,反映闽南人的生活习惯、宗教特点等,承载闽南人的精神家园。闽南传统建筑以轴线为中心,成组分布,内部空间满足组织结构的需要。中堂作为祖祠,体现家庭和家族的血缘关系,是宗法伦理的宗族关系在建筑和装饰的体现。人类学家豪泽·霍依布林认为:"建筑装饰传统就像语言甚至是音乐一样,是一个种族的非常特殊的文化遗产。"闽南传统建筑装饰重点布局在轴线中心、祖祠及周围的公共空间,体现族群的生活理想、价值观念,祠堂装饰体现家族荣誉、财力、祖德、价值观和理想等。

---

① 林华东,闽南文化:闽南族群的精神家园 [M],厦门:厦门大学出版社,2013:3

一、开放于文化包容

闽南文化是由中原移民发展的文化形态，保留唐宋以前的基本面貌。秦汉以前，闽南地区的经济和文化远远落后于中原。经过几次大规模的移民，文化逐渐形成和发展。闽南语发源于黄河与洛水一带，随着大规模的南迁，河洛语成为闽南语，在地域上具有较大的区域，包括厦门、漳州、泉州、台湾、龙岩、尤溪和大田等小部分地方。

文化特点与生活习俗是通过沿袭形成的。古代闽南传统的农耕文化被保留下来，近代的海商文化结合了南洋文化、伊斯兰教、佛教、道教、天主教和西方文化等。闽南地区受儒家文化的影响较晚。南宋朱熹对儒学的传播，对尊天敬祖和知识阶层具有影响。闽南人开放的文化心态、宽广包容的胸怀、兼收并蓄的精神和泛神论的影响，使得地区汇集多种宗教文化。

闽南文化中包容性的心态是促进经济发展、文化繁荣、宗教多元的内在原因。宋元时期，闽南地区是著名的港口，各地商人和宗教文化涌入泉州。闽南地区距离中央政权较远，受儒家文化的影响较浅，在封建礼教和道德伦理方面的根基比较浅。闽南人包容性的心态影响了文化环境，宗教的传播带来不同的文化和知识，如天主教、伊斯兰教、佛教和道教等，促使闽南地区的近代文化活跃。近代沿海的商贸发达，由于西方文化的影响、历史地理等原因，使得文化包容性增强，地方文化特征显著。在中西方文化的交流下，近代史上出现多位有重大影响的文人和名士，如严复、林则徐和林纾等，升华了地域文化精神，推动民族文化的发展，传播到各地，影响中华文化精神。

文化的包容性影响建筑的空间和装饰。闽南地区的建筑具有鲜明的地域特色，显示出多元文化的影响。泉州在宋元时期，海外交通发达。元代时期，泉州港成为世界上最大贸易港口之一，与之贸易的国家和地区高达90多个。马可·波罗曾描述："刺桐（泉州）是世界上最大港口之一，大批商人云集于此，货物堆积如山。"[①]闽南文化被认为是海洋文化，受外来文化影响较多。从海洋文化特征和港口兴盛的程度看，泉州文化形成于宋元时期，漳州文化形成于明代，厦门文化形成于清代。三个主要地区共同组成闽南文化。闽南建筑中的石雕艺术与印度佛教、闽南当地的工艺和材料相互联系。闽南传统建筑的装饰体现文化的开放性，借鉴和吸收宗教文化的装饰题材，建筑装饰的演变体现兼收并蓄。

---

① 马可·波罗游记[M]，福州：福建科学技术出版社，1982

二、文化传承与发展

文化经过多层次的变异，整合之后分化，分化后整合，形成系统。文化特性影响闽南传统建筑、装饰程度和思想传播。有学者将闽南文化分为三层："表层是可以感知的物质和精神产品，中层包括人际关系的体制、规范，风俗习惯和行为。深层指的是文化观念、价值观念、风土民情和审美情趣等"。

闽南地区地形复杂、自然条件、生活环境、历史沿革、经济基础、社会文化、人文因素和风俗习惯相互影响。闽南文化受中原文化影响，具有传承性和边缘性。闽南传统建筑装饰继承中原建筑文化，当地工匠创新地域的审美和文化内涵，形成具有地域特色的建筑。

闽南文化偏向经济功利型，具有较强的宗族性、聚居性、封闭性和稳定性，以家族为载体，以闽南方言为标志。朱熹作为宋明理学代表人物，是古代影响较深的思想家、教育家和哲学家。闽南文化受朱熹理学的影响，朱熹的青年时代在闽南泉州生活，对后来思想体系的形成和提倡书院文化的教育密切相关。

闽南传统建筑传承中原的礼制文化，儒家思想讲究"仁、义、礼、信"，"礼"以等级为特征的氏族体系。"孝"与"悌"将血缘与氏族关系和等级制度相互联系，使得居住文化以左为尊，父母居左，兄长居右。社会组织上注重家族和血缘关系，修建祠堂、族谱和家谱，传承中原文化。有些家族比较庞大，族内还有字辈之分，家族成员取名按照字辈，遵循长幼卑尊制度。

泉州建筑有宫室式的大厝、手巾寮、骑楼、洋楼和石架建筑等，体现文化的融合。一些闽南移民继续南迁，到新居住地保持方言和生活方式，发展闽南文化，与当地文化交融后形成文化的分支，建筑形式和装饰有新的风格。台湾的闽南话几乎和本土的没有两样，东南亚很多华侨依然使用闽南方言，他们的生活方式和建筑元素依然可以看到闽南文化的影子。

闽南传统建筑装饰是多种工艺的综合运用，体现人与自然、人与人的交流和时代特征。建筑装饰通过形象语言和内容传达丰富的文化内涵，是地域性和时代性的重要媒介，是人们认识建筑内涵、体验精神文化的重要方式。

三、重商重教和崇德

文化作为共同体的纽带，促使内部更加融合。闽南地区的大量移民，聚族而居，需要团结合作、抵御外界的入侵，维护自身利益。历史上闽南地区受海潮影响，自然条件较差，长期与自然环境抗争，闽南人以移民为主，具有艰苦奋斗、团结互助、随遇而安的历史传统。闽南文化继承和发展中原文化，重视商业贸易，发展造船业，使得海上贸易得以发展。

闽南地区的文化中注重子孙的读书教育。宋代以后，各地创立书院，重视读书的风气一直较为浓厚。传统建筑楹联体现了教育子孙读书的内容。清代闽南各地设立文庙建筑，文庙的形制和装饰风格体现地方特色，如安溪文庙大成殿的藻井，具有艺术特色，体现闽南地区重视教育。

闽南文化继承中原尚德的文化传统，以儒家文化为基础，融合儒道佛合一的发展。有学者认为："南宋后，福建成为理学重镇，封建伦理道德在长时期成为人们立身处世的准则"[①]，以血缘为纽带传承道德规范体系，如"仁、义、礼、智、信"等做事原则。有学者认为中国传统文化的精神可以概括为："尊祖宗、重人伦、崇道德、尚礼仪"。建筑装饰体现价值观念，家族的堂名与德有关。宗祠建筑雕饰繁丽，设计和装饰都属于民间中的最高级，体现对先人高尚品德的弘扬。如福建南靖书洋乡塔下村张氏祠堂德远堂，祠堂周边布置立柱，烘托场地氛围。中原地区信奉关羽，他正直、勇敢和忠义，被历代君王册封为"关圣帝君"。关帝庙随北方移民在闽南地区建立众多。庙宇建筑规格较高，运用廊院、龙柱等形式和装饰，体现文化传承。

闽南文化以语言为纽带，文化上重商、重教、崇德，具有向心力和凝聚力。闽南文化具有浓厚的乡土情结，红砖建筑延续家族文化，以楹联和匾额进行抒情性表达。闽南传统建筑的形式、装饰和内涵是物质文化遗产。中原文化注重宗族，北方移民南迁后，依靠宗族与乡亲的力量。宗祠和家庙的楹联体现宗族、家庭和对乡土的依恋。闽南寺庙的对联，传播宗教思想。传统民居和宗祠的楹联装饰，体现思想情感的凝聚力、家族文化和诗意环境。

四、建筑与文化印证

建筑装饰是人类劳动的产物，是从自然界和人类生活中演化出来的，包含表层的纹样和深层的文化内涵。建筑装饰的内涵是地域文化的表达，具有功能意义、美学内涵和精神指向，如图6-26所示，莲塘别墅的住宅、祠堂、学堂以装饰表达建筑的精神。

文化的影响具有双向性。闽南文化尊重传统，勇敢开拓、热情保守、质朴洒脱。闽南文化受到海洋文化的影响，丰富了当地文化。历史事件如海禁、移民和战争对于

---

① 赵麟武主编，闽文化的人文解读，闽文化研究学术论丛（二），同济大学出版社，2011：250

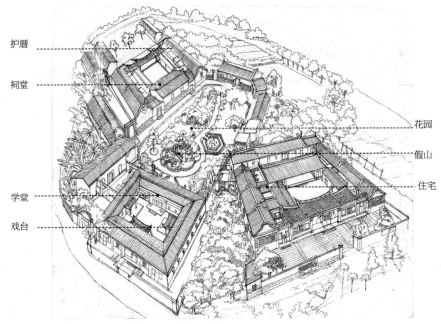

护厝

祠堂

花园

假山

住宅

学堂

戏台

图6-26 住宅、祠堂和学堂组成群组（厦门莲塘别墅）

传统建筑人口的发展和文化产生深刻的影响。人口的迁移、技术的革新和外来文化的推动使闽南建筑装饰和文化具有多元性，如图6-26，莲塘别墅在细节上也体现了中西方建筑装饰和园林的融合。

闽南传统建筑和装饰文化是地域文化的重要体现。中堂及天井周边装饰体现闽南人尊祖敬天的文化传统。首先，中堂和天井周边的装饰丰富，包含家族荣誉和文化，又是地域文化的组成。其次，材料和工艺体现地域的审美。闽南传统建筑的装饰充分利用乡土的材料和工艺，体现因地制宜和地域审美文化。最后，体现了多元文化的融合。闽南传统建筑和装饰受地理条件、社会经济、文化传统、宗教信仰等影响，在装饰细部上体现多元文化的融合。如闽南的红砖充满地域特色，木雕、石雕、灰塑的装饰题材也具有兼收并蓄的风格。

传统建筑和装饰符号是不断向前发展的。文物建筑的年代鉴别涉及建筑装饰特征和相关历史。根据建筑装饰的现状情况、史料记载、装饰纹样、颜料年代和地仗条件等确定建筑年代。不同时期的纹样特征和装饰审美是判断年代的明显依据。建筑的时代特征可以通过平面、功能、装饰样式和材料特点进行比较，分析各个发展时期的特点。闽南传统建筑和建筑装饰与各个时期人们的生活水平、建筑技术水平、审美文化和装饰风格等相互印证。

第五节 传统建筑类型和装饰分布

一、建筑布局的主要类型

闽南传统建筑在空间布局、地域材料和装饰手法上与北京民居的差异很大，体现地域建筑的特色，如表6-9和图6-27、图6-28所示。闽南地区传统建筑沿袭中原的形式，以木造为主体，当地的建筑技术独立成体系，称为"闽南帮"。家庭结构一定程度上决定住宅的规模，有的三世同堂，居住人数多达十多人。如图6-28，从平面的布局上看，闽南建筑平面类型丰富，形制相对简单，在系统的框架下有统一的模式，也有丰富多变的形态组合，如阁楼、护厝、三合院和四合院等形式。很多大宅有"护厝"建筑，在住宅的东西两侧布置纵向的建筑。护厝可以用于堆放杂物或是居住，护厝与主厝之间有狭长的天井，便于通风，中间有矮墙分隔。平面的不同组合是为适应不同的人口规模的需求而产生。装饰种类多样，在造型和布局上具有特点，按照空间的重要性分布，形成丰富的建筑装饰文化和多样的装饰艺术表现。

闽南民居与北京民居的对比   表6-9

类型	北京四合院	闽南民居
屋顶	硬山封护山墙	硬山或歇山
室内外	室内外严格划分	以装饰划分，有半室外空间
门窗朝向	住屋门窗朝向内院	住屋门窗有的朝外
围墙	外部包以厚墙	大多外部没有围墙
天井	天井大，有树木绿化	天井用于通风采光

二、基本形式与装饰分布

建筑装饰的空间布局服从深刻强大的精神伦理观念。各地民居在装饰内容、题材和构图有所不同，如表6-10所示。无形的传统意识和文化以有形的物化图解，保持居住环境的高度艺术美感。宗祠为了突显家族的经济和社会地位，中堂往往设计高大、开敞的厅堂，以及走廊和天井，形成空间的整体统一。闽南传统建筑

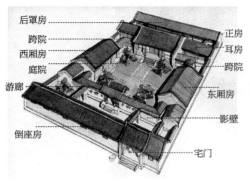

图6-27 北京建筑

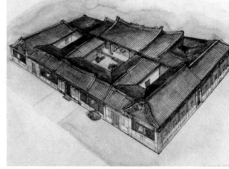

图6-28 闽南建筑的形态（泉州永春福兴堂）

具有系列性的平面设计，业主根据各自的条件，演化出各种平面布局组合和组合方式，以适应人们对环境的需要。建筑的平面反映闽南传统建筑的灵活多变，能够适应人们的需要。平面布局依据人口和经济因素，从居住功能延展到对财富的宣扬。装饰形式适合各种平面布局。闽南传统建筑的平面体现由简到繁的住宅演变形式。系列化的组合保持立面与平面的比例、建筑的尺度和协调性。闽南传统民居的布局灵活、构件统一、适应性强、便于施工。如闽南的蔡氏古民居群，总面积15300m²，由16座建筑组成，建筑以两落或三落组成院落，尺度和谐，整体有序。

各地建筑装饰分布对比　　　　　　　表6-10

建筑形制	平面布局	结构	屋顶	装饰特点
北京四合院	东南开门，中轴对称，内外院或多个院	抬梁木结构	瓦面，双坡顶，硬山，有吊顶	垂花门，各式入口大门，砖雕影壁，彩画，支摘窗
晋中晋南民居	中轴对称，四合，内外院和多进院，中开门或东南开门	抬梁式木结构	瓦面，单坡顶，硬山	砖雕，各式大门，前檐廊斗栱装饰，挂落
浙江东阳	中轴对称，正中开门，三合，正三侧五，十三间	抬梁或插梁木构架	瓦面，双坡悬山	木雕撑栱，月梁，乌头墙，木雕隔扇
徽州民居	三合，侧开门或正中开门	插梁木构架	瓦面，双坡，硬山	墙面砖雕，马头墙，月梁，内檐彩画，撑栱雕饰，木雕窗棂，栏杆装饰
福州民居	多进院，两厢不建房，前后厅，中开门	插梁或穿斗木构架	瓦面，双坡硬山	弓形、鞍形马头墙，屋面坡度平缓

续表

建筑形制	平面布局	结构	屋顶	装饰特点
泉州民居	中轴对称，双堂或三堂，两侧护厝，正中开门	插梁木构架	瓦面，双坡，悬山	木雕，石雕，凹寿入口，红砖镜面墙，燕尾脊
潮汕民居	三合院（爬狮）四合院（四点金）组合体	插梁木构件，硬山搁檩	瓦面，双坡	硬山屋顶，五行式规带，封护檐口，灰塑墙楣，木栅门，木雕构件
粤中民居	三间两廊式，四合，三座落	插梁木构式，硬山搁檩	瓦面，双坡，硬山	木雕，观音兜式硬山墙，推笼门，繁复的脊式正面和硬山
台湾民居	中轴对称，三合，两竖式，正中开门，适地朝向	插梁木构架	瓦面，双坡，硬山	屋顶的灰塑，木雕
云南民居	"一颗印"，三间四耳倒八尺，正中开门	插梁木构架	瓦面，单坡，硬山	木雕构件，方整的封闭外墙
南疆"阿以旺"民居	一合、二合，冬室、夏室，有单独院门	梁柱墙架，密肋木构平顶	泥顶，平顶	内檐石膏花，龛橱，密肋彩绘，夏室柱廊木雕
苏州民居	多进院，三或五间面宽，上房为楼，正中开门，有通弄	插梁结构	瓦面，双坡，重椽吊顶，硬山，内排水	多样封火墙，木雕、砖雕、粉墙，木雕窗棂，漏窗，砖雕门楼，附带园林
川中民居	正房三或五间，两侧围屋，正中开门，朝向不限	插梁或穿斗式	瓦面，双坡，悬山	木雕，入口龙门，山墙穿斗架，内檐花窗
湖北民居	双堂或三堂，左右连廊或厢房	插梁木构架	双坡瓦面，内排水	马头墙，木雕隔扇门
大理白族	一正两耳，两房一耳，四合五天井，三坊一照壁，六合同春，走马转角楼，东北向开门	抬梁木构架，垛木式瓜柱	瓦面，双坡，悬山	门楼装饰，贴砖，大理石镶嵌，木雕，正脊升山
丽江纳西族	二合，侧向开门	抬梁木构架，垛木式瓜柱	瓦面，双坡，悬山	木雕，彩画，悬鱼等

　　闽南传统建筑通常由三开间或是五开间的门屋和两护厝组成，如图6-29和图6-30所示。装饰集中分布在立面镜面墙、山墙、规带、楚花、窗棂、脊饰、大门和结构点等。大门的装饰常运用砖雕、石雕、木雕、匾额和楹联等，装饰增加建筑的可识别性。牌楼面和对看堵是装饰的重点。护厝有小门通向街道，与大门的凹寿装饰并立，装饰等

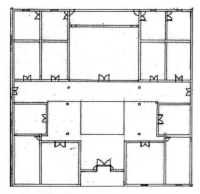
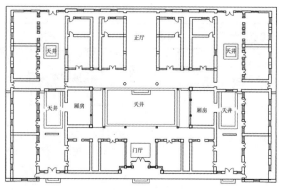

图6-29 五开间张平面（泉州民居）　　　图6-30 两进五开间双护厝（泉州福兴堂）

级略低。泉州地区的建筑注重屋顶装饰，屋顶一般分为三段，中间的一段最高，两侧稍低。屋脊以燕尾装饰，强调中轴的主体建筑。泉州地区的传统建筑多采用凹进式门斗，装饰布置在牌楼面和对看堵，运用精美的石雕装饰、砖雕装饰等。泉州沿海地区的华丽装饰可能是受海上贸易的文化影响。泉州地区盛产花岗石，沿海建筑运用花岗石构件，如石围墙和石柱。闽南地区的红砖形状多样、色彩艳丽，堆砌成变化丰富的几何纹样。

三、建筑装饰的文化空间

闽南传统建筑的装饰文化系统分为三层，首先是表层结构运用形象化造型。中层是家族组织制度，深层是精神内核。社会意识和道德观念对建筑装饰产生影响。闽南地区传承中原的伦理纲常、尊祖敬天、尊老敬长，男女长幼有等级秩序。厅堂是建筑的核心空间，作为家族的文化载体，反映人们吉祥幸福的愿望。装饰纹样以多种手法表达人们的美好理想，是文化的核心空间，体现了建筑与自然、社会的和谐统一，建筑的综合性与复杂的意义。

传统建筑的布局受家庭经济和结构的影响。大家庭、小家庭的住宅和祠堂的装饰具有明显的等级。家庭的人口、经济对建筑的形式又有决定性作用。在泉州地区，大家庭聚居较多，沿海的厦门和金门以小家庭较多。如图6-31所示，泉州大家庭的居住形式包括多个房间。图6-32所示，金门民居的小家庭居住空间小而巧精。可见，建筑居住的人口对装饰题材、内涵、家庭文化和精神空间有较大影响。

四、传统建筑的建造过程

闽南传统建筑的建造需要经过一系列过程：首先，选址需请风水先生查看地形，

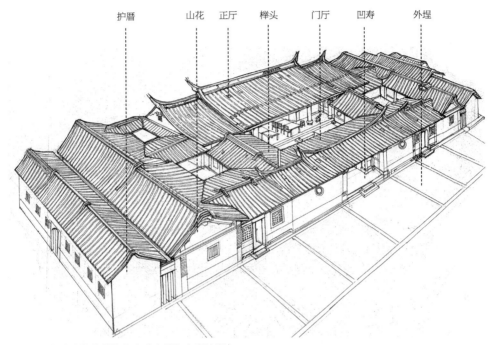

图6-31 传统建筑的装饰分布（泉州永春崇德堂）

图6-32 金门传统建筑

图6-33 木雕构件组装

图6-34 石雕构件组装

决定建筑朝向。其次是备料、择日、算料和加工。择日平整地基、夯实土地，立柱础。营造建筑是神圣的过程，在开工前需要有个仪式，由业主祭拜神灵。营造的过程先由业主提出，然后与工匠交流，提出工程的概算和材料清单等。建筑的施工由"举篙"的大师傅负责，篙尺是大木作师傅将建筑几个主要标高尺寸标记在约一丈六的尺子上。大木作主要包含柱子的构件，穿、挑构件的尺度和形态。择日立屋架，上大梁、屋顶安装檩条、椽子、盖瓦和装壁板，如图6-33所示。上梁是传统建筑中重要的环节，通常有上梁仪式，主要祭拜梁神、土地神和各工种的祖师爷。最后是门窗、栏杆和梁枋等装饰，屋顶封顶后，意味传统建筑落成。沿海地区的现代祠堂常用石材进行整体构造，如图6-34所示。完工后常要举行隆重的入住仪式，宣告工程的完工，祭谢神灵保佑工程顺利，宴请和答谢匠师的辛苦和亲友们的支持。

第七章

闽南传统建筑装饰的
传承与运用

闽南传统建筑作为物质文化遗产，承载着地区的历史与文化。在城市化过程中，闽南传统建筑急剧减少、破坏严重。一些精美的传统建筑保护的力度不够，甚至没有纳入保护的范围就被拆迁。闽南传统建筑装饰是文化景观的一部分，是地域的建筑遗产。装饰作为文化的载体，是文化表达和文化精神的传承。闽南传统文化精神通过建筑造型和装饰元素体现文化内涵。

传统的建筑形式和装饰能够与现代建筑和景观相互结合。随着建筑技术的革新，现代设计的地域性、复杂性与传统建筑的多义内涵相符合。装饰符号通过提炼、选择和重构，使传统文化得以传递、融合和传播，衍生出时代的建筑。在新建筑中传承地域民族特征，提高建筑文化的表现力。闽南传统建筑及装饰为今天的地域建筑提供借鉴和参考。本章从闽南传统建筑面临的处境谈起，分析传统建筑的保护价值，比较保护方式，提出传统建筑及装饰的保护与传承方法。

第一节　传统建筑的濒危处境

闽南传统建筑有悠久的历史文化积淀，尚存的大多是清末到民国时期回国的华侨所建立的。市区存留很少，呈现散点式分布，大部分存留在郊区和村镇，如图7-1所示。近年来，乡村建设使得传统建筑面临着濒危的处境，新建筑兴建伴随着装饰元素的忽视和地域特征的消失，在传统建筑的保护中暴露出很多问题，急需得到重视和解决。

一、传统建筑拆迁破坏现象严重

改革开放后，城镇化运动掀起一股建设热潮，对于存世的传统建筑来说，是一次空前劫难，大量具有特色的传统建筑面临被拆迁和整改的处境。如图7-2所示，厦门的卢厝建筑规模宏大，装饰刻画精细，文字装饰运用当年著名书法家的作品，因住户无力全面维修，目前被定为危房，面临下一步的拆迁。

在村落郊区中的大多传统建筑，在城镇化改造中逐渐消失。很多传统建筑还没有评定建筑等级就被改造。重建设和轻养管加重了传统建筑的破坏。申报程序繁琐，使得农民退缩，不申报保护项目。

图7-1 即将被拆除的传统建筑（厦门霞阳）

图7-2 定为危房的精美建筑（厦门卢厝）

二、传统建筑装饰构件被盗较多

近年来古玩市场的兴起加剧了偷窃行为，严重损坏建筑的完整性、艺术价值、文化价值和历史价值。传统建筑受盗贼的侵扰，精美的装饰构件被盗严重。在闽南历史建筑的普查中，很多传统建筑外立面的木雕和石雕装饰构件被盗，院内的木雕窗棂也难以幸免。装饰构件的缺失严重影响传统建筑的形象。城市化的发展，很多农民转向非农就业。大量年轻人迁出居住，只剩下老人，无人看管旧宅，无力保护传统建筑，加剧了建筑装饰构件的损毁。

三、建筑产权复杂致使房屋失修

产权分散或产权不清给保护与管理工作带来困难。传统建筑建造者留下的后代较多，经过上百年的传承，建筑分属很多户主，产权复杂。多数户主对建筑保护也比较漠视，不愿承担维修费用，或是难以形成统一意见。一些老建筑的居民期待政府尽早对房屋进行拆迁，各自能够分到属于自己的产权和利益等。其次，闽南传统建筑的数量不少，维修规模庞大，维修费用较高，政府无法全部承担。资金严重缺乏是传统建筑保护的瓶颈。如厦门新垵的传统建筑高达500多座，这些有价值的建筑急需整治、维修和修缮。户主缺乏经济能力，文物保护资金又不能用于私人文物，无法获得国家资金的补助，因而得不到及时的修缮。

原住民到附近的城市居住工作，只剩下老人或无人居住，造成房屋年久失修。传统建筑因水汽渗透、污渍、磨损、力学破坏和材料缺失损毁严重。如海沧的万记万吉大厝，细节精美，由于房屋无人居住，建筑结构严重破损，面临倒塌。

四、保护不当降低建筑文化价值

随着物质生活水平的提高，农民收入提升，对住房有新的需求。传统建筑不能较好地满足居民的生活需求。一些建筑在周围搭建护厝和卫生间、新添砖楼房以满足人口的居住需要。农村住房结构发生转变，由土坯房到砖混房再到钢筋混凝土，建筑装饰由传统材料转向瓷砖贴墙。传统建筑面临保护理念的错误、保护方法欠缺以及科学指导和技术的缺乏等。目前从事传统建筑研究和保护的队伍较分散、技术力量缺乏，传统建筑保护理念和实践经验不成熟，高校培养的人才相对有限，影响传统建筑的保护。传统建筑的市场不大，民间工匠技艺面临失传和后继无人，修缮困难加大。少数官员受到政绩工程的影响，管理乡村建设的人员素质有限，村镇受到利益的驱使。农民自身文化水平不高，审美意识相对薄弱等。农民自发保护的大部分项目都比较盲目，在缺乏指导的情况下进行集资，修缮宗祠。依靠农民的力量很难真正做好传统建筑的维修和保护。现代工匠和装修队对古建筑工艺缺乏了解，因替代材料缺乏，便运用大量现代材料和营造手段。如瓦片换成琉璃瓦，立面贴瓷砖，甚至将玻璃与铝合金用于传统建筑中，致使古建筑的面貌遭到极大破坏，降低了历史价值和文物价值。传统建筑周围的密度不断提高，建筑乱搭建的现象严重，使得传统建筑被围困在高楼中，破坏当地的人文与自然环境。

传统建筑文化遗产因不当的保护可能降低其历史价值和文物价值。一些传统村落和建筑受到错误价值观念的影响，搞形象工程。如在兴建道路等基础设施建筑时，忽视传统建筑的保护，对古村落中进行迁建，建造了人造景观。有些村落注重旅游者的便利，过度开发利用，忽视文化传承，破坏自然和周边环境。有些注重文物建筑的保护却忽视传统建筑的社会价值、文化价值和自身价值的挖掘，造成传统村落文化上趋于媚俗。在保护和传承中需要树立正确的价值观念、发展观念，保护优秀的建筑文化基因，发展文化传统的居住环境。

五、意识淡薄使地域性文化缺失

保护意识淡薄或价值观不正确造成了地域性文化的缺失。观念的误区是传统建筑保护与美丽乡村建设的重要障碍。有的地方领导对乡村美的认识存在误区，以为美丽乡村就是"欧陆风"，模仿国外和大城市，建设西式高楼和毫无特色的新建筑。富裕的村镇兴起欧式别墅群，如"威尼斯小镇"，追求旅游开发和经济价值。国内部分业主、政府部门追求欧陆风，认为国外的式样才是时尚的，毫不在意建筑文化的传承。人们若一味追求西方的建筑风格，放弃了对本民族文化的热爱，民族自信心和地域文化便会随之丧失。一些官员认为新的才是美的，村镇景观追求唯美和伪古董，造成历史建筑与现实的混淆不清。

设计师受到甲方的压力，设计才能未能完全发挥出来，被迫设计出甲方所要求的建筑风格。设计所的水平不一，大量制图人员缺乏基本功和创作的热情。他们生搬照抄一些图集，导致乡村、小城市和地域建筑失去特色，"千城一面"的现象严重。在实际的项目中，乡土文化遗产意识淡薄，只注重建筑面积、容积率、空间、造价和配套设施，片面追求旅游开发和经济价值。制度的不健全使得乡土建筑受到严重损害，地域特色缺失。这些影响乡村景观的和谐，使得传统村落在文化上趋于媚俗。

过度的开发和改造影响历史建筑的真实性，降低原有的价值。如晋江五店市的异地保护改造，原有的面貌发生变化，搬迁可能造成折损，费用较高，难以辨认历史信息的真实性。鼓浪屿的传统建筑大夫第，改成茶庄，布局与建筑装饰差异很大，文物与增添物难以区别，造成对历史信息的误导，如图7-3、图7-4。

保护方法和管理方式影响传统建筑的保护效果。在建设方面按照主观的臆断过度设计和建设。养护方面，重建设，轻养管。申报文物保护单位的程序相当繁琐，影响地方积极性。农民错误的理念和技术的缺乏，在维修过程中大量替换材料，造成传统建筑及环境的破坏。

图7-3 装修改动较大（厦门鼓浪屿四落大厝）

图7-4 新构件混淆历史信息

政策对传统建筑保护影响较大。村镇传统建筑保护法规缺乏，措施不到位，影响传统建筑的保护。如实行"一户一宅"，即不拆去老建筑就不允许新建筑的建设等导致有特色的传统建筑加速消失。政府对传统建筑的保护缺乏相关的技术指导和政策引导，一些村镇追求效益，搞形象工程，对古村落进行迁建，建造人造景观，过度开发旅游地产、兴建大广场、扩宽马路、田间铺设混凝土道路，农村新住宅用红砖贴顶、白瓷贴墙，造型刻板。一些村镇的规划建设不合理，大面积改造树林、河道，填埋池塘、拉直河流，混凝土做护岸，拆除古庙等，破坏传统建筑和自然景观。在城市的改造中，一些精美的传统建筑和洋楼还没有进行评估就被拆去。有些村镇的建筑密度过高、拥挤不堪，有的过于松散。乡村面临着公共设施的缺乏，基础设施待加强，排水系统、供电系统待升级，公共卫生、垃圾处理、建材危机、传统建筑存在火灾等隐患。

乡土建筑和传统建筑的保护兴起比较晚，原有的《文物保护法》以及《实施条例》未能完全适合，对建筑装饰的保护需要出台专项的法规。装饰构件技术复杂，研究基础比较薄弱，目前的技术标准、法规和实际的保护需要之间仍然有很大的差距。保护乡土建筑需要深化的法规保护建筑装饰。20世纪80年代以来，闽南的传统建筑保护受到重视，如泉州古城区的保护，落实了"三片一线"的保护规划，但规划划定了范围和内容，并没有细致地进行深入，缺乏实际可操作性。

第二节　传统建筑的保护价值

传统建筑是一部凝固的史书。1982年的文物法对文物的定义为："历史上遗留下来的反映人类生产生活和宗教活动的人工遗迹和遗物，具有艺术、科学和历史价值，及不可再生性"。乡土建筑属于建筑类的遗址，受到文化保护。近年来，乡土建筑的研究和保护受到重视。墨西哥1999年召开第12届国际古迹遗址理事会，并通过《乡土建筑遗产宪章》。宪章包含乡土建筑保护的基本原则和行动指南，成为国际性的纲领，之后成立了乡土建筑委员会（CIAV），发挥乡土建筑的保护和研究作用。[1]保护乡土建筑的文化多样性必将成为遗产保护的新动向。

闽南传统建筑承载经济、文化、价值观和科学技术等。闽南地区自古对于盖大厝相当重视，并作为人生的一件大事，投入大量的人力、物力和财力。盖大厝不仅是一件工程，更是精心打造的生活艺术。不同时期的建筑及装饰是历史文化的见证，是不可再生的文化遗产。建筑的装饰工艺推动建筑技术的发展。

一、传统建筑承托城市历史

"建筑是用石头的史书"，闽南传统建筑是社会历史的活化石，是闽南人民智慧的结晶。闽南传统建筑体现经济发展、工艺水平、建造技术和审美意识，反映社会、文化和民俗，与环境融合，蕴含人文历史和人居思想。建筑装饰是伴随民俗、手工艺、民间传说、审美的发展的特殊文物，是闽南文化的重要载体。闽南传统建筑装饰体现文化的内涵，反映闽南文化的发展和传播。比如厦门的鼓浪屿，传统建筑和中西融合的建筑承载

---

① 国家文物局文保司、无锡市文化遗产局编，乡土建筑保护论坛文集[M]，南京：凤凰传媒出版社，2008：4-6

着历史，成为珍贵的文化遗产。闽南传统建筑是城市历史的见证、文化记忆、历史文化遗产和不可再生资源，对于增加城市文化底蕴和文化传承等具有重要价值。

二、传统建筑装饰增加美感

传统建筑装饰是建筑的组成部分，可以增加建筑美感，加深对建筑的认知，是建筑形象、表现方式、工艺手法等积累的结果。闽南传统建筑的装饰和细部多以历史典故、神话传说和民间习俗为题材，达到道德教化的目的。形象化表达具有美学价值和观赏价值，符合时代的审美构成。传统建筑常用木雕、石雕、砖雕和彩绘等手法，体现工艺美、材料美、色彩美和构成美等。

闽南地区是著名的侨乡，现存的传统建筑以晚清和民国时期居多，装饰构件较多，木雕、石雕、交趾陶和彩绘等装饰精美，材料丰富，体现中西合璧。装饰具有美学和观赏价值，是智慧的创造、文化的载体、历史文化遗产和不可再生资源。传统建筑及建筑装饰的保护对民众具有审美教育作用。如厦门的院前村，经过整改，传统建筑成为旅游景点，村庄环境得到优化，村民的审美水平得到提升。

三、传统建筑构成地域文化

文化在各个时期具有多样性特征，体现内在精神。传统建筑及装饰记载文化的多样性和差异性。阿尔多·罗西曾说过："一种特定类型是一种物质形态与一种生活方式的结合。"闽南传统建筑装饰运用材料和工艺体现地域性，营造诗意的栖居，传统建筑的历史感、沧桑感，引发惆怅和忧愁的乡愁情绪。

闽南传统建筑装饰具有审美教育的功能，是人们生活的一部分。装饰反映审美情趣、文化心理、居住环境和文化内涵，使后辈受到审美熏陶。闽南传统建筑装饰具有教化价值，体现封建礼教、儒家文化、尊祖敬天和家族传承。装饰体现热情忠厚、崇德的闽南人价值观，是人格化的体现。楹联是家族文化、家庭教育、社会舆论的传承方式，反映闽南的民俗文化、生活习惯、宗教信仰等。建筑是家族的寿辰、婚嫁、家族商量议事的空间，承载民俗文化，保护传统建筑及其装饰，有利于弘扬建筑文化遗产及乡村的精神文化，探索闽南的文化价值。

闽南传统建筑及其建筑装饰反映民俗文化、生活习惯、审美意识，是地域文化的体现。闽南传统建筑装饰有表层和深层方面内涵。表层是形式美学、工艺技法和装饰内容，通过雕刻、彩绘、泥塑等表现审美，成为地域文化的组成。从文化的角度研究闽南传统建筑的装饰和内涵，有利于保存和弘扬建筑文化遗产及城市的精神文化。闽

图7-5 红砖建筑成为特色

图7-6 新红砖建筑构成泉州北街

南传统建筑装饰是宗教文化的体现，如建筑中堂设有佛龛。建筑装饰体现民俗文化，如家庭的大小和尊卑观念在建筑布局、装饰的繁简程度方面的体现有所差别。

　　装饰作为文化表达，保护和传承有利于地域文化特色和精神文化的发扬，增强民族自信心。传承地域建筑文化的基因、发扬地域建筑特色的语汇、保护地域的多样性和建设美丽乡村等具有重要意义（图7-5、图7-6）。

四、传统建筑促进乡村旅游

　　乡村旅游的本质是一种文化活动和教育活动。[①]保护传统建筑是保持乡村风貌的多样化特征和乡村文化遗产的重要方面。不同时期的文化积淀提升乡村魅力，有利于依靠自然环境、乡土文化，发展休闲农业和传统村落的旅游产业。

　　闽南地区的一些传统建筑和村落需要进行整体规划，开发一部分传统建筑旅游。如厦门新垵村、院前村等传统村落，距离城区较近，能缓解热门地区旅游景点的拥挤状况，为传统村落的保护注入资金。应借鉴国外做法，如意大利、法国等国家通过建筑保护促进旅游的发展，创造更多的就业机会、增加收入，创造较好的环境。台湾地区的"富丽农村"和"农村新故乡运动"结合生态景观、社区营造、观光休闲产业等引导民间资本投入农村的建设和发展。

　　积极引导农民保护好特色的建筑，发展古村镇的旅游，能促进新农村建设。闽南建筑需要增加基础设施，少数传统建筑可改成博物馆和民宿。厦门鼓浪屿的建筑保护较好，岛上的308栋历史建筑风格各异、中西合璧，成了旅游胜地，吸引很多游客，为当地带来巨大的经济利益。

① 陈志华，文物建筑保护文集［M］，江西教育出版社，2008：164

第三节　统筹建设与传统建筑保护

单德启认为："随着社会进步、功能变化、经济和技术发展，'传统'的旧躯壳要更换，然而真正的传统是不会消亡的"。[①]原地保护的建筑大多分布在城市的郊区，保护力度常常不足。异地重建，费用高，也面临失去真实性的危险。

党的十六届五中全会提出新农村的具体要求："生产发展、生活宽裕、乡风文明、村容整洁、管理民主"。传统建筑是村容的重要部分，是乡村不可再生的文化遗产。习近平同志在党的十九大中提出乡村振兴战略，乡村建设与传统建筑保护为了提高人居环境，振兴乡村经济保护乡土建筑，需要将保护和乡村建设统筹起来，建议采取以下措施。

一、传统建筑整体环境的保护

景观与建筑是不可分割的整体，传统建筑根据周围的环境布局位置、朝向和设计，与自然环境有机组合。传统建筑的保护离不开地域环境，对于数量较大的传统建筑聚落需要整体保护，有利于保护地域特色和乡村景观的整体协调性。美丽乡村建设中，需要将优秀的传统建筑保护起来。闽南传统建筑的保护需要在分类和分级保护的基础上实现再利用。

1964年颁布的历史古迹保护和修复的标准《威尼斯宪章》提出复原过程需要尊重原有的材料和可靠的史料，彰显纪念物的美学和历史价值，添加物需要有所区别并有当代痕迹。复原要遵循考古和历史研究。"原真性"指最大程度记录文物各方面信息。我国在1982年的《中华人民共和国文物保护法》第十四条中规定"在进行修缮、抱怨和迁移的过程中，必须遵守不改变文物原状的原则"。

习近平强调"不能大拆大建，尤其要保护好古村落"。对于文化价值较高的历史街区需要整体保护，保护建筑和装饰不被破坏。对于已经破损的地方进行科学的修复，同时保持周边的自然环境、历史环境、聚落景观和文化环境的有机活态整体。闽南传统建筑的保护离不开地域的环境。对于具有文化价值的历史街区需要整体保护。采用原物原址保护建筑和装饰不被破坏，对于破损的地方进行科

---

① 单德启，从传统建筑到地区建筑 [M]，北京：中国建材工业出版社，2004

学的修复，保持周边的自然环境、文化环境、历史环境和聚落景观等有机的活态整体。

传统建筑是民族传统文化的空间建构。传统建筑整体保护有利于完善乡村建设的各方面，如图7-7、图7-8所示。传统建筑的保护对于增强乡村自身的"造血"功能、乡村旅游与民族文化的再构建、族群文化标识与文化自觉大有裨益。在乡村聚落和传统社区需要注重传统村落整体环境的保护。在规划中需要尊重地形、尊重原有的道路、农田和建筑等山水关系（图7-9）。整体保护能够激发乡村的自身活力，强化村民的文化保护意识和文化自豪感。闽南传统建筑的整体保护，有利于我们更深刻地理解和研究闽南文化。

二、传统建筑内外环境的提升

传统建筑对于生活居住和现代化来说，有些不适应。在美丽乡村的建设过程中，在保护传统的建筑形式和装饰特征时，对建筑的内部环境和周边环境进行整治和提升，加快农村的现代化。如厦门的新垵传统建筑片区，外部空间需要加强卫生管理，添加一些服务设施，整治公共卫生，增加植物种植和美化环境等。内部空间需要增加生活设施，如建筑内部的水、电、通讯和周边排水等。各种管线应该尽量简洁、隐蔽并符合防火要求，通过对传统建筑的资金投入，使得居民继续保护好传统建筑，同时享受现代生活的便利。传统建筑保护的价值发掘，能促进旅游产业，推进新农村建设

图例：
❶ 村口公园
❷ 绳湖堂
❸ 戏台
❹ 南门庙
❺ 东泉祠
❻ 刘氏二世宗祠
❼ 种德堂
❽ 永安堂
❾ 北门和关帝庙
❿ 顶厝堂
⓫ 顶聚堂
⓬ 洞公宫
⓭ 榕檽堂（楼脚厝）
⓮ 万全厝
⓯ 西门墙墙
⓰ 后继堂283号
⓱ 瑞美堂286号
⓲ 石头墙厝
⓳ 天后宫
⓴ 丁字街
㉑ 二世坝
㉒ 人工岛

图7-7 湖城村传统建筑的整体保护

乡村古厝线路游

图例：

❶ 金榜堂
❷ 安溪堂
❸ 济美堂
❹ 八斗堂
❺ 斗星堂
❻ 红军书院
❼ 崇德堂
❽ 星盤堂
❾ 生产队旧址
❿ 洋中田
⓫ 内圣园厝
⓬ 外圣园厝
⓭ 竹林堂
⓮ 永庆堂
⓯ 因尚堂
⓰ 郑氏祠堂
⓱ 种德堂
⓲ 草埔园
⓳ 遷善堂
⓴ 厦厝园
㉑ 隐善堂
㉒ 刘氏祠堂

图7-8 将传统建筑转换成参观点

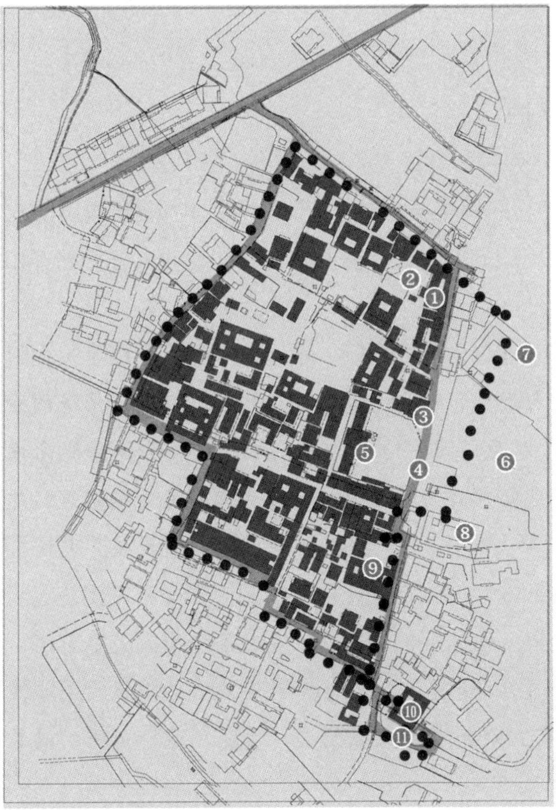

桃星社区游览图

❶ 桃星社区居委会
❷ 桃场社区健身场
❸ 桃场大队旧址
❹ 停车场
❺ 南湖小学
❻ 大坻田
❼ 种德堂
❽ 竞成堂
❾ 顶少房
❿ 郑氏祠堂
⓫ 观音亭池
⓬ 百二间
⓭ 西门
⓮ 县治所旧址

图7-9 闽南桃星社区的整体保护（郑慧铭设计）

图7-10 岵山传统建筑改成华侨博物馆

图7-11 岵山传统建筑内部得到提升

与传统建筑保护协调发展，如图7-10、图7-11。

一些文化价值较高的传统建筑，可根据旅游或城市规划的需要对内部进行改造，将它们移入博物馆进行保护，或采用集中重建等保护方式。如浙江的楠溪江边永嘉县苍坡村公园，目前是省级文化保护单位，在村南另建新房便于居民迁入。另一种是政府资助或贷款，保持古朴的外观，内部增加现代设施，通过内外环境的整治，提升村容村貌，探索建设与保护的模式。

三、专业人员参与的建筑保护

传统建筑的保护与美丽乡村的建设统筹需要多方的努力。过程中需要政府的支持、专家参与指导和人民群众及施工单位的配合，还需要加强相关专业人才的培养和队伍的建设。

国外建筑师参与历史建筑的保护工作包含前期调研、设计、施工到归档全过程阶段。前期调研建筑的起源、建造经过与现状，对历史建筑进行测量、绘图、系统的检测，检查木材、石材和结构的损毁，以及门窗、地板和潮气等。设计阶段如概念设计、方案设计、扩初设计和施工图。建筑师作为协助者和管理者需熟悉传统建筑的建造工艺与装饰技术，运用现代的修复理念和技术。[1]欧洲一些国家的建筑保护需16种专业人才进行合作。由于技术指导和细致保护的人才充足，欧洲很多地方村民在建筑保护和修复中很容易获得各种技术指导。整体保护的过程中需要各个方向的专家进行配合与参与，并需要有既能熟悉传统建筑的建造工艺与装饰技术，又能够运用现代的修复理念和技术的专业修复人员。COMOS在科隆坡通过《古迹（遗址）保护的教

---

① （美）J·柯克·欧文著，西方古建古迹保护理念与实践［M］，北京：中国电力出版社，2005

育与培训导则》，导则涉及文化遗产保护的16个工种，包括业主与管理人员、考古学家、建筑师、艺术家与建筑史学家、承包商、保护部门官员、历史建筑修复师、结构工程师、环境工程师、景观设计师、手工艺人、材料学家、建筑经济学家、专业测量人员、规划师、博物馆馆长和策展人。在德国，有历史建筑的修复师（Conserbator/Restorator）参与建筑历史保护与修复的全过程，负责照片汇编、建筑检测和文献汇编等工作，在施工中能亲自动手负责重要建筑部位的保护与修复工作，需要掌握传统建造工艺与技术，运用现代修复的理念以及建筑史、艺术史、材料技术和建筑科学的相关知识，将传统建筑工艺与现代修复之间做连接。[①]

　　闽南传统建筑装饰的保护需要在专业人员指导下进行检修，保护结构和装饰的完整性，预防自然与人为盗窃的破坏等。还需要发掘具有地域特色和工艺技能的师傅，组建维修队伍，授予相关资质。

　　对于保存较好的传统建筑应该由各级的文物单位进行评定，分为国家级、省级、县级，明确保护人员与保护范围，并做长期与短期的维修计划，包括抢救性的维修和日常维修。安装防盗设置，确保装饰构件不被盗窃和损坏。

　　现存晚清和民国时期的传统建筑数量较多，尤其是名人住宅和富商之家保留完整，地域风格明显，应实行重点保护，采取保护措施和技术手段，加强管理和维修。原型的异地重建，应忠于原型。

　　保护传统建筑的外观和周边环境，保留原有的装饰构件，基础设施方面部分实现现代化，满足现代的居住需要。对于一般的传统建筑允许其进行合理的利用改造，如功能方面的改变，可把它们作为旅游服务设施或符合生活需要的建筑。对于闽南地区的历史街区和古村落建筑应该在指导下进行保护，保持外观，允许内部进行生活的改造。历史保护区周边的建筑需要传承地域建筑的装饰元素，延续其风貌，运用现代的材料和工艺，与周边环境和谐。

四、传统建筑装饰的重点保护

　　闽南传统建筑装饰，如木雕、砖雕、石雕和交趾陶等容易受到损坏，被盗窃和损坏严重，需要重点保护。如增加铁丝网和玻璃罩进行加固保护，局部增加结构支撑和替换毁坏构件等。

　　针对闽南传统建筑受损的装饰，需分析损坏的原因，移除不明显的添加物和没有意义的修改。优先采用传统工艺，如果失传可采用现代可替换的工艺。修复的材料、

---

① （美）Robert A.Young著，任国亮译，历史建筑保护技术［M］，电子工业出版社，2005

技术与原材料协调，且应具有可辨别性。设法修复已经损坏的装饰，尽量避免建筑构件的更换。

（1）木雕装饰保护。闽南传统建筑的木雕装饰容易受到损坏，对于木雕需要重点保护。如木雕容易受到虫蚁侵蚀、风雨侵蚀、潮湿腐烂和地震影响等，造成风化严重和表面的油漆脱落。日照时间长容易造成开裂和表皮碳化。原有的胶粘老化，容易使构件脱落。有些木材雕刻的时候没有干透，也是造成开裂的原因。人为的破坏和盗窃严重、维护不当和设计不当加重破坏。木雕保护要防止构件的松动脱落、木材腐化、被盗和病虫害等。表面需要进行清洗，除掉有害的物质，如木雕表面堆积的密实的尘埃和生活的油烟。增强木雕的抗腐烂能力，对缺损的部分进行修补，运用无机的材料或是有机的树脂等增强抗腐性，用固化剂胶粘进行防水、防风化等处理。

（2）砖墙保护和修复。闽南传统建筑的砖墙受损包含：风化、发霉、凹蚀、晶状盐、脱层、龟裂、剥落、地基的倾斜及人为破坏等。自然因素如植物损坏、污染物入侵、潮湿和地震等，也有人为破坏等。在保护和修复过程应该尊重原有的色彩、形状，采用相近的材料、传统技术和方法进行修复，去除对砖墙损坏的因素，修复的材料和原有的协调并有所区别。

（3）闽南传统建筑石雕保护。石雕包含石柱、石狮、柱础、石雕窗、门簪和柜台脚等。损坏原因主要有：风化、龟裂、凹蚀、发霉、坑洞、损蚀、开裂、盗窃和不合适施工等。门簪和石雕窗等工艺精美的装饰构件容易被盗，需要重点保护。在保护和修复中应尽量保持原有的色彩、技术和方法，用最小材料进行修补、更替构件，运用树脂的粘合剂增加牢固性等。

（4）灰塑和交趾陶保护。需要对表面进行清洗，除去油迹，对破损和材料脱落部分用相近的材料和工艺修复表面的接缝材料，有利于装饰的美观与完整。装饰要保证色彩、材料、装饰的真实性和完整性，禁止使用者随意改造、翻修。彩绘修复中，先对彩画进行拍摄与扫描，然后临摹、修正和矫正图案变色的部分，使得损坏的局部得以复原。

（5）整体保护需要保护建筑的外部形象、历史遗存的原物和丰富的历史信息。在整体保护中需考虑发挥功能，用于居住或商业。在城市规划中，应将历史村落和历史地段的保护加以考虑，控制周边的建设。如闽南地区的石鼓镇，将桃星社区引入整体保护观念，保护和修复区内庙宇、祠堂和大厝。

目前，在泉州地区的传统建筑很少成片区，很难做到聚落与环境的整体保护。厦门地区的历史建筑和传统村落仅存在城市边缘地带，大多没有挂牌保护。相比之下，金门地区的历史建筑保存较好，成为金门的旅游优势。

五、传统建筑保护与可持续发展

随着城市化的进程和各种现代理念的冲击，传统建筑和建筑装饰日益消失。美丽乡村建设中，要进一步去发现和保护宝贵的建筑遗产，对优秀的传统建筑要保护建筑的完整性及其周围的环境，采取保护、整治和利用相结合的措施。充分利用老建筑资源和有利条件，在保护的基础上提高和完善，通过结构维护提高周边环境以及服务设施。

闽南传统建筑的保护应积极探索可持续道路，把改造与利用相结合，充分利用老房子的资源和有利条件，在保护的基础上提高和完善。考虑和结合当地的实际情况，通过进行结构维护和提高周边环境以及服务设施增加保护，在做好保护的前提下，引导农民合理利用旧建筑发挥功能。建筑保护有利于民间工艺、民俗等非物质遗产的传承保护。闽南乡村建设中应保留和修缮少数具有历史价值的建筑，将其改造成公共活动的载体，部分可以改成特色的博物馆、宾馆或商业建筑，也可以结合茶道、南音戏剧厅和酒吧等休闲场所。一些老建筑可作为公共性的空间载体，如将社区活动、老人学校和居委会等机构搬入老建筑，保留建筑的装饰元素，结合现代的材料和技术，使得建筑焕发新的活力，能成为景点和旅游服务设施。如图7-12所示，泉州永春县玉斗镇的宗祠，作为老人的活动空间；泉州永春榜头玉津堂改造成农家餐馆等。如图7-13所示，这些建筑保留形式及装饰元素，适当提升基础设施，将建筑改造成娱乐、住宿和餐饮等，在保护建筑文化遗产的同时，发挥建筑的功能，满足人们的需要。

传统建筑保护的管理需要进行以下方面的改进：

（1）应对地区传统建筑进行全面普查、评价，确定保护级别。记录历史建筑的结构、材料、装饰特征、细部和形式等，对于传统建筑的质量、年代、建造水平、艺

图7-12 祠堂成为老人活动中心

图7-13 募集资金修缮传统建筑

术价值和文化价值进行综合评估。深入开展历史村镇传统建筑的普查，扩大普查的范围。比如泉州市的永春县住建局积极开展传统建筑的普查工作，深入乡镇进行传统建筑的登记、统计，建立数据资料。对调研方法、价值评定和评判标准进行细化研究，促使乡土建筑的新发现，对于乡土建筑进行分级保护和登记公布等。如将保存较好、具有较高价值的建筑分为一类；将质量较好、可利用的建筑作为二类；将建筑质量较差、文化价值低的分为三类。

（2）发挥政府在乡土建筑保护中的作用。政府发挥制定政策和引导建筑保护与管理方面的主导作用，制定传统村落的保护法规，完善责任制度，将新农村建设和保护建筑统筹起来。加强各部门合作，寻求文化保护与地方经济发展的结合。在实际中做到有法可依，为建筑保护和美丽乡村建设提供法律保障。保护传统建筑能够丰富城市的环境，保持城市风貌的多样化特征。不同时期的文化积淀能增加城市魅力，成为城市演变和发展中的文化遗产。在实施中加强法规制度、标准和程序，研究传统建筑保护相关的技术标准，制定传统建筑历史村落的保护和建筑装饰的重点保护等。如英国不断修订相关政策、措施，加强遗产保护。借鉴台湾、金门的保护政策与措施，以及日本和韩国的一些经验，如重视教育的引导，普及正确的观念、建筑保护的知识和方法。在土地使用方面，应该保护传统建筑形式、装饰特征、周边环境，加强农村基础设施，提供传统建筑的室内外环境。在乡村建筑中，政府作为主导部门引导当地人们认识乡土文化价值，保护传统建筑及地域文化。如泉州永春石鼓镇政府，在乡村改造中注重特色建筑的保护，传承地域文化。

（3）资金方面是新农村建筑保护的瓶颈。一方面可申请国家对于传统建筑的保护费用，根据当地的经济实力，申请当地政府对于传统建筑的维修补助。调动当地农民的积极性，探索建筑的产权与使用权转让的方式。探讨农村发展的各种合作组织，依靠自身的力量保护建筑。村集体将旅游收入中的一部分用于修缮传统建筑，改善乡土建筑和景观环境。加强相关专业人才的培养和保护队伍的建设。目前，美丽乡村建设主要依靠政府拨款，政府提供的资金可作为传统村落改造的启动基金，这种自上而下的"输血式"资助不利于乡村长期的发展。在后续的发展中应争取多渠道的资金来源，鼓励企业的参与和农民的创业，通过发展乡村旅游，提升乡村环境，获得可持续的资金来源。

（4）可持续的保护需要加强管理体制的创新

规划阶段应保护历史村落和历史地段，控制周边的建设。提高科学的规划水平，从长远的定位考虑。传统建筑与周边环境应考虑耕地、水源等资源的影响，建筑的规模、聚落和用地尺度要适宜，对环境影响较小。新农村建设中重视传统建筑的保护立法与严格执法，同时加强政府的监管和加大对传统建筑的保护力度，发展乡村建设与建筑保护的和谐发展。新农村建设中需要传统建筑的保护与村镇建设规划相互协调，追求建筑与自然的和谐。适宜的尺度与规模才能营造优美的景观效果，形成具有特色的自然村落、地域特色、田园风光，防止"千村一面"。

（5）建设有示范意义的传统村镇，树立建筑保护和乡村建设的典型。总结有效的管理做法与经验，进行推广和宣传，增加户主对传统建筑价值的认识。从转变思想观念入手，加强全民对传统建筑的保护意识与参与意识。加强相关的制度管理，强化对传统建筑的监管。以建设具有地域特征的新型农村为目标，转变乡村建筑的无特色发展。加强建筑保护技术的指导和推广，完善相关的工程队伍建设。从专业人士到普通大众需要了解传承建筑、装饰内涵，有效避免认识不足造成的破坏，带动传统建筑的保护和美丽乡村的建设工作。

（6）闽南传统建筑装饰的保护需要经常进行检修。保护结构和装饰的完整性，预防自然与人为盗窃。将传统建筑和周边环境加以保护，平衡保护与发展。闽南传统建筑周边的建筑需要在色彩、风格和装饰方面与传统建筑协调。闽南地区的经济发展较快，城市化水平较高，经济实力较强，在今后的传统建筑保护与地域性建筑的探索方面具有一定的优势。

传统建筑的保护需要政府支持、专家参与和人民群众及施工单位的配合，并加强专业人才的培养和队伍的建设。政府需要搭建开放平台，调动大众参与的积极性，通过自组织的活动，发动村民集体参与。社区的营造激活村落的活力，挖掘劳动人民的集体智慧。政府需要对农民进行宣传和培训，调动农民参加建筑保护，提升乡村环境。大众参与景观的维护管理，能带来亲切感，积极向上的精神状态能给旅游者带来正能量。乡土建设是凝聚劳动人民智慧的集体行为，能激发农村市场，吸引农村劳动力和城市资源的支持。乡村建设有利于提升居住环境、创造就业机会、增加收入、发展农村现代化、扩大文化影响等。

第四节　建筑装饰的现代阐释

传统建筑及装饰反映建筑历史、地域文化和时代特征，是不可再生的文化遗产和建筑文化的基因库。闽南传统建筑的建筑装饰体现闽南建筑文化内涵，暗含风俗习惯和人居理念。"传统"包含被发明的传统，其目标和特征在于不变性[1]。地域文化价值

---

① ［英］E.霍布斯鲍姆、T.兰格著，顾杭、庞冠群译，传统的发明[M]，译林出版社，2004.1

体现在地域的人文历史和建筑元素的传承。闽南传统建筑及其装饰积淀深厚的民俗、精神信仰和审美等内涵，随着时代不断向前发展。传统建筑的材料、色彩、工艺和装饰符号是地域建筑和乡村景观的创作源泉。在美丽乡村建设中，应该传承传统建筑的地域特色，发掘建筑装饰的精华，运用乡土材料和地域元素等。新建筑应追求与自然的和谐，营造地域特色的聚落。

传统建筑是没有建筑师参与的建筑，其对材料的运用、装饰符号的表达，可以在现代建筑中得到借鉴。传统装饰符号在景观中延续，展示地域文化，具有教育意义。闽南建筑装饰因地制宜、兼收并蓄的特色，在现代建筑中依然具有应用价值。建筑装饰需要与整体的环境氛围相互联系。新的建筑需要考虑空间的特点和主题，拟定装饰的材质、色彩和主题，设计与之相匹配的装饰形式。装饰的内涵具有复杂性，需要探索新的装饰要求，符合现代建筑的新形式内涵，从功能出发将传统装饰的语汇转化成与现代建筑匹配的形式。在现代建筑的设计中，依据项目和场所的需要，用抽象几何的形式传承装饰文化，造型简洁。

一、传统建筑的改造利用

传统建筑的保护、改造与利用需相互结合。在意大利很多设计师都把设计的重点放在传统建筑的改造与利用上，将传统建筑改成具有特色的博物馆。传统村落的活化需要改造、利用传统建筑，作为旅游服务设施，让游客体验乡土文化，打造特色品牌。闽南传统建筑的改造运用应该多元化，如图7-14，将传统建筑改造成茶道、书吧、南音厅、酒吧和戏剧厅等，使得建筑焕发新的活力，成为旅游的新景点。

建筑师应理解乡土文化，了解使用者的需要，以谦虚平和的态度帮助村民，创造朴素的建筑。建筑师需要对传统建筑和文化进行再发现和深刻理解，根植在当地的文化土壤和乡土生活，继承传统建筑的精髓。台湾的一些建筑师通过计算机的辅助设计，帮助村民参与设计。新建筑运用现代的"语言"，进行空间的传承和文化的表达，丰富地域文化。比如闽南地区的石鼓镇乡村景观改造中，桃星社区通过修缮郑氏祠堂作为乡村游客参观的景点，如图7-15。在闽南的古厝——种传堂和大邱田介绍与建筑相关的传统习俗文化。在桃场社区中，关帝庙周边有一处老戏台，戏台荒废后保留框架，保护古树，利用竹材遮阳，供给人们休息和活动之用。

闽南传统建筑是逐渐发展的。装饰的沿用是在充分尊重和保留传统建筑装饰的价值基础上，运用当地材料进行保护。人们欣赏建筑遗产，珍视地域的建筑文化，创造新的地域特征，为地区带来娱乐、消遣和教育等功能。在不影响建筑的历史价值的情况下，保留传统建筑的价值，融入当地的价值，附加现代价值，提升整体环境。乡村

图7-14 古厝茶馆（泉州文物街）

图7-15 石鼓镇桃星郑氏祠堂

改造中，传统建筑的利用是重要的环节。传统建筑提升社区文化，如桃星社区充分利用传统建筑，如将村部的旧址改造成微型的博物馆，在小学设置林俊德纪念馆等。

二、传统装饰的当代转化

装饰伴随着人类的文明而产生。路易斯·沙利文在《建筑中的装饰》中认为装饰是精神的奢侈品，人们内心需要装饰。建筑中装饰的内容与主人的生活息息相关，是地域特征的形象化。地域建筑应继承闽南建筑的传统，发掘建筑文化的精华，有意识地创新利用。

20世纪建筑材料和技术手段发生巨大变革。材料的更新、功能的改变带来建筑形式的变化，建筑装饰更加多元化。闽南现代建筑可继承传统建筑的装饰手法，采取抽象的形式，简化造型、替换材料，与现代建筑的风格和审美相符。

建筑装饰与整体的环境氛围相联系。营造建筑景观应考虑整个空间的特点和思想主题，拟定装饰的主题。目前市场上从事传统建筑的企业，建造的传统建筑只得其"形"，而无其"神"。从事传统建筑的设计师常停留在符号的模仿，没有创造出具有地域特色的形式。建筑装饰的文化内涵具有复杂性，应该创新性继承，从传统中提取和创造符号，探索符合传统的新模式。

对闽南传统建筑装饰文化的理解和把握是地方性创作的灵魂。在现代建筑和园林景观中，从现代建筑的"表皮"到园林的装饰构件，传统装饰的创新应用依然很普遍。闽南传统建筑的材料、色彩、石雕装饰和符号运用是地域建筑创作的源泉。地域建筑需要在传统的基础上提炼和创造。发挥传统装饰在现代建筑和园林中的运用，反映时代精神和文化内涵。

对传统形式的传承需要对其运用概括、变形、重构和构成手法。闽南传统的屋顶和屋脊是装饰的重点，翘起的屋顶和屋脊是建筑的视觉中心。现代建筑中，将装饰进行简化，运用现代材料装饰屋顶，强化屋脊。如厦门大学漳州校区的建筑。

石雕装饰在建筑中作为构件，与表皮一起，使建筑形象和肌理更有韵味。雕刻图案与建筑主体相关。石雕运用大花岗石，质感细腻，与其他材质协调。硬质铺装使石雕装饰和园林景观相结合。地面铺装一般是沉雕，有利于游客的观赏，美化空间。石雕铺装应考虑装饰图案、主题和色彩等。闽南传统石雕工艺在石桥上的运用也是常见的，如桥栏杆、桥栏板和柱头石雕等。石亭子用石材仿造简化闽南建筑的形式，营造休息空间。

闽南传统建筑装饰表达精神的需要。建筑装饰表达隐喻性语言，构成地域文化特色。地域装饰传承文化，流露出闽南人的精神追求和文化价值。

（1）抽象化表现

现代建筑从传统装饰中获得造型，进行抽象化处理和提炼，给人以联想，传承地域特征。装饰图案经过抽象后用于建筑表皮、环境景观设计、室内装饰、家具设计和商业标志等。如香港的沙田文化博物馆，采用简洁的色彩和简化的装饰形象，既古典又现代。

（2）象征和比喻

闽南传统建筑的中厅装饰体现人与自然产生对话，植物题材装饰具有象征性。实用的构件，也具有精神功能。在现代建筑中，借助装饰实现精神的追求，是构筑有意义场所的表现方式。

（3）细部构成

建筑装饰增加环境的美学品质。闽南传统民居重视外观的视觉形象，将不同的质地和材料统一在建筑的立面。人们不喜欢单调的立面，建筑装饰增加居住者对住宅的满意度，美化环境。建筑就像人的外衣一样，需要表明身份。在构件材料中，更多居民喜欢传统的材料，如红砖和石雕等。建筑装饰有利于提升景观品质，如高品质的住宅立面与树木和花草相互配合，显得生动。对联和牌匾在风景区建筑、文化建筑和传统街区中运用。文字装饰作为抽象符号，在现代建筑及户外店铺招牌中运用，体现地域建筑文化。

在乡村改造中需要将乡村的特点变为优势。乡村景观改造需要传承传统建筑元素，强化乡村的地域特征。桃场、桃星发展社区文化，对于传统文化的传承显得十分重要。桃星社区在历史建筑前增加介绍牌，如百二间、顶少房等，传播传统建筑文化。西门是个老城的遗址，部分地段恢复城墙，木瓜树营造景观道路，水边的菖蒲和金银花净化沟渠，二月兰的野草增添田园的浪漫。设计中对社区内的古树景观进行保护和展示，降低古树的围墙，改造成"漏明墙"，使得古树成为乡村景观。利用传统建筑的屋架，改造成游客的休息厅，在空余的围墙上介绍传统建筑的构件名称和文化。针对农村简陋的屋顶形态，提出借鉴传统建筑"漏明墙"的改造方案。运用花砖的不同堆砌手法，使得天际线的形态产生优美的线条，为农村建筑增加形式美。

　　闽南传统建筑装饰还能创新运用到新农村建筑和裸房装修上。如图7-16所示，从建筑色彩、建筑细部和分段式构图几个方面充分挖掘永春传统建筑元素。通过创新性运用现代的材料、混凝土屋面等技术，既体现传统，又符合居住区的审美要求，与周边环境协调，体现永春地域建筑创新发展的特色。在建筑色彩上，以现代的涂料做出仿传统红砖的效果，局部的白色借鉴自传统建筑水车堵，深灰色的石材也参考了传统的裙堵。在建筑细部上，突出了山墙的楚花式样、圆窗、窗框、屋顶的燕尾脊和硬山屋顶等元素。在建筑构图方面，以红灰色、白色和灰色的三段式搭配，体现闽南特色三段式构图，隐喻古代建筑文化的"天、地、人"。

裸房现状（清白村）

传承屋顶和山墙造型和细部　　　　　　　　　　混凝土屋面板加卷材

传承分段和白色运用　　　　　　　　　　　　涂料粉刷成面砖

传承圆窗造型

乡土树种的运用　　　　　　　　　　　　　香樟树

传承群堵的花岗石构成灰色墙基　　　　　　　砖石砌成文字

　　　　　　　　　　　　　　　　　　　　卵石改造出水口

效果图示意（清白村）

图7-16 传统建筑装饰创新运用于新农村建筑

图7-17 外山乡福溪镜面墙

图7-18 传统元素在新建筑的运用

三、传统装饰色彩的借鉴

闽南传统建筑注重装饰材料的质感和色彩表现，喜欢运用比较明快的色彩装饰建筑，进行色彩对比，不追求刻意的加工，体现地域建筑的美学特征。闽南传统建筑的屋顶和水车堵运用色彩丰富的剪粘与交趾陶，进行局部的色彩对比。

现代建筑应注重细部和地方性工艺的传承，如红砖的多种砌墙方式，如图7-17所示。花岗石作为基座，配有精美的木雕和石雕，运用圆雕、透雕、浮雕和镂雕多样的手法装饰，具有鲜明的地域特色。

闽南传统建筑的红砖和白石构成室外建筑的主色调，建筑通过装饰表达文化和象征意义。地域色彩是构成地域形象的主要部分，在乡村景观改造中，尊重原有的地域色彩，新建筑和老建筑相互协调，如图7-18所示。现代建筑结合新材料、新技术，需传承地域特色，有利于文化传播和增加趣味性等。现代建筑能传承历史文化，用装饰作为文化的表达。新建筑建设继承传统建筑装饰文化，色彩上与环境协调，体现地域建筑特征。

色彩是建筑装饰的突出手法，色彩的搭配呈现地域性和民族性。建筑装饰的色彩体现外部形象，反映当地的审美。闽南地区的现代建筑对地域色彩进行了传承和发展，运用现代的材料和手法表现，使色彩成为地域象征。新建筑的色彩须融入地域色彩中，使环境呈现整体感。

四、当代材料的选择运用

闽南传统建筑及装饰有很高的美学价值，在地域建筑探索中，现代建筑新材料的选择能够使地域特征得以延续和发展。建筑应该在传承和发扬传统建筑特征的基础上，结合新材料和工艺创造出新建筑。

  闽南传统建筑积累了丰富的设计手法，表达文化内涵，启发人们对于空间的感悟。地域建筑应探索现代材料，将传统建筑的装饰设计手法与表达进行传承和创新。有学者认为："为了相当新近的目的而使用旧材料来建构一种新形式的被发明的传统"。[1]闽南传统建筑装饰的传承，过去更多是复制和仿造建筑的建筑装饰，是一种初级的传承。传统建筑中的木雕、石雕的应用增加美感，但是随着资源不足，建设成本上升，木料和石材资源不断减少，面临生态问题。我们应该考虑使用合成的材料，将传统符号进行转换。

  闽南建筑装饰与时代背景、经济和文化相关联。演变主要有两种：一是继续沿着传统方向的形式特色继续发展。另一种是由于外界因素的干扰，传统装饰艺术部分消失。如闽南地区的现代建筑很少使用翘屋顶，主要是经济因素的影响和当地百姓和设计者对传统建筑的不同看法。

  美丽乡村建设中，要积极理解传统建筑文化，延续传统建筑的地域特色。运用乡土材料营造乡土景观，打造建筑与山水文化融合的地域景观。在实践中，创新使用新材料、新技术，细节和工艺方面传承传统建筑文化，在建筑和景观中探索地域特色。

  闽南地区石鼓镇的桃场社区作为新建的社区，缺乏地域文化。景观设计借鉴传统建筑的门楣形式，用于社区的文化宣传牌。如图7-19~图7-22，标语借鉴传统建筑的楹联形式，形成通俗易懂的地域文化。

图7-19 桃星社区特色标语

图7-20 桃场社区特色标语

图7-21 半岭村特色标语

图7-22 卿园村特色标语

---

① [英]E.霍布斯鲍姆、T.兰格著，顾杭、庞冠群译，传统的发明[M]，译林出版社，2004

第五节　闽南元素的传承运用

19世纪30年代现代主义建筑理论和经济萧条影响人们的装饰欲望。直到19世纪60～70年代的单坡屋顶建筑体现出对古典主义装饰的兴趣[①]。建筑的地区性反映建筑形式与风格的变化。优秀的建筑与环境相融合，产生和谐美，且根植于传统的建筑文化和符号系统，与现代科技和外来文化交融一起。

闽南传统建筑装饰承载闽南人的文化精神，需要在现代建筑中传承。抽象传承是现代建筑中将传统建筑的装饰和文化加以发展，运用到建筑设计中。另一种方法是将传统建筑装饰最有特色的元素提取出来，经过抽象简化，运用到当代建筑中。

一、闽南精神文化传承

梁思成曾说过："中国的传统建筑，是从世世代代的劳动人民在长期建筑活动的实践中提炼出来的，经过千百年的考验，受到承认遵守的规则，是整个民族和地方的物质和精神条件下的产物"。[②]闽南建筑及装饰是闽南人继承中原文化的基础上的独特创造，表现闽南人悠久的文化和勤劳智慧。

闽南传统建筑文化是动态变化的。单德启认为："社会进步了，功能要求变化了，经济和技术发展了，然而'传统'是不会消亡的，它是一条奔流不息，汇合百川的长河"[③]。闽南传统装饰在继承中原文化的基础上，受多元文化的影响，随时代性的发展变化，反映审美意识和精神追求的变迁，是地域文化的集中体现。吴良镛先生认为："我们需要从地区的乡土建筑文化中采风、研究、继承和发扬乡土文化的特色，创造具有时代气息的新建筑"[④]。闽南传统建筑在材料运用、工艺手法、装饰符号、文化表达和因地制宜等方面对现代建筑具有借鉴意义。闽南传统建筑和装饰包含多义的吉祥纹样，寓意美好愿望，是闽南的文化遗产和建筑文化的基因库。象征精神随时代的发展变得简约且有所提升。现代建筑与园林景观从闽南传统建筑及装饰中提取元素，运用新材料、新技术

---

① 米歇尔·劳瑞，景观设计学概论［M］，天津：天津大学出版社，2012：184

② 梁思成，中国建筑的特征[J]，建筑学报，1954，（1）

③ 单德启，从传统建筑到地区建筑[M]，北京：中国建材工业出版社，2004

④ 吴良镛，世纪之交的凝思：建筑学的未来[M]，北京：清华大学出版社，1999

和装饰形式，创造地域建筑风格和符合现代审美的新建筑。

闽南现代建筑的装饰传承主要有以下方式：

（1）闽南地域以红砖墙和白色花岗石为主要特征，是长期积淀的审美习惯。现代城市环境的特色需要对地域色彩自觉进行保护、继承和发扬[①]。泉州地区的一些新住宅、商业和文化建筑，自觉传承以红砖为主的地域特色。

（2）闽南传统建筑的装饰和文化在现代的运用，需把握传统建筑装饰的符号，将传统元素运用到新建筑，实现精神的追求。以城市特色为设计核心，将闽南传统装饰文化以新的手法融入公共空间和景观环境中，构筑有意义的空间场所（图7-23）。

（3）传承闽南传统建筑的装饰，运用到现代建筑的表皮设计中，产生新形式。在历史街区周围，运用现代材料、技术和传统装饰元素，营造整体氛围。

闽南传统建筑的装饰语汇演变主要通过三种方式：

第一是嫁接。闽南传统建筑的旧装饰构件在新建筑中依然能够使用，通过新旧结合，感受到时间的纵深感。运用老建筑的材料或是老建筑的局部改成新的使用，这样的建筑作为纪念性的景观和风景区建筑具有特别的意义，表现出建筑的时光感。第二是抽象表达，闽南传统建筑的装饰经过现代的抽象变化，与新的建筑相结合。第三是变异，闽南建筑的传统装饰经过变异和创新，产生新的装饰形式。当代建筑的表现之一是建筑的表皮，建筑的表皮是文化的载体。

厦门地区的建筑受到西洋的影响，在建筑外墙上运用红砖，细节传承传统建筑装饰，如洋楼屋檐下的装饰带，类似闽南建筑的水车堵。外墙的窗楣和山花运用传统的植物纹，甚至结合西方的天使等。如厦门鼓浪屿的"海天堂构"采用东南亚建筑和传统式屋顶结合的方式，形成地域和时代特色的中西合璧建筑。

闽南的宗祠建筑承载着尊祖敬天的传统，传统建筑及装饰有利于促进凝聚力、认同感，构筑社会关系。民众运用便于购买的材料对祖祠进行重修和翻建。在屋顶及立面

图7-23 美丽社区建设的文化墙（运用传统元素）（郑慧铭设计）

---

① 吴良镛，世纪之交的凝思：建筑学的未来[M]，北京：清华大学出版社，1999

上，运用瓷砖、水泥进行修补或重新建造。圆雕、透雕受经济和成本的影响，在现代建筑中运用较少，大量运用浅浮雕和影雕。现代油漆容易购买和施工，宗祠中大量运用油漆装饰梁枋和其他木结构。现代装饰材料手法多样、题材丰富，隐喻家族人丁兴旺和实力。

二、番仔楼的建筑传承

闽南现代建筑的传承探索始于20世纪20~30年代。闽南传统村落中保留了一定数量华侨回闽南地区建造的建筑。在近代，受到西方文化的影响，出现了传承传统建筑装饰与西式的房屋结构结合的"番仔楼"。在外观上保留了当地的建筑特点，山墙采用马鞍山墙。番仔楼正面的山花是装饰的重点，传承西方建筑的三角形墙头，结合西方的巴洛克山花、狮子、时钟和天使等。番仔楼运用传统的书卷式门额、带姓氏的堂号，蝙蝠、麒麟、花瓶和喜鹊等吉祥花鸟和瑞兽，以及国旗、兴建年代等，形成中西混搭的建筑。闽南传统民居的装饰手法如泥塑、彩绘、石雕和木雕等，细部有不少中西结合的装饰。有些洋楼运用铁艺和水泥的装饰线脚，将水车堵和西洋的装饰线脚结合起来。牌楼面结合吉祥动植物纹、人物纹和书法等内容。近代的洋楼装饰在闽南地域建筑的探索中，用现代材料和形式传承地域特征。

番仔楼在场所空间和建筑装饰中继承中原文化的特色和闽南建筑的式样。一楼或是二楼的中间厅堂往往作为祭祀空间，墙面上高挂祖先的照片，设置神龛、祖先牌位和案桌，墙面装饰对联、房屋堂号等。如晋江福全村番仔楼，以东南亚外廊式的建筑形式，立面的山花、外廊的柱子，内部传承闽南建筑的装饰和祭祀空间。闽南的番仔楼吸收西方建筑形式，礼仪空间依然有传统文化背景，在仪式和祭日等活动中发挥作用，这取决于文化习惯。在文化语境下，建筑装饰作为表达的文本，是从文化素材中生产出来的形象性作品。

番仔楼的建筑形式和装饰是本土文化主动吸收西方建筑文化的结果。20世纪20~30年代，一些华侨在鼓浪屿建造庭院，具有浓厚的地域色彩，又受到西方建筑的影响，如图7-24、图7-25。混合红砖墙、红瓦的屋顶、罗马的圆形柱子、琉璃花瓶的栏杆，形成独特外观，如八卦楼、金瓜楼、观彩楼和汇丰公馆都是典型的中西结合的建筑。

三、新地域主义的走向

闽南传统建筑从建筑的功能来说，早已时过境迁，建筑的具体手法在今日不可能完全沿用，但传统建筑的设计构思和创作原则对今天的建筑设计仍有启迪。建筑的装饰影响人们对建筑的感知和地域属性。建筑的地域特色能促进旅游，有利于带来经济

图7-24 泉州文庙屋脊装饰　　　　　　　　图7-25 鼓浪屿金瓜楼屋脊装饰

效益等。闽南传统建筑有多样性和融合性，装饰上体现地域特征，在新建筑中传承和延续，能创造出文化特色的城市建筑与环境。

闽南传统建筑的元素在现代建筑、园林、纪念性景观和新建筑中运用，有利于形成地方特色，推动闽南传统建筑的传承（图7-26）。闽南地区的红砖墙深受人们喜爱，很多新建筑仍然沿用红色调，用现代的材料传承闽南建筑的色彩。闽南地区的现代建筑立面规模宏大，需要增加细部装饰和纹理。细部的装饰吸引人的注意力，形成空间的引导，或进行分层，增加暖色，使得建筑更加友善。

建筑装饰随着时代的发展出现变革。新建筑传承装饰符号，带来表皮的价值，深层的装饰通过材料的合理利用和文化内涵的表达，赋予建筑内涵。现代建筑中，装饰布局需要与空间性质相联系，现代建筑运用传统的元素有利于营造地域风格。

闽南传统装饰在地域性建筑风格、城镇街景和建筑单体中，具有继承和发展的意义。厦门作为中国最早开放的通商口岸之一，1842年以后兴建一批西洋建筑。著名华侨陈嘉庚先生主持设计并修建的厦门大学和集美学村，传承和发展了闽南建筑风格，被称为"嘉庚风格"。"嘉庚风格"的突出特点有：

第一，欧洲式样的主题，闽南风格的屋顶。

屋顶采用重檐歇山顶，造型雄伟、色彩鲜艳，成为厦门独有的。闽南建筑屋脊装饰一般使用燕尾脊，分为单曲和双曲。护厝用马鞍脊，有方形、曲形、圆形、直形、锐形，燕尾和马鞍相匹配。陈嘉庚先生创造了三曲燕尾，在红瓦双坡的欧式建筑上，有六个燕尾跷起，歇山屋顶有新造型，更加美观。平板瓦改成大片型改良瓦，以红土为原料烧制而成。

第二，闽南式的拼花、细作和线脚装饰。

细部运用花岗石和红砖，传承闽南建筑装饰风格，以镶嵌和叠砌为手段，运用方形、圆形和菱形等图案的立体雕刻进行装饰。门楣、窗楣、墙面转角和外廊立柱拼贴图

泉州涂门街建筑

新建筑山花（泉州北门街）

新建筑墙面（泉州北门街）

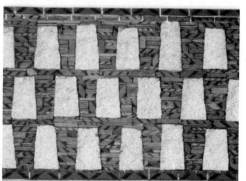

新建筑墙面（闽台缘博物馆的室内）

图7-26 建筑语汇的传承与演变

案，创新"出砖入石"，组成美观的图案。厦门大学的群贤楼，采用闽南的建筑色彩、
重檐歇山屋顶、西式的柱式和拱券结构、西式的窗户。集美校区的道南楼墙面、门窗、
山花和柱子运用木雕、砖石雕装饰。嘉庚建筑用万字堵、蟹壳封砖堵、海棠花堵、人字
体和工字体等。外墙转角采用马牙石咬槎的做法和暗红色花纹的拼贴图案。如集美的南
薰楼、厦门大学的芙蓉楼群、建南大礼堂等。嘉庚建筑，走廊用釉面砖拼贴精巧的图
案，天花板和廊柱的装饰细节精美，体现传统文化的传承和创新。嘉庚建筑通过材料、
色彩、细节和装饰突出地域特色，是闽南的传统建筑装饰在现代建筑中的成功运用。

　　第三，出砖入石的手法。

　　闽南传统建筑常见红砖与石材混搭的"出砖入石"体现材料美。筑石竖砌，砖为
横叠，到一定高度后，砖石对调，使得受力平衡。出转入石的堆砌，并有方形、圆形
和菱形等图案的立体雕刻装饰。陈嘉庚先生创造性地继承传统，在房屋墙角使用花岗
石，建筑的立面和柱子上使用花岗岩组成的图案。建筑中西合璧、美观大方、比例协
调、古朴大气又有地方特色。

　　第四，闽南的建筑色彩。

闽南人继承中原传统文化，善于吸收外来文化，将不同元素的组合，使得地域文化顺应时代发展的需要。自然色彩的红、绿、白构成，给人视觉以美感。集美校区的道南楼中绿色的青石、釉面红砖、白花岗岩、橙色大瓦片和牡蛎壳砂浆是闽南建筑特有的材料。建筑就地取材、美观大方，具有地域风格。门楣窗楣、墙面转角，外廊立柱拼贴图案，进行色彩搭配。厦门大学漳州校区的食堂、公寓和教学楼采用了闽南屋顶的红色。厦门大学漳州校区、厦门大学科学艺术中心等，从闽南传统建筑的装饰上吸取灵感，与现代建筑相结合，形成富有特色的地域建筑。山墙上的小窗、墙体砌砖、窗户的拱、建筑的基座，是闽南建筑装饰的变体。闽南建筑的红色成为地域性色彩，砖石拼贴的纹样显示构成美。闽台缘博物馆的设计体现了闽南人对红砖的热爱。闽南建筑的色彩体系以暖色为主，以红砖墙为主色调，石基的色彩沉稳，与自然环境协调，突出地域特色。

嘉庚建筑是闽南的传统建筑与欧洲建筑风格的融合，建筑实践开创了闽南传统建筑在现代建筑实践中的运用。新建筑中，依然有探索和传统装饰结合的式样，体现传统的美和优秀的文化。厦大图书馆二期，色彩上沿用红砖墙，抽象运用窗户、拱、基座的装饰手法，吸取建筑的装饰传统，运用现代的构成。现代建筑运用现代材料和抽象符号表达象征含义，符号作为现代建筑内涵的延续和组成。建筑装饰受经济技术、自然和文化多方面的影响，具有地域特征。设计师传承闽南的装饰传统，装饰作为文化符号获得美感和文化象征意义。

在闽南装饰的运用中创新性的装饰较少，容易引起审美疲劳，很难体现文化内涵。规划和建筑设计中应避免忽视地域建筑装饰和色彩的表达。

四、装饰激活地域文化

闽南传统建筑的装饰纹样、线条和色彩等，传达地域文化。泉州晋江的番仔楼，继承传统建筑的塌寿装饰。厦门园博苑建筑运用闽南建筑装饰元素结合新材料。传统艺术的合适表达，为现代社会注入传统文化。台湾的文化建筑与宗教建筑，吸收闽南传统建筑装饰，具有强烈的地域特色感。祖籍福建漳州的陈應彬，从1908年到1944年期间，在台湾修建了数十座妈祖庙。他将闽南传统的建筑装饰带入台湾，擅长做重檐歇山（假四垂）屋顶，庙宇的木雕和石雕工艺精细。祖籍漳州的叶金万是当时著名的建庙工匠，泉州惠安籍王益顺率溪底匠人于1919年到台湾建造艋甲龙山寺，将闽南特色的建筑和工艺带入台湾。

台湾的地域建筑探索出现了一批建筑师和建筑作品。罗虔益设计的淡江中学八角亭校舍，将屋顶与硬山墙融入设计中，采用闽南的红砖、白墙堆砌而成。杨卓成设计的中正纪念堂和台北音乐厅复古建筑，采用传统的建筑符号。汉宝德设计的桃园南园以闽南式的园林，空间变化丰富，建筑装饰传承闽南风格。李祖原设计的台中国军英雄馆，将闽南的红砖与江南园林结合。李祖远设计的台北大安国宅屋顶上使用传统山墙。朱祖明设计的台北剑潭活动中心，受到闽南传统建筑的影响，采用传统屋顶和红砖墙构成。台北101大楼抽象隐喻节节高升，将传统图案如意、祥云和铜钱纹等运用在建筑外观和室内，传承地域文化。宜兰县政大楼运用闽南式洞窗的装饰。金门建筑中，汉宝德设计的垦丁青年活动中心、中央民族研究院，以及台湾宜兰厝实验、台湾民间艺术中心和金门技术学院等采用红砖。台湾本土设计师的建筑实践体现闽南传统建筑与当代建筑的融合。

乡村景观的提升需要针对性的整治，改善人居环境。公共空间及运动场根据当地的人口结构进行设置，成为休闲活动区，满足村民的需要和提倡健康的生活方式，也能服务于游客。乡村建设需依据经济条件、建设配套设施和划定空间范围等，以合理的空间尺度营造多样的公共空间。

乡村景观改造中，装饰能够强化地域特征。现代农村多为以白瓷砖贴墙面、平屋顶的新农村建筑，地域特征消失，传统文化随之消失。乡村景观规划以装饰元素提升地域建筑形象，营造文化氛围。乡村改造需要注重传统建筑和地域特色等标志性的文化景观，丰富地域文化。对建筑的外部和内部的环境进行改造，改善卫生条件，提升绿化空间。通过周边绿化植物，增加品种、美化建筑，提高视觉效果，满足人们的需求。如桃星社区改善篮球场的公共空间，运用镂空红砖墙进行半围合，满足居民户外晾晒被子的需求，防止场地篮球跳出，彰显闽南传统建筑文化。桃星景观设计中关注空间的综合利用，房屋前基本都有小的车辆停放点。传统社区的老龄化问题比较严重，建设适合老人活动的门球场、坡道等无障碍的设施。宗教神庙和人民的生活密切联系，修复法主宫等神庙。乡村建设在保持传统村落整体风貌的基础上，增加现代化的设备。桃场村利用魁星风景区等，串联优质资源，整合旅游线路，提升环境。

第六节　传统装饰的现代运用

装饰对于人的感知、行为和心理满足感具有一定的影响。在现代园林中可以将传统建筑的装饰构件加以解构，如在户外运用石雕等传统元素。在现代景观环境中传承、保留和重组传统元素，有利于场地增加历史人文因子，引起人们的想象。装饰增添环境美感，在闽南的现代园林中，石雕与植物、水景搭配成景观。石雕用于石柱、透窗、浮雕墙体和景观栏柱等。将闽南传统建筑的人物石雕或动物石雕用于园林景观，园路上以雕刻美化环境。有寓意故事的人物装饰、花草装饰和动物装饰引起愉悦感，营造内涵丰富的园林。

　　传统建筑基本存留在乡村中。近年来，乡村建设也面临传统村落的保护和改造的机遇与挑战。以闽南地区的石鼓镇为例，桃场社区是紧挨老县城的社区，新开发许多房地产的高楼，区内保留较多老建筑，周边环境较乱。主要突出问题有：电线杆林立、空中网线较多、农村垃圾清理任务繁重、污水整治范围大，公共区域有不少猪圈、旱厕、鸡鸭舍，改造工作量较大等困难。广大的乡村建设中对设计师的需求很大，应该为年轻设计师提供更多的锻炼机会。一些社区的传统建筑日益减少、缺乏保护、新建的高楼缺乏地域特色，新建筑与传统建筑缺乏协调。传统的宗教文化、建筑文化、民俗文化、农耕文化与宗族文化随着老建筑被拆迁而荡然无存。新社区中需要培育市民文明、建设和谐家园、协调景观资源，营造社区文化等。

一、建筑细部传承传统建筑

　　传统建筑的装饰服从整体的功能。建筑装饰分布在显眼的外立面、屋顶的脊饰、山墙楚花、大门门楣、牌楼面的身堵和镜面墙等部位。建筑主次分明、色彩相衬、虚实互补、形成对比，营造优美的景观。闽南传统建筑因地制宜、就地取材，利用当地的工艺和材料优势，形成地域特色。传统建筑装饰和谐、变化多样，装饰部位发挥材料特性，重点突出、视线效果良好，色彩与环境相结合。建筑装饰体现主人对住宅的审美、传统文化内涵和审美追求。装饰反映工艺水平，材料把握和艺术表现等。

　　传统文化与现代设计关系密切。闽南传统的建筑及装饰为现代建筑提供丰富的借鉴，激发设计灵感，融入细部的装饰和文化内涵。细部的审美和文化相连，符合地域审美习惯。传统建筑的装饰反映主人的物质生活、精神追求、象征意义和心理需求等。装饰艺术表达建筑的内涵，在现代建筑中也可以传承。

　　现代建筑早期受国际风格的影响，摈弃装饰、过于简洁，人们对建筑的审美需要和文化内涵难以表达。地域建筑重新审视传统建筑的装饰表现，探索抽象继承装饰文化。赖特在《为了建筑》中认为："建筑外观应该与周围和谐，色彩应该与周围协调，材料的特征应该显现出来，住宅应该反映主人个性"。

　　地域建筑需要探索功能与美观相结合的细部，体现建筑的地域特征和时代风貌。建筑装饰为增加细部美和文化内涵。如厦门的篔筜书院是一座现代的书院，传承闽南传统建筑的装饰，结合现代材料营造古朴的风格。图7-27是闽南传统建筑装饰和闽台缘博物馆对传统建筑装饰的传承。翘屋脊、红屋顶、山墙楚花、镜面墙和凹寿装饰的变体等，这些传统建筑装饰构件重组到现代建筑和开放空间中，营造文化环境。厦门博物馆前运用建筑的石雕构件点缀。

　　闽南传统建筑因地制宜、就地取材、利用当地的工艺和材料的优势，根据装饰部

闽台缘博物馆砖墙

闽台缘博物馆的柱子

闽台缘室外屋顶

闽台缘室内大门装饰

图7-27 传统建筑装饰的现代运用

图7-28 传统式样的现代街区

位和发挥材料的特性。新建筑的细部满足功能，重点部位装饰美观大方，具有良好的视线效果，形成地域特色。传统建筑细部整体和谐、变化多样、形态简洁、内涵丰富，值得现代的建筑和景观设计传承和创新。将传统建筑的装饰运用在乡村建设中，增添建筑细部美、文化元素，强化地域性，见图7-28、图7-29。

图7-29 保持和谐的建筑风貌

二、场所精神传承地域文化

闽南传统建筑装饰是地域文化的载体，装饰元素反映文化内涵，启发人们的思考，构建价值观。装饰与空间主题结合，融合植物、水景和建筑等元素，形成和谐地域景观。装饰营造建筑和景观的场所精神。传承传统建筑文化需要在现代中发扬，营造场所的文化氛围。厦门市集美的鳌园中具有各种花草虫鱼、飞禽走兽与人物故事的装饰，丰富了场所的空间。金门传统建筑中，相接近的装饰题材和主题，传承多元寓意，象征尊祖敬天和勤俭奋斗的精神内涵，体现闽南的文化遗产。

现代城市的建筑与景观大量运用混凝土、铁、钢筋、沥青和瓷砖等人工材料。有些景观为柔化人工材料的坚硬感，表面模仿自然的花样进行粉饰，但没有与地域特色结合，或是单纯追求漂亮的设计，没有与周边的景观联系和协调，成为过度的设计，缺乏个性和地域特色。构成地域景观需要取材自当地的木材、砖瓦和石材等，运用乡土植物，以地域元素增强地域文化。传承和发扬地域建筑的传统，运用当地的景观元素传承风土文脉等。

城市化的发展使得乡村的公共空间缺乏地域特征和场所精神。目前兴起的美丽乡村和小城镇规划中，需要抓住乡镇建设的重点与难点，进行改造和治理，除了改善生态环境，人文的地域化是重要的探索方向。以往粗糙的设计带来空间不实用、设计不合理、资金浪费、场所精神缺失等现象。闽南地区的城镇和乡村拥有一定数量的精美传统建筑，应保护好原有的建筑文化元素，整合地区内的优质资源，构建宜居环境。美丽乡村建设需要适当保留好传统建筑，发扬地域性建筑特色，传承和创新建筑装饰。诗意的栖居能使人文景观和乡村园林景观的合一。在园林景观和乡村建设中运用，打造具有乡土文化和田园气息的地域景观。如石鼓镇的桃星社区，早期建设的篮球场与活动空间使用者较少，场地空旷乏味，被居民用于停车、晒被子，地域特征缺乏。通过传统装饰元素的引入，如图7-30所示，红砖漏明墙，大

图7-30 红砖墙围合下的公共空间

篆字体，围合活动场地、点名社区主题，营造文化空间。如卿园村的双桥，桥洞的墙面运用"鲤鱼化龙"的典故，为当地增加人文色彩。卿园村中尊重生态现状，重塑文化生态。保留现存的荔枝树，形成良好的空间围合，保护绿化和植被，提升乡村特色。进行乡村建筑的细部改造，增强地域特征，协调周围环境。在设计中传承传统文脉、尊重现状，将高甲戏、南音、饮食、宗教、花灯与茶艺等地域文化，延伸到公共空间，激活乡村文化活力，振兴乡村。

三、多元材料丰富文化内涵

地域特征是由多种元素构成的，具有视觉特征的地理、建筑、生态和文化的多重价值。地域景观需要当地的木材、砖瓦与石材等传统装饰元素增强地域特征。传统是依据社会需要不断被发明和创造出来的，不同的历史条件下有不同的形式语言和表达。在当代建筑中，建筑装饰的现代表达强化了文化传统，增强地域感受。

闽南建筑的装饰手法多样、材料丰富，对闽南传统建筑装饰的研究和抽象表达，成为地域建筑的重要元素。建筑装饰可以提升文化内涵和地域文化表达。借鉴传统建筑的装饰应该重视传统的文化理念，将生动的造型与革新的思想结合，创造出现代的地域建筑装饰风格。传统建筑结合多种材料构成地域文化，社区营造需要运用乡土材料构成地域文化。如石鼓镇的桃场社区植入了传统元素，在社区的文化墙、视觉导向体系中运用乡土材料，传承传统建筑文化。社区的文化标语传承楹联文化，造型传承门楣与窗楣的造型。

闽南传统建筑装饰对形式的探索、对当地材料的运用、对技术的把握、对文化的表达、对地域化元素的提炼、因地制宜的创作理念和优美的造型等对现代建筑具有借鉴价值。传统建筑因材施艺，顺应材料的特性塑造形象，装饰的手法、题材、纹理的运用体现闽南传统建筑装饰的文化和表达，对新建筑具有启示。

通过新建建筑植入传统元素，协调新旧建筑的宜居改造是常用的手法。桃场社区以"人文社区"为建设目标，优化社区空间布局。景观设计强调村容整洁的环境美，盘活闲置土地、清理垃圾和增加绿化等，提升整体环境。对休闲小公园和庭院进行绿化，使建筑与社区景观和谐统一。桃星社区针对休闲健身场所的改造，房前屋后以小面积硬化铺装，大坵田设置蔬菜和水果的采摘体验区，发展休闲农业。在南湖小学周边设置等候的休闲座椅。桃星社区利用区内的传统建筑，如图7-31，结合宗族文化、将田园景观提升为旅游资源。如图7-32，建设老社区内景观节点，优化公共空间布局，使得整体环境得到提升，凸显地域特色。图7-33、图7-34以地域性的材料和标识元素凸显当地的特色。

图7-31 红砖公共场地

图7-32 闽南装饰字体的运用

图7-33 卵石围墙

图7-34 村口形象

四、植物景观营造场地氛围

植物是地域景观的重要组成。闽南传统建筑依据山水地形布局，常建立在山势环抱，顺沿地势的安定场所。如果后面没有山，一般会栽种树木，前方为开阔的空间场地，体现风水学说。闽南地区的植被丰富，房前屋后种植有荔枝树、龙眼树、木瓜树、杉、松、柏、茶树和竹等。果树造型生动，生长在田野建筑的周围，让人感觉到生活的安定感。田园中植物的表面构成松软柔和的线条，形成优美柔和的景观。农作物丰富，如蔬菜、果类、花草和水稻等。植物的季节性给生活带来节奏感，体现因地制宜的耕种。庭院的花卉与盆景，植物为厅堂增加观赏的内容，给空间带来生机，使得室内与室外景观相呼应。房屋的群落与果树、菜地和树林等与环境和谐，营造整体场所的氛围，体现人与环境的互动和质朴的生态观。

植物对于营造景观具有重要作用，植物搭配方面采用乔木、灌木、地被、藤本及花卉相结合的手法，组成丰富的植物群落。农村不少耕地被新建筑所占用，原有的大树、果树被砍伐，古树已经很少，大量的路面硬化带来绿化空间不足。新建社区的营造和乡村景观非常需要绿色植物的衬托。植物景观的改造要传承地域种植的传统，满足公共空间的绿化需要，需要发展"低投入、免维护，多收益"的理念种植。植物景观能够强化地域特色，突出视觉形象，打造地域品牌，推动多元产业的发展。在植物选择上，乡村设计需要考虑地理气候条件、植物的习性、减少修剪和施肥等维护。桃星社区是一个具有传统记忆和文化的社区，原有许多果树，新房的建设使树木被砍伐。在社区的景观设计中突出了"乡愁"和瓜果之乡。桃星社区景观设计以木瓜树作为种植树种，延续本地的木瓜种植，突出带有经济价值的乡土植物，使得人们联想到丰收。桃星的种植设计以木瓜树为代表，突出果树。桃星社区的代表色彩是黄色，象征秋天、阳光和成熟。木瓜树适合闽南的气候，成为景观树种。桃星村借鉴传统装饰，打造品牌形象，推动地区发展。

在闽南地区石鼓镇的美丽乡村建设中，行道树和公共空间增添木瓜树、龙眼树、荔枝树和芒果树等，使得绿化结合生产生活需要。通过种植瓜果类植物品种的增加来丰富景观效果，构建色彩丰富、层次丰韵的景观效果，满足游客的观景需求。植物品种需满足丰收的视觉景观效果。基于桃场、桃星的古代种植、构建乡愁故里的景象，通过植物景观，提升社区环境、调整绿化结构，突破单一的种植。

视觉形象是识别系统的构成要素之一。在乡村设计中，可引入视觉识别设计。桃星社区的整体设计引入视觉形象体系，象征瓜果之乡和"乡愁社区"。视觉形象的运用通过海报、宣传品、标准字、标志、垃圾桶和座椅等进行传播。如桃星社区的定位是"人文桃星"，卿园以"生态侨乡"为理念，半岭突出"秀丽半岭"，桃场突出"文明桃场"、"一村一品"的设计理念，营造"乡愁故里"，强化地域特色。运用差别化的植物配置，将传统建筑装饰的图案处理结合视觉形象体系，打造特色的景观形象。

乡村景观设计应实地解决农民生活密切相关的可持续的绿色环境问题，不能用城市的美学价值和审美品位再造乡村景观。乡村景观改造应发扬地域文化，使乡村景观和谐古朴。在景观设计的过程中，大力推进节约成本的设计手法（图7-35、图7-36）。应利用现有的材料，就地取材，节约材料，不过分追求唯美，调整设计方案和建造方式。如运用卵石堆砌、节约石材、利用水渠，进行植物配置，种植维护成本低和免维护的植物品种。

图7-35 地域植物营造宜人的场所（郑慧铭设计）　图7-36 水景增添优美环境（郑慧铭设计）

五、水景映衬融合地域景观

　　水景是景观的重要元素，建筑周围常见溪流和池塘，桥梁与自然水体的结合，视觉效果良好，营造传统建筑的诗意。闽南地区水系发达，包括水渠、水田、自然河流和池塘等。闽南传统建筑靠近水源，便于农业的灌溉、取水、生活用水和排水。水景烘托乡村景观，如泉州晋江西溪寮蔡家娇宅院主联写着："水抱山环地脉灵长同献瑞，蛟腾凤起家声丕振大生光。"[①] 楹联暗示风水格局。厦门的莲塘别墅，四周都是水，种植莲花，水景倒影建筑，增加建筑的节奏和韵律（图7-37）。在乡村设计中，从传统建筑中汲取水景的表现，对乡村建设具有重要意义。在闽南地区石鼓镇桃星村，祠堂边上的观音池，增加了植物的表现，营造了优美的公共环境。

图7-37 水景与建筑相互映衬（厦门莲塘别墅）

① 许在全主编，泉州古厝［M］，福州：福建人民出版社，2016：40

第八章

海外闽籍华人建筑
的演变

——以新加坡和马来西亚明清以来
闽籍华人建筑的演变为例

中华传统文化具有内敛性特征，唐宋以后，中华文明对外的窗口主要集中在东南沿海的海上贸易。明末清初，东南沿海的商人中福建商人占有很大比重，他们参与海上贸易，形成浪潮。万历时期（约15~16世纪初），中国商品大量进入世界市场，为17世纪西方国家的兴起做了贡献。[①]明清时期，福建商人的发展主要立足于家族和乡族的力量进行，相互帮助促进新移民、新乡族的形成和商业的成功。

建筑是区域性的文化表达，建筑文化的传播中常常有传承和变迁的特征。变迁是相互平衡的结果，体现文化的适应性或本土化，有利于构建新的文化系统。闽南文化随着闽南族群走向世界，影响台湾和东南亚的华人，显示文化价值。[②]

闽南的建筑装饰风格影响东南亚等国家。闽南传统民俗和建筑文化在区域内世代沿袭，影响新加坡、马来西亚和台湾等东南亚国家和地区。海外的闽南籍华人因建筑的功能不同，细部装饰的程度不同。从文化的适应性角度看，闽南传统建筑形式和装饰体现人类对文化的社会性调整。从文化的整体性看待闽南传统建筑装饰，需要关注闽南传统建筑与文化之间的联系。从文化的变迁性看待闽南传统建筑装饰，闽南建筑文化有整体性和适应性。精神文化是闽南文化的灵魂，对社会产生巨大的影响。本章以新加坡和马来西亚的华人建筑为例，分析早期华人的寺庙建筑、民居建筑立面、会馆建筑和装饰细节等。寺庙建筑由简洁走向繁琐的趋势，会馆建筑强调功能，风格由繁琐趋向简洁。祠堂建筑由家庭化走向社区公共空间，华人商业街体现民族工艺和传统文化。华人民居以门楣、窗楣、书法匾额等细部体现华人的文化。本章通过典型的案例探讨闽南传统建筑的海外传播、发展演变和影响。

第一节　闽籍华人移居东南亚的历史回顾

闽南地区自南朝开始与海外有联系。唐宋时期，北方移民南迁，闽南人口增加，航海事业发达使得闽南人向沿海、沿江流动，甚至漂洋过海去经商。唐宋之后，闽南地区经济社会稳定发展，对外贸易、航运发达，经济文化交流日益频繁，开始向外大量流动。王审知入闽后与海外的商业往来广泛，涉及东起新罗，西至阿拉伯地区的36个国家与地区。南宋和唐代，泉州成为第一大港口，不少闽南人到外经商与定

---

① 陈支平，闽南文化的世界性特征，闽台文化的多元诠释[M]，厦门：厦门大学出版社，2013：262
② 林华东，闽南文化：闽南族群的精神家园[M]，厦门：厦门大学出版社，2013：6

居，同当地居民通婚，遍及日本和东南亚国家。宋元时期，贸易往来逐渐增多。明朝政府设立厦门港，发展海外贸易。17世纪前后，福建华人在东南亚的人口超过50万以上[1]，移民将闽南文化带到当地，建立会所和寺庙。建筑文化影响粤北、中国台湾地区，以及东南亚国家和地区。

与中原文化相比，闽南文化具有明显的对外传播性。当时闽南人口流动主要有四个方向：一是向西，进入潮州，潮州居民在明代开始漂洋进入海南岛，两地方言保留闽南语特征。二是向北，浙江南部的洞头、玉环、平阳、苍南和舟山等，闽东和莆仙地区。第三是向东，明清以来，大量闽南人进入台湾[2]。17世纪中叶，经过近代两次大迁移，使得台湾85%的居民操闽南泉州腔和漳州腔。明代时期，福建的造船技术有较大发展，航海技术和罗盘使得商人能够开展贸易。当时东南沿海风浪巨大，很多闽南人随着商船漂流直下，早期的移民基本是靠着海边落户。明清以来，闽南的移民持续了1000多年，至今没有改变。[3]东南亚各国的闽籍人大多是在明清时期移居，如表8-1所示。

闽南传统建筑的海外发展与传播是海外华人社会文化的重要组成部分。闽南地区的华侨大多侨居在东南亚地区，海外的闽南传统建筑是闽南传统建筑发展、演变、传承的重要一部分。以新加坡、马来西亚和台湾为例，闽南华人的海外住宅、祠堂、寺庙和会所体现闽南建筑特征、装饰元素及文化内涵。

厦门口岸出国人数统计（1875-1949）　　　　表8-1

年份	人数
1875~1882年	402546人
1891~1927年	2586647人
1931~1940年	370110人
1946~1949年	115853人
1875~1949年	3475156人[4]

闽南人早先向海洋谋生的习惯和传统，使得闽南文化在海外的影响沿着海岸线分布。闽南语作为东南亚华人的主要的方言，据学者估计，在海外说闽南话的人估计近1000万人。东南亚华人融合了厦、漳、泉的口音，说闽南语人数最多，与现在的闽南话基本接近。

---

① 马可·波罗，马可·波罗游记 [M]，福州：福建科学技术出版社，1982
② 林华东，闽南文化：闽南族群的精神家园 [M]，厦门：厦门大学出版社，2013：39
③ 林华东，闽南文化：闽南族群的精神家园 [M]，厦门：厦门大学出版社，2013：38
④ 陈衍德，卞凤奎，闽南海外移民与华侨人 [M]，福州：福建人民出版社，2007

一、新加坡

新加坡是以华裔为多数的多民族国家，闽南人数量较多。根据1998年的人口统计[①]，华裔人口占多数，尤其是闽籍和潮汕的移民。新加坡早先移民从事贸易，目前华裔主要是第三代，需要和不同文化的人们相处，掌握普通话、闽南语和英语等。

二、马来西亚

马来西亚的华裔主要是在明朝、清朝和民国期间从福建地区迁移过去，被称为"大马华人"。大马华裔受多文化的影响，形成新的华族群体，也称为峇峇娘惹或土生华人。海上贸易的发展，使马来西亚由印度教和佛教为主转变成伊斯兰教为主。马六甲至今保留郑和有关的遗迹。明朝实行海上禁运之后，华裔母语混杂福建方言和马来语。现在马来西亚的华裔基本上能说多种语言，如闽南语、潮州话、客家话、英语和印度语。马来西亚华人传承福建、广东和海南的风俗文化、建筑和饮食。据2010年统计，华人占人口的24.6%。

第二节　光鲜亮丽、精致繁复的宗教装饰

一、海外宗教建筑的渊源

闽南的海外贸易历史悠久，明代以后，闽南人到东南亚谋生和定居越来越多，被卷入东南亚的劳动力市场。闽南移民把家乡的劳动工具、宗教信仰、民俗文化和建筑形式带到海外，丰富当地文化。从某些程度说，华侨史也是中华文化的传播史。闽南人将儒道释信仰带到中国台湾地区，以及新加坡等国家，兴建寺院等。有学者认为清代至民初，闽南文化传播到中国台湾和东南亚地区，成为"海洋文化"的一部分。[②]寺庙建筑延续传统的形式和装饰，追求鲜艳亮丽、多样

---

① 周长楫，闽南话概说，福建人民出版社，2010

② 曾阅、粘良图，惠安石工与闽南石文化[A]，惠安民俗研讨会论文集[C]，1992

融合的装饰风格。

　　海外的中式寺庙很多，大多采用二进式建筑，如图8-1所示。东南亚等地寺庙的装饰构件多数来自于福建，布局与闽南地区传统建筑相类似，如图8-2所示。东南亚各地寺庙运用石雕装饰，传承闽南建筑风格。民间信仰在一定程度上体现祖籍地，中国祖先崇拜神明的信仰在东南亚依然有影响。海外的宗教建筑和宗教文化成为华侨在异国联系家乡人的精神纽带，是闽南地区与海外交流的纽带。新加坡的闽籍华侨很多，供奉的神明和宫庙由闽南祖庙的香火分灵后带去新居住地。如清水祖师、妈祖和保生大帝等神的主庙在大陆，海外的宗教建筑从大陆将神请到分庙。新加坡的凤山寺供奉保生大帝，附属于新加坡南安会馆，由泉州南安凤山寺的香火分灵后带到新加坡。如图8-3、图8-4所示，新加坡的凤山寺传承闽南传统式建筑，石雕构件从惠安出口，装饰材料来自中国，工匠是从家乡聘请的。2013年该建筑落架大修，聘请北京故宫博物院进行测绘，同安的木匠、永春的彩绘师傅等古建师傅共同完成修缮，并到祖籍地泉州南安举行分神活动，加强对中华文化的认同感。凤山寺供奉的保生大帝作为祖神认同的象征，将移民信仰整合起来，加强认同基础，维持华人内部和周边的友好关系。

图8-1 吉隆坡的关帝庙

图8-2 吉隆坡的关帝庙塑像

图8-3 新加坡凤山寺

图8-4 新加坡凤山寺室内

"据不完全统计，全世界的妈祖庙有2500多座，信众达到2亿多，福建有妈祖庙100多座，台湾500多座，其他50多座。"新加坡的天福宫，建于1841年，是华人移民为报答海神妈祖的神佑而建的。庙宇采用传统的建筑式样，内部和装饰结合多种国家的材料，如苏格兰的铁器、荷兰台天特的陶器、英国瓷砖和中国出口的花岗石龙柱，有学者称之为"国际性建筑"。宗教建筑催生了华人社区，天福宫周边是厦门街，居住着闽南移民，旁边是福建会馆。现在天福宫对面是福建会馆的新馆。凤山寺旁边是南安会馆，周围也是华人社区。共同的信仰成为纽带，加强向心力和凝聚力。寺庙成为华人社区重要的精神支柱，加强华人的团结、促进精神联系，成为闽南文化传播的途径。

二、宗教建筑的形态与装饰特色

寺庙装饰集中在额枋、吊筒、石柱、斗栱、雀替和斗抱等。题材主要是历史故事、花鸟植物和山水楼阁等，雕刻技法精细。新加坡和马来西亚寺庙的装饰构件大多来自中国的闽南地区。鸦片战争后，厦门成为对外开放的商埠，不少石工在厦门开设石店，很多石雕构件如石柱和石窗，向台湾、印度尼西亚的泗水、滨塘和仰光等东南亚地区出口。新加坡的普陀寺、普觉寺和天福宫等的石料大多来自惠安石工。据新加坡的华侨回忆（1839~1841年）建造天福宫："龙柱、石雕、琉璃瓦都是从泉州运来的"[①]，马来西亚槟城极乐寺的木构件装饰，部分来自莆田仙游的龙威公司，2004年龙威公司为极乐寺建造两尊高8米、重量为4.5吨的大型力士铜像。仙游的游良照与木雕艺人到台湾对天后宫的庙宇重建进行雕刻装饰设计，对台湾、金门等的传统建筑进行重建和修复，扩展闽南传统建筑的影响力。

海外的华人寺庙常融合多种神仙。如天福宫体现闽南移民多元融合的宗教信仰。天福宫主殿供奉妈祖，后殿供奉着佛祖释迦牟尼的塑像，还供奉着高1米的孔子坐像，两像遥遥相对。孔子像左右是观世音和弥勒佛，前面则是刘备、关羽、张飞的立像。孔子像上方一条红布贴着"孔子先师"四个金字，案上香烟缭绕。这种多神并存、多元融合的现象与闽南地区宗教文化繁荣、多元融合相似。

闽南人尊孔崇儒，传统文化移居外地后在各地城市兴建孔庙，规制和形式为传统式样。寺庙建筑大多采用惠安出口的石刻雕柱，如印尼的泗水文庙，在当地还成为制度化的孔教会。寺庙建筑影响华人建筑形式与装饰风格，对当地文化也具有一定的影响。马来西亚华人的信仰主要是佛教和道教、基督教和天主教等。有些祭拜的神明是从中国带入的，如妈祖和观音。有学者认为："闽南传统的祖先崇拜和宗教崇拜对于

---

① 新加坡晋江会馆纪念特刊

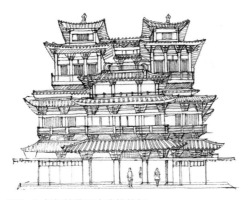

图8-5 新加坡佛牙寺建筑外部

图8-6 新加坡佛牙寺建筑内部

海外华人社会的重建宗族组织结构有重要意义"。①

宗教通过建庙、游神、礼器和民俗用具等与中国的宗教组织产生联系。宗教随着海外华人的迁移在当地生根落脚，寺庙建筑和装饰成为宗教文化的物质载体。新加坡厦门街的道教建筑精巧灵活，多层楼阁平面复杂，翼角突出，装饰题材多样。楼阁隐喻仙都，可登高眺望，体现道教民间化、世俗化倾向。寺庙建筑布局传承宗教习俗和室内装饰，如八仙桌、贡盘、香炉和灯架等。建筑装饰上，海外的宗教建筑结合了宫廷建筑和传统建筑的装饰风格，装饰的艺术性和审美价值得到强化。新加坡的佛牙寺立面结合传统式样和现代材料，内部多用木雕贴金，装饰繁密、金碧辉煌（图8-5、图8-6）。华人通过宗教活动，增进海外华人的交流和团结。宗教活动和建筑，有利于增加中国与东南亚华人的沟通交流，增进文化的认同感。

第三节　布局简洁、功能多样的会馆建筑

一、海外会馆建筑的渊源

会馆是同乡或商人的联谊之处，可为宾客提供吃住的空间，带有公共性、聚合性和居住的功能。会馆兴起于中原的明代末年，兴盛于清乾隆时代。②中原会馆建筑，

---

① 曾玲，从福建南安的"炉内潘"到新加坡的"潘家村"，南洋华人宗族村落的个案研究，闽南文化的多元诠释，厦门大学出版社，2013

② 孙大章主编，中国古代建筑史，第5卷，中国建筑工业出版社，2009：26

娱乐主要通过戏台观看戏剧。海外闽籍华人崇尚寻根尚祖、不忘祖籍地，移民需要交流、互补和协同，通过会馆加强与祖籍地的联系，相互提携照应。会馆兼有同乡会和工商会的性质，常用堂号纪念祖籍地。海外华人会馆建筑布局无一定格，比较注重功能和组织。早期工匠兼任建筑师，他们从实践中传承传统建筑的色彩搭配和建筑细部。早期的会馆建筑为院落式，采用中国传统的民族形式，平面上运用开间式，歇山坡面屋顶，细部装饰体现吉祥内涵。马六甲的永春会馆，屋顶用传统的瓦片，花头和垂珠等构件，显示浓厚的闽南传统建筑特征。海外会馆是自发建立、自我管理、相互帮助、共叙乡情的组织，有利于加强族群的文化共识，保留和传承语言、风俗和文化习惯。

二、会馆建筑及装饰特色

早期会馆重视厅堂空间的装饰，造型华丽，是移民寄托乡愁、联络乡亲、抵御外侵、团结华人、排忧解难和文化共识的载体。华人按照移民的原地区形成会馆或同乡会，有利于海外华人社区和中国城的形成。近代以来，各地纷纷建立以祖籍地划分的会馆，如在新加坡注册的潮州会馆和闽南会馆较多。29个会馆中闽南祖籍的会馆有18个，体现闽南移民数量众多，在东南亚的海外华人移民中占多数。新加坡的厦门街（英文Amoy Street）是当年根据闽南语发音直译的。世界各地有100多个城市的路或街叫"厦门街"，体现新移民形成的社区。如图8-7所示，马来西亚马六甲的福建会馆的石雕、木雕的装饰构件不少来自中国。

会馆虽然有些转型，但文化宗旨依然不变，会馆在今天依然有影响力。近年来重建会馆趋向简洁的造型，新会馆建筑一般是骑楼形式或典型的方盒子，立面简洁、功能明确，平面布局清晰。新会馆一般是独立的建筑，建筑外部的装饰很少，文字装饰

图8-7 早期福建会馆（马来西亚马六甲）①

图8-8 福建会馆（新加坡）

① 图片来源：http://blog.sina.com.cn/s/blog_64bcdcf60100omwe.html

表明会馆身份（图8-8）。新会馆建筑外立面比较简洁，很少使用富丽的装饰构件和传统材料等。有些会馆出租部分写字楼等办公区用于维持会馆的管理。一楼通常作为店面，出租的收入供给会馆的日常资金运作。会所在高层设置办公区、展示区、娱乐区、会议区和供奉神像，强调团队精神。馆内常有小型神龛，供奉神灵，保佑经营有成，福建会馆多供奉海运保护神妈祖。会馆内部以适应集体活动为主，会馆空间以聚会为主。一般设置厅堂，传承娱乐功能，利用现代化的音箱、电子屏幕和设备设置唱歌和娱乐空间。会所内部接待大厅通常用传统的木家具、匾额、书法和国画等中国元素营造氛围。海外环境的华人建筑在装饰上融合中西方元素，是多元文化的体现，体现时代的特色。

闽南海外的华侨向本土文化整合与回归。他们建造祠堂、同乡会，祭祀祖先和传播中文教育。早期一些华人在海外积聚财富，后用于家乡的建设，做了不少好事。一些华侨为家乡造桥修路，办学校，建立医院。如马来西亚永春籍华侨领袖李延年，在家乡捐资修建永春医院和永春文化馆等公共建筑。华侨的建筑文化更多体现在他们捐建的家乡祠堂。祠堂常常运用传统的建造和装饰方法，华人的意识里，祖籍地才是"家乡"，在家乡用传统方式修建的祠堂和家庙有利于佑荫在海外的子孙。这也许与当年的华人文化认同感相关。

第四节　寄予乡愁、团结互助的宗亲建筑

一、宗亲建筑及渊源

闽南文化的传播带有宗族性、聚居性和稳定性的特征，随着闽南人的迁移，文化的传播和影响更广泛。泛闽南文化区包含使用闽南语的地区和受闽南文化影响的区域。福建商人在海外以市场交易和经济贸易为主，通过社会文化加强联系。闽南移民到海外形成自成体系的社会文化圈，以宗亲会馆为依托的宗族文化很显著。宗亲会馆是节庆和丧事的依托组织，有议事和娱乐功能。随着闽南人移居海外，宗族和家谱常常断代。海外家族带有"选择性"地认宗，他们指认某个地区为宗族的迁徙地。宗亲会馆的成立，一定程度上打破以祖籍地划分的华人文化圈，有利于华人社交圈的团结互助。

19世纪的东南亚形势比较严峻，华人需要自己的社团和组织。东南亚的宗族社

会是在当地的环境下重新建构的。在移民初期，华人组织和宗族社会重建，做出调整和联合，传承祖籍地的传统和文化习俗。经过几个世纪的变迁，在新加坡等东南亚国家，宗族文化逐渐融入当地的华人文化传统。从宗族文化的变迁中可以看出闽南文化的传播、中华文化中海外华人的传承，也体现华人在移民地的社会文化环境下发展出地域特色。新加坡的"潘家村"是南洋华人宗族村落的个案。新加坡的潘家村和横山庙发展为南洋潘氏总会，新的横山庙成立，还举办了宗亲恳亲联谊大会。宗亲会走向更广阔的范围，成为全世界华人"虚拟"的祖先。

二、海外宗亲会馆的装饰特色

宗族建筑一般保存较好，按照传统的样式进行修复。会所是用于管理公共资源、用于会员交流和娱乐的地方（图8-9）。新加坡厦门街的荥阳郑氏宗亲总会，是一座骑楼式建筑，"荥阳"是河南的地名，闽南很多地区的郑氏建筑常见"荥阳衍派"。总会的一层门额正中高挂"荥阳堂郑氏总会"，如图8-10所示，为传统的黑色匾额，金色的字体，下方是一行较小的英文。匾额两边各挂着纸灯笼，上面写着郑字，灯笼的形态是传统式样，在闽南地区的丧葬仪式或宗祠建筑中才能见到。宗亲会是民间自治组织，依靠会员捐款购买土地和修建会所。新加坡荥阳总会负责人介绍他们每年在传统节日举行游街活动，如春节，华人聚集一起欢庆。宗亲会所传承闽南的风俗习惯，如送葬仪式，宗亲会按照传统习俗进行送葬，穿上统一服装，敲锣打鼓。服装按照传统的中式手法，在新加坡定制加工。服装上绣制中国的龙纹和会所标志，用于庆典和送葬仪式。宗族文化习俗是从闽南文化中传承和演化出来的。宗亲会作为民间组织，打破不同地域华人的界限。它们在庆祝传统节日、传承丧葬风俗、会员相互帮助和寄托乡愁方面发挥重要的作用。新建的宗亲会馆，传统装饰元素运用较少，室内空间传承传统空间氛围。

图8-9 新加坡许氏总会

图8-10 新加坡郑氏总会门额

第五节 文化认同、普惠族人的家庙祠堂

一、海外祠堂建筑及渊源

祠堂对中国人来说很重要，移居海外的华人同样重视祠堂。台湾历史学家许倬云曾提到："文化的传承如同是大海深处的洋流"。有学者认为文化是一种"根"，它通过个体和民族特性的遗传，以"集体无意识"的形式给个体的精神结构某种"原型"。

明清时期，闽南地区的对外移民成为一种常态和趋势。很多海外移民是人数较多的家族，以父子、兄弟和亲属相互连带。这种连带家族的海外移民，使得他们在海外的生活方式较多地保留传统。家族的聚集、民间宗教和乡族文化的延续，使方言和风俗习惯被保留下来。在海外的环境下，文化教育和娱乐方面通过言传身教，获得良好的传承。华人祠堂分为两类，一种建于家中，另一类建于家宅之外。祠堂为宗族祭祀而用，作为议事、祭祖和执行会议的多功能社交场所。祠堂建筑一般为二进建筑，规模相对较小，中间是正厅，面积最大，供奉祖上的木主。左边是祀贤祠，供奉具有功名或对族人有贡献的祖先，右边是配享祠，供奉赞助、修葺的祖先①。如图8-11、图8-12，马来西亚吉隆坡的陈氏宗祠，大厅高大华丽，建筑式样和装饰模仿广东的陈家祠，是缩小版的宗

图8-11 吉隆坡陈氏宗祠

图8-12 吉隆坡陈氏宗祠

---

① 苏万兴，简明古建筑图解［M］，北京：北京大学出版社，2013：19

祠，不少构件来自中国，还聘请了不少国内工匠。以祠堂和家庙为依托的家族文化在海外传承，形成富有中国特色的文化象征。有学者认为："闽南沿海商人向海外移民，很大程度上传承和保留了祖籍地的生活方式①"。闽南商人移民到海外，将日常的生活用品也带到海外。在马来西亚槟城的娘惹博物馆，是用华人的住宅改造的，保留了主人收藏的各国工艺品，很多生活器具来自闽南地区。如永春的"漆篮"，是闽南特色的民间工艺，主要用于器物、嫁妆和祭祀等。早先华人较少考虑到国家和地区的界限，甚至淡化移民地国家，他们死后，在祖先灵位上，大多认同自己的福建祖籍身份，而不是东南亚的新居民。20世纪中后期有所改变，华裔后代对移民地的认同感加强。

家庙和祠堂传承中国的传统建筑式样和文化传统。海外的闽南移民用以家族的祠堂为依托的精神纽带和精神家园，记载祖先移民的历史，通过积淀和传承有利于形成文化认同、价值观认同和祖先认同。宗祠蕴含中国民族文化和闽南的地域文化特征。据马来西亚槟城永春会馆会长介绍，他们传承祖先的宗族辈分排序，近年来他们多次来大陆恳亲，参与族谱的修订和续编。

海外的宗族文化，"祖先"经常不是指血缘关系的祖先，更多是带有人为选择的结果。如马来西亚吉隆坡的陈氏书院，将开漳圣祖陈元光作为祖先供奉，放在祖先灵位的右侧。据学者研究，开漳圣王是福建、台湾和东南亚的民间信仰，拥有较高地位。像陈灵光这样"祖先"与子孙后代不一定有明确的谱系或血缘关系，作为同姓的名人，被追认为先祖，就像中华民族通称"炎黄子孙"。这种选择性的重建宗族体现了广泛意义上的宗族关系的建立和文化的传承。华人的传统文化和信仰依靠各种庙宇和祠堂保留。马来西亚槟城的鲁班古庙，体现了华人移民对匠人精神的尊重，丰富了移民地的文化。

海外移民在重构宗族社会时需要将传统的文化资源进行适当的调整，以适应新的社会文化环境，这与祖籍地的文化不大相同。家族化扩大或公共化，使得一些宗祠原先供奉的祖神逐渐被神明取代，宗祠改成寺庙，让更多华人参拜。如新加坡的潘家村"横山庙"，原来是宗祠，后来成为庙宇。

二、海外祠堂建筑装饰特色

闽南人移居海外，将国内的建筑和装饰特色带到国外，结合当地的文化，形成中西合璧的建筑装饰。海外的家庙、祠堂建筑大多模仿国内的，并购买国内的装饰构件，聘请国内匠师去施工，从形式到内涵传承闽南传统建筑和装饰文化。如马来西亚槟城陈氏祠堂，木雕、交趾陶、石雕等装饰构件来自中国（图8-13、

① 陈支平，闽南文化的世界性特征，闽台文化的多元诠释，厦门大学出版社，2013：264

图8-14），它作为广东陈氏宗祠的缩小版，建筑布局与国内陈家祠相似。据文献记载，1894年广州陈氏书院成立（图8-15），马来西亚华侨陈秀连到广州参加陈氏书院的成立典礼，回马来西亚后他希望在吉隆坡建立一个同样的书院。在建造过程中很多建筑装饰构件来自国内，许多砖瓦、瓷雕和陶雕都是从广州运来的。石柱子是由马六甲运来的，并请中国的工匠师傅修建、石雕师傅雕刻。随着家族成员的壮大，陈氏书院成立了家族理事会，组织祠堂建筑的修缮和重大节日的庆典等活动。建筑为抬梁式结构，硬山式封火墙，二进二落。海外的宗祠建筑，凸显中国文化的身份和民族自信。马来西亚的陈氏书院墙上采用粉绿色、黄色鲜明的色彩，相比广州陈氏书院的灰砖，色彩鲜艳、对比明显，突出建筑识别性，如图8-16所示。吉隆坡的陈氏祠堂在建筑结构、空间布局、细部装饰、文化内涵、民俗文化方面传承了传统文化，如表8-2所示。建筑结合一些现代材料、色彩上的夸张运用、多元文化融合的价值取向。建筑的色彩取向受当地的地理气候、人文环境、地域审美等综合的影响。建筑体现了海外华人建筑的衍变，融合当地特色和民族文化暗含华人在海外环境下的建筑适应性。

图8-13 马来西亚槟城祠堂

图8-14 马来西亚槟城祠堂

图8-15 广东省陈氏书院①

图8-16 马来西亚吉隆坡陈氏书院

① 图片来源：blog.sina.com.cn/huxiaodongfang

广东陈氏书院与马来西亚吉隆坡陈氏书院比较　　　表8-2

	广东陈氏书院	吉隆坡陈氏书院
成立时间	清光绪十六年（1890年）	建于1906年
现在功能	广东民间工艺美术馆	陈氏祠堂
占地面积	15000平方米	
建筑面积	6400平方米	
过去功能	客厅、私塾、聚会、供奉祖先	客厅、私塾、聚会、供奉祖先
结构	抬梁式结构，硬山式封火墙，三进三路九堂两厢	抬梁式结构，硬山式封火墙，二进二路
装饰特色	"三雕两塑一彩一铁"，木雕、砖雕、石雕、灰塑、陶塑、彩绘、铜铁铸装饰	木雕、石雕、灰塑、陶塑、彩绘
装饰题材	花鸟、瓜果、历史人物	历史人物
建筑色彩	灰砖	浅绿色

第六节　民族工艺、文化窗口的华人街区

一、华人商业街区的文化渊源

从明代开始形成和发展的海外华人经过数百年的奋斗，在世界各地开始成立有显著特征的"中国城"或"唐人街"。如新加坡的牛车水、马来西亚吉隆坡的茨厂街的中国城。这些区域充满中国传统文化特色，显示闽南商人移民海外后自觉传承传统文化和生活方式。至今中国城和唐人街依然发挥文化桥梁和传播的作用。

新加坡和马来西亚有较大规模的中国城，当年数以百万的华人居住在中国城中。华人移居到陌生的国家，语言不通，环境生疏使得他们聚居在一起，形成特别的城市区域和建筑形式。华人建筑区域的装饰有一定的文化传承。大多数在城镇中心租场地，底层开店，上层住人，形成骑楼街区。早期中国城的道路及交通比较拥挤。近年来经过外部环境改造，内部空间得到提升，居住和商业的环境质量有很大的提高，以物美价廉的商品吸引游客观光。如图8-17所示，新加坡的牛车水，夜市非常繁华，有地铁站和直达的公交车，便于游客购物。马来西亚的茨厂街也是当地的华人街，中国的餐饮、小商品交易比较发达（图8-18）。

海外中国城早先以经营民族特色的工艺品、旅游纪念品为主，如陶瓷、丝绸、工

图8-17 新加坡牛车水中国城　　　　　图8-18 马来西亚吉隆坡茨厂街中国城

艺品等。早期的经营档次不高，近些年店面进行装修和提升，品牌意识逐渐加强，如新加坡牛车水的"谭木匠"，经营木梳等系列产品。中国城的发展反映闽籍华人在东南亚的艰难创业和面临的生存危机。民族特色的品牌化是中国城发展的重要出路。建筑文化吸收外来文化，中国元素有利于团结华人。我们今天的地域建筑应坚持中国文化传统，繁荣建筑文化，创造具有地域特色的新建筑。

　　新加坡和马来西亚华人较多，拥有华人报纸、电视台等媒体传播文化。华人的社团、教育和华人的报刊成为文化传承的工具。马来西亚有1000多所华文小学，60多所中学传播中文教育。华人的生活区和教育随之扩大，更多融入当地的生活。现在中国城的居民受到的教育程度和职业已经有相当的改变，不少人成为中产阶级，有些华人移居到郊外，形成新的华人居住区。

二、华人商业街区的建筑装饰特色

　　中国城的商店招牌一般都是中英文标识，上方大字是中文，底下小字是英文。商品的招牌和室内的装饰，具有显著的中华文化特征。装饰的形状和形式传承闽南传统装饰，如注重门楣装饰与匾额。通常匾额是黑漆底色，上方用金字，以繁体字为主，由右向左排列，匾额下方常有两只木雕狮子作为"匾托"。中国城经营的主要是特色的中餐、小旅馆和小商品，常见中国特色的丝巾、传统服饰、工艺品、旅游纪念品、装饰挂件和化妆品等。商品主要是针对游客的，价格便宜，夜市比较热闹。新加坡牛车水，环境改造后，挂起了中式的灯笼，便利的交通给中国城带来较多的旅客。店主一般是华裔的二代或是三代，掌握多种语言，一般能说普通话、粤语、闽南语、英语和印度语等。这体现华人的智慧勤奋，为适应迁移地与来自不同地区的人们来往。

第七节 书法门楣、雕刻工艺的现代住宅

一、华人现代住宅的建筑特色

闽南建筑文化随着闽南人移居异国他乡影响其在移居地的建筑、装饰及家具布置。多元文化影响移民建筑的特征。闽南人在海外谋生，在异乡形成华人的集聚区，建筑装饰元素凸显华人文化与身份。

随着海外移民华人区商业的发展，零售业繁荣，店面与住宅连在一起，称为"骑楼"或"五脚架"。沿街用柱廊式骑楼，有两层、三层或四层的高差。单体建筑多为纵向布局，楼相连，凹入成了连廊长街，结合闽南式建筑和街坊建筑。夏天能遮阳，雨天照样经营，适应东南亚炎热多雨的气候。闽南的厦门、台湾、漳州和泉州都有此类建筑的商业街。新加坡的牛车水（中国城）有不少这类居住与经商结合的建筑。

"左尊右卑"观念在海外得到继承。金门传统建筑的房间遵循"左大右小"，父母居住在左边的大房，儿女居住在右边大房和厢房。祭祖拜神方面，金门遵循"左祖右神"的摆放顺序，《金门县志》中认为庙是神的居所，因而为大，家是人的居所，人为大。新加坡和马来西亚遵循神龛放置两边，中间是祖先牌位的风俗习惯。寺庙则奉行"左大右小"。神像布置按左右等级排列，左边是祖先的牌位，右边放置神像，供奉观音、灶君和土地公等。闽南地区和台湾则是神像居左，祖先牌位居右，体现"神为大，祖为小"的观念。

二、现代住宅装饰符号的运用

建筑装饰作为文化符号，匾额则成为文化象征，暗含主人的民族文化和身份。如图8-19所示，槟城的陈氏祠堂（今娘惹博物馆）匾额写着慎之家塾，对联写着"荥阳盖泽锦先祀，高密遗经启后人"。槟城的叶氏宗祠，在门楣和对联中表面身份。门联："古瀨分支远，南阳衍派长"，表明家族从南阳迁徙（图8-20）。

相比闽南地区，新加坡的骑楼建筑运用更多的西式装饰元素，如用西式的柱头和卷草纹（图8-21、图8-22）。闽南地区有不少用红色清水砖拼花而成，柱头和檐下

图8-19 槟城陈氏祠堂大门

图8-20 槟城叶氏祠堂大门

图8-21 融合中西装饰的华人住宅

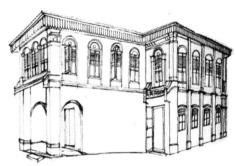

图8-22 细节体现中西装饰文化

装饰花纹，檐顶运用绿色釉质花瓶或山墙装饰。除中西结合的装饰元素，招牌装饰尤其重要。海外华人的传统招牌一般以木板制作，悬挂在檐下或牌楼的立柱上，写上店名，往往用两种文字，上方是大字中文，下方是小字英文。匾额下还有扁托，一看便可认出华人的商店。骑楼的建筑形式和中西装饰元素的运用，体现亚热带劳动人民的创造性和智慧，也是人们适应环境和多元文化影响下的结果。

古典家具在华人的宗祠、会所中十分常见。以清式为主的风格、纹样复杂、细部繁琐，局部带贝壳和玉石镶嵌，如八仙桌、太师椅。马来西亚的娘惹博物馆（前身是陈氏宗祠）可以看到各式传统木雕家具和漆篮等中国的工艺品。中国的古典家具在海外受到华人的欢迎，很多家具由中国运输到海外，消费的群体也扩大化。

海外的华人建筑发展闽南传统建筑色彩，大量运用中华民族象征的红色和对比的色彩表达生活美学。如以红色为主色调，运用互补色的绿色，营造鲜明的色彩。新加坡牛车水中国城的公交车站、中式凉亭和马来西亚吉隆坡的关帝庙等，建筑以红色和绿色为主要色彩对比。新加坡的建筑色彩形成外观上的美感，更形成一种强烈的追求，强化中国特色、民间吉祥意义和精神的自由。

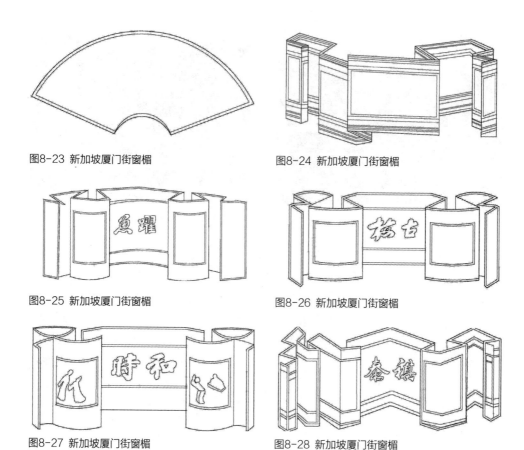

图8-23 新加坡厦门街窗楣　　　　　　　　图8-24 新加坡厦门街窗楣

图8-25 新加坡厦门街窗楣　　　　　　　　图8-26 新加坡厦门街窗楣

图8-27 新加坡厦门街窗楣　　　　　　　　图8-28 新加坡厦门街窗楣

东南亚华人建筑的装饰细节也体现了闽南传统建筑装饰的传承。海外华人在建造祠堂、第宅和陵园时，热衷运用中国传统的符号，如图8-23~图8-28。各种窗楣和门楣，运用文字点名主题，古典的造型元素用于建筑的立面装饰。民国时期华人建筑装饰引入西方的立体表现，门额和窗额的造型继承园林的书卷额，引入透视，增加空间感。新加坡的陈氏宗祠，门额是书卷额的变体，体现青绿山水的装饰题材，造型具有空间感和趣味性。传统建筑装饰符号的运用成为海外华人的载体，如图8-25，图8-26，"古梅"、"鱼跃"的窗楣包含传统园林文化意境。在图8-27和图8-28的"祺泰"、"和时"包含平安吉祥的美好理想。闽南文化的海外传播和影响，对东南亚的发展具有重要意义。

（本章研究受王式廓基金会的资助，在此表示感谢）

结 语

　　闽南地处福建省东南部，传统建筑细部精美、手法多样、内涵丰富，是闽南历史文化的见证和中华文明的重要组成。本书通过分析闽南传统建筑的装饰特点，以传承和保护传统建筑、发扬地域建筑文化为目的，探讨闽南建筑装饰的表达。主要研究闽南传统建筑的文化根基、装饰特征、工艺技法、图像构成、文化内涵、传承创新和海外影响等。研究的要点归纳如下：

　　一、闽南的建筑材料和装饰体现人与自然环境、社会文化环境、生产经济条件、宗教信仰和民俗文化共同选择和适应的结果。

　　闽南传统建筑根植于多元文化环境。环山近海的地理位置、山地丘陵的环境、温暖湿润季风性气候使建筑满足隔热、通风、遮阳、抗震、防风和排水等功能。木材、砖瓦、石材、黏土、牡蛎壳和陶瓷等乡土材料体现因地制宜、就地取材。青山绿水的环境需要建筑与环境协调。北方移民多次南迁带来中原的建筑和文化。方言的形成、人口迁移、古越文化、海外商业贸易、自然阻隔和中原礼制传承等共同形成闽南文化。由于商业的发展，富裕的商人和华侨注重建筑装饰。民俗、泛神信仰、多宗教、工艺美术、吉祥心理等影响传统建筑装饰。

　　二、闽南传统建筑装饰传承中原，在装饰的部位、特征、名称、造型和工艺手法顺应材料特性，具有地域特色。

　　闽南传统建筑装饰传承中原的建筑文化，承载着文化的记忆，是多元文化的浓缩。闽南传统建筑装饰部位名称和特征与宋《营造法式》和清代《清工部工程做法则例》不同。以穿斗式和混合式的结构，在凹寿、天井周边、中堂、屋顶等重点装饰。特征归结为：红砖白石翘屋脊，出砖入石牡蛎墙，木雕石雕层次多，交趾陶彩绘和剪粘。红砖和白石的搭配，优美轻盈的屋脊线，砖雕的色彩鲜明，石雕的层次丰富，彩绘灵活多样。闽南传统建筑装饰的工艺类型与表现手法丰富，采用木雕、砖雕、石雕、泥塑、剪粘、交趾陶、彩绘和油饰等手法。

　　三、闽南建筑装饰题材丰富，传承中原的传统题材，运用地域特色的热带瓜果、华侨人物形象、海洋生物类纹样等。题材包含从天上到人间的缩影，表达天、地、人、神的世界观和对宇宙的理解，折射地域民俗和文化。装饰美学趋向艺术化，建筑装饰由宗教题材走向丰富多元的民俗题材。

　　装饰图像的空间建构、装饰形象与构件结合，整体布局具有叙事性。图像包含吉祥瑞兽、神仙人物、花草植物、人物纹样、器物、文字和几何纹样。题材反映平安幸福、多子多福、延年益寿、取得功名的追求，以及对美好生活的期盼。装饰顺应材料特性，材质和色彩形成层次感，雕刻增加立体感，铺面装饰和线条强化透视感。传统建筑装饰的审美受到中国画的影响，追求气韵生动、线条有力、强化特征、色彩明快、整体布局和构图均衡。装饰的表现手法包含：谐音、寓意、象征、符号等。楹联和书法升华建筑意境，体现趣味美。

四、闽南建筑的装饰在空间布局、文化内涵和装饰题材传承自中原文化，结合地域性的表达。装饰图像内涵丰富，体现价值观念、道德理想和文化心理。装饰的图像内涵与空间布局构成整体的叙事系统，以形象表达人们的精神理想。闽南的建筑装饰受多元文化的影响。

闽南传统建筑装饰分布在重要结构、空间界定、公共空间和视线中心，注重人的尺度及精神体验。装饰引导人们从入口走向中堂，从对将来的期盼到追溯祖先，空间体现过去和未来的时间性。装饰程度影响人们的行进速度。装饰内涵体现文化心理、满足功能、审美习惯、祖先崇拜、泛灵信仰、家族文化、社会交往、祈福心理和自我认同等，表达主人的高尚道德、高雅趣味、崇尚读书和乐善好施等。厦门、泉州和漳州的建筑装饰具有共性和差异性。闽南传统建筑受佛教文化、华侨文化、伊斯兰教文化、基督教、儒家文化和商业文化的多元影响。

五、闽南传统建筑装饰保护有利于保护古建筑，传承地域文化。

闽南传统建筑面临濒危的处境，本书提出可持续发展的策略：建设和保护的统筹、整体景观的保护、内外环境的提升、专业人员的参与、建筑装饰的重点保护等。闽南传统建筑装饰对于现代的文化建筑、仿古街、地域建筑和乡村改造具有重要价值。通过传统建筑的改造、当代转换、传统装饰元素的运用，传承闽南精神。在"美丽乡村"建设中，以传统建筑装饰元素强化地域特色，因地制宜，探索"低投入、少维护、多收益、创品牌"的建设经验。实践中传承地域建筑文化遗产，带动产业转型，推进乡村旅游，提升人居环境，促进可持续发展。

六、闽南传统建筑具有地方性兼具国际影响力

以新加坡、马来西亚华人传统建筑为例，阐述闽南文化影响台湾和东南亚等地，验证传统建筑装饰时空的影响性。建筑和装饰承载文化传承，寺庙建筑传承宗教信仰，会馆饱和乡愁情感，宗亲建筑传承宗族文化，家庙祠堂凝聚家族情感，中国城发展小商品经济，中国的装饰元素标榜华人的身份和文化等。传统建筑和装饰有助于海外华人的团结、互助和文化传承。

七、闽南传统建筑装饰是文化的载体，是地域建筑探索的基因库，对今天的地域建筑、园林景观和乡村改造具有重要意义。

闽南传统建筑装饰具有历史价值、科学价值、艺术价值、社会价值和文化价值，蕴含价值观念、美学艺术、道德理想和思想感情等。装饰蕴含的因地制宜、就地取

材、因材施艺的智慧对地域建筑和园林景观的传承有积极的意义。建筑装饰的保护有利于地域文化遗产的保存、借鉴传统、创新运用、延续地域文脉，传承文化基因。深入研究闽南传统建筑装饰特色，有利于探索地域特色的现代建筑和园林景观，使传统文化焕发新的魅力。多学科的研究方法和多领域的融合有利于揭示闽南建筑文化内涵。

参考文献

书籍

[1] 楼庆西．装饰之道［M］．北京：清华大学出版社，2011．

[2] 罗杰斯·斯克拉顿著．建筑美学［M］．刘先觉译．北京：中国建筑工业出版社，2001．

[3] 李乾朗．台湾古建筑图解事典［M］．台湾：远流出版事业股份有限公司，2003．

[4] 康诺锡．台湾古厝图鉴［M］．台湾：台北市猫头鹰出版，成邦文化发行，2003．

[5] 林惠详．文化人类学［M］．北京：商务印书馆，2000．

[6] 吴良镛．广义建筑学［M］．北京：清华大学出版社，1989：48，51，53，54，65，140．

[7] 潘谷西主编．中国古代建筑史．第四卷［M］．北京：中国建筑工业出版社，2001：43．

[8] 曹春平．闽南传统建筑［M］．厦门：厦门大学出版社，2006．

[9] 杨莽华，马全宝，姚洪峰著．闽南建筑传统营造技艺［M］．安徽：安徽科学技术出版社，2013．

[10] 戴志坚．福建建筑［M］．北京：中国建筑工业出版社，2009．

[11] 连横．台湾通史，卷二十三，风俗志，宫室［M］．北京：商务印书馆，1983：426．

[12] 林志杰，郑政编．闽南建筑［M］．厦门：鹭江出版社，2009．

[13] 刘登翰．中华文化与闽台社会［M］．福州：福建人民出版社，2003．

[14] 林丛华．闽台传统建筑与历史渊源［M］．北京：中国建筑工业出版社，2006．

[15] 李弈兴．台湾传统彩绘［M］．台北：艺术家出版社，1995．

[16] 高珍明．福建建筑［M］．北京：中国建筑工业出版社，1987．

[17] 黄汉民，李玉祥．老房子——福建建筑［M］．南京：江苏美术出版社，1994．

[18] 金立敏．闽台官庙建筑脊饰艺术［M］．厦门：厦门大学出版社，2011．

[19] 康诺锡．台湾古建筑装饰图鉴［M］．台北市猫头鹰出版，成邦文化发行，2007．

[20] 曹春平．晋江古建筑［M］．厦门：厦门大学出版社，2010．

[21] 陆元鼎，陆琦．中国建筑装饰装修艺术［M］．上海：上海科学技术出版社，1992．

[22] 黄为隽等．闽粤民宅［M］．天津：天津科学技术出版社，1992．

[23] 李乾朗．台湾传统建筑匠艺［M］．台北：燕楼古建筑出版社，1995．

[24] 李晓峰．乡土建筑——跨学科研究理论与方法［M］．北京：中国建筑工业出版社，2005．

[25] 王耀华主编．福建文化概览［M］．福州：福建教育出版社，1994．

[26] 何锦山．闽文化概论［M］．北京：北京大学出版社，1996．

[27] 李乾朗．金门建筑［M］．台北雄狮图书出版公司，1978．

[28] 陈文．厦门古代建筑［M］．厦门：厦门大学出版社，2008．

[29] 李秋香等．闽台传统居住建筑习俗文化遗产资源调查［M］．厦门：厦门大学出版社，2014．

[30] 庄景辉等．集美学校嘉庚建筑［M］．北京：文物出版社，2013．

[31] 高灿荣著．台湾古厝鉴赏［M］．南天书局有限公司，1993．

[32] 泉州市城乡规划局，同济大学建筑与城市规划学院编著．闽南传统建筑文化在当代建筑

设计中的延续与发展［M］.上海：同济大学出版社，2009.

［33］林会承.台湾传统建筑手册 形式与做法篇［M］.台北：艺术家出版社，1987.

［34］陈凯峰.泉州传统建筑文化概论——"建筑文化学"应用研究之一［M］.天津：天津大学出版社，2010.

［35］周英恋.金门民居花杆博古图研究［M］.地景企业股份有限公司，2005.

［36］郭湖生，张复合，村松伸，伊藤聪主编.中国近代建筑总览·厦门篇［M］.北京：中国建筑工业出版社，1993.

［37］方友义，方文图，彭一万，林美治.厦门城六百年［M］.厦门：鹭江出版社，1996.

［38］龚洁.到鼓浪屿看老别墅［M］.武汉：湖北美术出版社，2004.

［39］吴良镛.建筑文化与地区建筑学［M］.北京：中国建筑工业出版社，1996.

［40］王绍森.闽南大厝的建筑形态及发展对策.建筑与地域文化国际研讨会，2001.

［41］余阳，许焯权.厦门近代建筑之"嘉庚风格"研究［M］//张复合主编.中国近代建筑研究与保护（四）.北京：清华大学出版社，2004.

［42］谢春池.百年厦门［M］.福州：福建人民出版社，2003.

［43］陈支平，詹石窗.透视中国东南：文化经济的整合研究（上下）［M］.厦门：厦门大学出版社，2003.

［44］林拓.文化的地理过程分析：福建文化的地域性考察［M］.上海：上海书店出版社，2004.

［45］周子峰.近代厦门城市发展史研究（1900—1937）［M］.厦门：厦门大学出版社，2005.

［46］杨哲.城市空间：真实·想象·认知——厦门城市空间与建筑发展历史研究［M］.厦门：厦门大学出版社，2008.

［47］陈泗东，庄炳章.中国历史文化名城从书——泉州［M］.北京：中国建筑工业出版社，1990.

［48］谢小英.神灵的故事：东南亚宗教建筑［M］.南京：东南大学出版社，2016：249.

［49］贺圣达.东南亚文化发展史［M］.昆明：云南人民出版社，1996.

［50］梁志明.古代东南亚历史与文化研究［M］.北京：昆仑出版社，2006.

［51］王其钧.金门［M］.北京：生活·读书·新知三联出版社，2007.

［52］何锦山编著.闽台区域文化［M］.厦门：厦门大学出版社，2004：43.

［53］陈支平，林晓峰名誉主编.闽台文化的多元诠释（三）［M］.厦门：厦门大学出版社，2013.

［54］黎小容编著.台湾地区文物建筑保护技术与实务［M］.北京：清华大学出版社，2008.

［55］魏闽编著.（德）盖奥格·瓦斯穆特顾问·历史建筑保护和修复的全过程［M］.南京：东南大学出版社，2011.

［56］（美）哈定·托马斯，等.文化与进化［M］.韩建军，商戈令，译.杭州：浙江人民出版社，1987：37.

［57］林志雄.厦门红砖民居［M］.厦门：厦门大学出版社，2014.

［58］蔡雅蕙.艺彩风华：以客籍邱氏彩绘家族为主，探讨日治时期台湾传统彩绘之源流［Z］.新竹县政府文化局.

［59］（美）J·柯克·欧文著.西方古建古迹保护理念与实践［M］.北京：中国电力出版社，2005：60.

［60］杨纶钊主编.八闽建筑大观［M］.福州：福建人民出版社，1997.

［61］顾军，苑利.文化遗产报告：世界文化遗产保护运动的理论与实践［M］.北京：社会

科学文献出版社，2005.

[62] 何锦山. 闽文化概论 [M]. 北京：北京大学出版社，1996.

学位论文

[63] 杨思声. 近代闽南侨乡外廊式建筑文化景观研究 [D]. 华南理工大学，2011.

[64] 林从华. 闽台传统建筑文化历史渊源的研究 [D]. 西安建筑科技大学，2003.

[65] 陈林. 闽南红砖厝传统建筑材料艺术表现力研究 [D]. 华中科技大学，2005.

[66] 王绍森. 当代闽南建筑的地域性表达研究 [D]. 华南理工大学，2010.

[67] 康红艳. 明清晋商民居装饰艺术特征研究 [D]. 山西大学，2012.

[68] 冯李晓琼. 江西九江地区清代民居建筑装饰艺术研究 [D]. 华中科技大学，2005.

[69] 朱雪梅. 粤北传统村落形态及建筑特色研究 [D]. 华南理工大学，2013.

[70] 黄丽坤. 闽南聚落的精神空间 [D]. 厦门大学，2006.

[71] 林申. 厦门近代城市与建筑 [D]. 华侨大学，2001.

[72] 郑琦珊. 闽南乡村聚落空间形态研究 [D]. 2003.

[73] 张开妍. 本源与超越——陈嘉庚建筑研究 [D]. 厦门大学，2003.

[74] 陈炜力. 岛居——海洋人文下的厦门城市空间形态探索 [D]. 厦门大学，2004.

[75] 杜妍莉. 泉州古城历史街区适应性再生研究 [D]. 华侨大学，2012.

[76] 陈志宏. 闽南侨乡近代地域性建筑研究 [D]. 天津大学，2005.

[77] 蒋锦锋. 石雕在闽南现代园林设计的应用研究 [D]. 福建农林大学，2012.

[78] 陈清. 论泉州传统建筑装饰的多元化特征 [D]. 苏州大学，2006.

[79] 戴志坚. 闽海系民居建筑与文化研究. [D]. 华南理工大学，2000.

[80] 关瑞明. 泉州多元文化与泉州传统民居 [D]. 天津大学，2013.

[81] 谢鸿权. 泉州近代洋楼民居初探 [D]. 华侨大学，1999.

[82] 谢弘颖. 厦门嘉庚风格建筑研究 [D]. 浙江大学，2005.

[83] 常跃中. 嘉庚建筑的保护与发展研究 [D]. 江南大学，2008.

[84] 成玫. 厦门地区传统民居的建筑语言的解读及研究 [D]. 湖南大学，2010.

[85] 郑秋丽. 泉州红砖建筑装饰研究 [D]. 华侨大学，2007.

[86] 卢平安. 闽南乡村游设计的生态文化探究 [D]. 云南艺术学院，2013.

[87] 侯晓东. 福建传统民居门窗文化研究 [D]. 福建农林大学，2013.

[88] 宁小卓. 闽南蔡氏古民居的建筑装饰意义研究 [D]. 西安建筑科技大学，2005.

[89] 杨慧娟. 泉州红砖区地域建筑 [D]. 华侨大学，2006.

[90] 薛佳薇. 泉州手巾寮适应地域气候的方法与理念研究 [D]. 华侨大学，2003.

[91] 黄东海. 福建培田传统建筑装饰艺术研究 [D]. 中南大学，2007.

[92] 林星. 近代福建城市发展研究（1843—1949年）——以福州、厦门为中心 [D]. 厦门大学，2004.

国外文献

[93] [美] Ronald G. Knapp，罗启妍. House Home Family：Lliving and Being Chinese. 新星

出版社，2011.

[94] ［日］茂木计一郎，稻次敏郎，片山和俊著. 中国民居研究：中国东南地方居住空间探讨 ［M］. 汪平，井上聪译. 台北南天书局，1996.

[95] ［美］威廉·A·哈维兰著. 文化人类学 ［M］. 北京：机械工业出版社，2014.

[96] James Alexander Cook. Bridges to modernity：Xiamen，overseas Chinese and southeast coast modernization，1843-1937（通往现代性的桥梁：厦门，海外华人与东南沿海近代化）. 美国加州大学圣迭戈分校，1998.

[97] 梅青. Houses and settlements：returned overseas Chinese architecture in Xiamen，1890s-1930s（1890-1930年代南洋归侨在厦门的房屋聚落）. 2003.

期刊论文

[98] 邹德 等. 中国地域性建筑的成就、局限和前瞻 ［J］. 建筑学报，2002（5）.

[99] 郭磊，戴志坚. 洪坑聚落建筑文化研究 ［J］. 建筑设计研究，2013（3）.

[100] 安红光. 永春岵山古民居建筑特色探索与保护策略 ［J］. 福建建筑，2012（11）.

[101] 宁小卓. 解析闽南蔡氏古民居建筑装饰意义的研究 ［J］. 2009.

[102] 陆元鼎. 中国传统民居研究二十年 ［J］. 古建园林技术，2003，12，25.

[103] 陆元鼎. 中国民居研究的回顾与展望 ［J］. 华南理工大学学报（自然科学版），1997，01，15.

[104] 李治荣，周瑜，白植盘. 文化认同视野下的闽南传统建筑保护初探 ［J］. 山西建筑，2010，09.

[105] 方拥. 泉州鲤城中山路及其骑楼建筑的调查研究与保护性规划 ［J］. 建筑学报，1997（8）.

[106] 李苏豫. 创造独特的地域景观城市——厦门地域景观特色与展望 ［J］. 福建建筑，2002（4）.

[107] 谢弘颖. 厦门中山路商业环境现状及展望——厦门中山路的传统和文化调查 ［J］. 福建建筑，2002（4）.

[108] 周红. 蔡氏红砖厝民居建筑艺术风格与装饰 ［J］. 装饰，167期，2007，3.

[109] 许丽娟. 潮汕与闽南民居建筑形态的渊源 ［J］. 设计，2013（12）.

[110] 陈琦等. 传承与发展——闽南传统民居建筑的新诠释. 建筑与文化，2010（9）.

[111] 李蔚青. 传统建筑空间的装饰意义及人文化育作用——以闽南地区传统民居为例 ［J］. 文艺研究，2008，5.

[112] 何锦山. 福建匠师对台湾建筑的影响 ［J］. 西岸关注，2008（02）.

[113] 陈清. 宗教对泉州传统建筑装饰的影响 ［J］. 艺术探索，2009，10.

[114] 罗松. 从广义建筑学角度探索闽南建筑的未来：记漳州华元北区设计 ［J］. 福建建筑，2011（01）.

[115] 汤漳平，许晶. 关于中原建筑与闽南文化关系研究的几点思考 ［J］. 闽南文化研究，2004（1）.

[116] 肖平西. 建筑中的装饰艺术研究 ［J］. 重庆大学学报，2005，11（4）.

[117] 李砚祖. 现代艺术百年历程与装饰的意义 ［J］. 艺术设计学研究，1998（1）.

[118] 刘登翰. 论闽南文化——关于类型、形态、特征的几点辨识 ［J］. 福建论坛（人文社会科学版），2003（5）.

［119］张力智．晋江市青阳镇传统住宅的风格演进及其历史原因［J］．中国建筑史论汇刊，2012（02）．

［120］王健．闽南传统建筑民居的地域性特征研究［J］．龙岩学院学报，2009-12-06．

［121］王治君．基于陆路文明与海洋文化双重影响下的闽南"红砖厝"——红砖之源考［J］．建筑师，2008，01．

［122］张清忠．金门闽南传统民居营建规制之研究［J］．海峡两岸闽南文化学术研讨会，2007．

［123］蓝达文．闽南传统官庙建筑屋脊装饰艺术及其文化内涵［J］．新美术，2013，09．

［124］叶璐．从安溪清水岩庙宇看闽南建筑美学［J］．福建艺术，2011，03．

［125］曹春平．闽南传统建筑彩画艺术［J］．福建建筑，2006，01．

［126］曹春平．闽南传统建筑屋顶做法［J］．建筑史，2006（00）．

［127］张肖，常方强．闽南出砖入石建筑装饰艺术形式探析［J］．艺海，2012（6）．

［128］金立敏．闽南传统官庙建筑中的剪黏工艺研究［J］．雕塑，2009（02）．

［129］王春娟．闽南蔡氏古民居中汉字装饰的文化观念［J］．山西建筑，2008，12．

［130］曹春平．闽南传统建筑中的泥塑、陶作与剪粘装饰［J］．福建建筑，2006，01．

［131］郑东．闽南古厝民居装饰艺术［J］．东南文化，2003，06．

［132］蒋钦全．浅谈闽南传统建筑的几种特色工艺［J］．古建园林技术，2008，04．

［133］朱立文．试探闽南文化与海洋文化的情结［J］．闽都文化研究，2004，01．

［134］唐孝祥．试析闽南侨乡建筑的文化地域性格［J］．南方建筑；2012（01）．

［135］阎璐，陈方达．以象征类比设计发解读闽南传统民居的吉祥文化［J］．福建建筑，2014（03）．

［136］王艳霞．传统民居解读及其传承意义初探——以闽南民居为例［J］．住宅产业，2011，01/47

［137］方拥．泉州南安蔡氏古民居建筑群［J］．福建建筑，1988（4）．

［138］梅青，罗四维．从鼓浪屿建筑看中西建筑文化的交融［J］．南方建筑，1996．

［139］黄迎松．厦门城市建筑风貌保护的思考［J］．福建建筑，2001（2）．

地方志

［140］福建省泉州市建设委员会编．泉州民居［M］．福建：海风出版社，1996．

［141］泉州市鲤城区建设局编．闽南古建筑做法［M］．香港：香港闽南人出版有限公司，1998．

［142］泉州市地方志编撰委员会编．泉州市志，第四册、第五册［M］．北京：中国社会科学出版社，2000．

［143］苏黎明．泉州家族文化［M］．北京：中国言实出版社，2000．

［144］江焕明．丹霞萃金漳州古城史迹考［M］．厦门：厦门大学出版社，2014．

［145］泉州市建委修志办公室编．泉州市建筑志［M］．北京：中国城市出版社，1995．

［146］福建省泉州市建设委员会．泉州建筑［M］．福建：海风出版社，1996．

［147］闵梦得 修．漳州府志（明万历版）［M］．厦门：厦门大学出版社，2012．

［148］中国历史文化名城漳州［M］．北京：中国铁道出版社，2003．

［149］张千秋主编．泉州建筑［M］．福建省泉州市建设委员会编行．福建：海风出版社，1996．

［150］泉州历史文化中心主编．泉州古建筑［M］．天津：天津科学技术出版社，1991．

后 记

我从小就生活在福建闽南地区，对故乡有很深厚的情感。记得奶奶的旧居是20世纪30年代外曾祖父自南洋回国所盖的中式洋楼，在传统三落布局的基础上，有两层楼，使得住宅的面积比较大。大厅向外有螭虎木雕窗，二层设置祖厅，厅堂有尺度较高的木梁构件。我至今依然记得老厝的天井、神龛。逢年过节大家会在中厅祭祖祈福。上小学的时候，我和家人经常穿过许内街、边之巷等。建筑细部有精美的木雕、石雕等，从大门望去，庭院的绿荫映衬着中堂。可惜奶奶的祖厝和爷爷的祖厝也都在1999~2000年左右的县城城市化大改造中拆迁，那一大片的闽南传统大厝、砖混的洋房，还有马来西亚侨领李延年故居和城隍庙等老建筑都在当时拆除改建成了密集的住宅区。记得拆迁期间，我带着相机去看古厝，脚踩着碎瓦片，在夕阳中拍了几张已经揭掉瓦片的老屋照片。回想雕梁画栋的建筑身影和儿时祭祖的回忆，无限伤感。

硕士期间，我在清华大学建筑学院求学，受楼庆西、王贵祥、贾珺、罗德胤等诸位老师的影响对中国传统建筑产生了浓厚兴趣。后来博士就读于中央美术学院建筑学院，在假期时候回到福建故乡，恰逢厦门大学建筑学院的师生调研，我高兴地加入戴志坚教授、杨哲教授的团队，并一同考察了泉州和漳州的历史建筑。2014年10月，我将闽南传统建筑装饰作为自己的博士研究主题。在之后三年多时间里，我先后多次考察了厦门、漳州、泉州和金门的典型传统建筑。2015年5月，还受到了王式廓基金会的资助，到新加坡、马来西亚考察闽籍华人在海外的住宅、会所、寺庙和华人街的建筑与文化传承。经过一年多的细心撰写、整理、绘制图稿，并在很多朋友帮助下进行了补充调研，于2016年1月初步完成了自己的博士论文初稿。在提交给导师张宝玮、王受之教授审核后，中央美术学院建筑学院的诸位老师给予了悉心指导。清华大学建筑学院的楼庆西、孙凤岐两位教授积极评价了论文的主体内容并认为这是一项有特色的地域传统建筑研究工作，建议考虑修改后择机出版。

博士毕业后的两年间，我利用业余的时间，在博士论文原稿的基础上，进行了多次内容修订，增加插图并凝练文字，最终形成书稿。本书以闽南地区传统民居及其建筑装饰内涵为研究对象，力求更深入系统地诠释闽南传统建筑中多样化的装饰表达形式、丰富的文化内涵及其传统工艺技法，进一步强调在新的历史条件下，深刻认识传统建筑及其装饰的特点与内涵，对于我们保护与发展传统建筑，对与我们传承民族优秀文化传统的重要性。在本书的撰写、修订过程中，深受导师张宝玮、王受之教授及中央美院建筑学院诸位老师的悉心指导，清华大学建筑学院的楼庆西、孙凤岐教授详细审阅了书稿并提出了宝贵建议，促使书稿不断完善。调研期间也受到了闽南地区地方政府机关、调研乡镇的相关部门、有关专家学者、古建公司及亲朋好友的大力支持。在此也感谢北京联合大学的领导对我研究工作的支持，感谢北京联合大学对本书出版的资助。希望借此献给更多热爱传统建筑的人们。

郑慧铭

2018年3月于清华园